Ioana Gheţa

Fusion multivariater Bildserien
am Beispiel eines Kamera-Arrays

Schriftenreihe Automatische Sichtprüfung und Bildverarbeitung
Band 2
Herausgeber: Prof. Dr.-Ing. Jürgen Beyerer

Lehrstuhl für Interaktive Echtzeitsysteme
am Karlsruher Institut für Technologie

Fraunhofer-Institut für Optronik, Systemtechnik
und Bildauswertung IOSB

Fusion multivariater Bildserien am Beispiel eines Kamera-Arrays

von
Ioana Gheţa

Dissertation, Karlsruher Institut für Technologie
Fakultät für Informatik
Tag der mündlichen Prüfung: 16. Juli 2010

Impressum

Karlsruher Institut für Technologie (KIT)
KIT Scientific Publishing
Straße am Forum 2
D-76131 Karlsruhe
www.ksp.kit.edu

KIT – Universität des Landes Baden-Württemberg und nationales
Forschungszentrum in der Helmholtz-Gemeinschaft

KIT Scientific Publishing 2011
Print on Demand

ISSN 1866-5934
ISBN 978-3-86644-684-7

Fusion multivariater Bildserien am Beispiel eines Kamera-Arrays

zur Erlangung des akademischen Grades eines

Doktors der Ingenieurwissenschaften

der Fakultät für Informatik
des Karlsruher Instituts für Technologie (KIT)

genehmigte

Dissertation

von

Ioana Gheța

aus Cluj-Napoca

Tag der mündlichen Prüfung: 16. Juli 2010

Erster Gutachter: Prof. Dr.-Ing. Jürgen Beyerer

Zweiter Gutachter: Priv.-Doz. Dr.-Ing. Ralf Mikut

Danksagung

Diese Arbeit entstand während meiner Tätigkeit am Lehrstuhl für Interaktive Echtzeitsysteme (IES) der Universität Karlsruhe (TH) – seit Oktober 2009 Karlsruher Institut für Technologie (KIT) – unter der Leitung von Prof. Dr.-Ing. Jürgen Beyerer. Ihm möchte ich für die Möglichkeit zur Promotion am Lehrstuhl IES und für die intensive Förderung meiner Arbeit durch wertvolle Anregungen danken. Priv.-Doz. Dr.-Ing. Ralf Mikut danke ich herzlich für die engagierte Übernahme des Korreferats und die ermunternden Diskussionen.

Einen herzlichen Dank möchte ich Dr.-Ing. Michael Heizmann für seine umfangreiche Unterstützung während meiner Promotion aussprechen. Ein großer Dank geht an Christian Frese und Sebastian Höfer, die zunächst als Diplomanden und anschließend als Kollegen meine Arbeit am Lehrstuhl IES begleitet haben. Ich bedanke mich bei allen meinen Studenten, ohne die diese Arbeit schwer realisierbar gewesen wäre. Besonders möchte ich hier Markus Mathias nennen.

Allen meinen Kollegen am Lehrstuhl IES und am Fraunhofer-Institut für Optronik, Systemtechnik und Bildauswertung IOSB danke ich für viele anregende Diskussionen und die angenehme Arbeitsatmosphäre. Stellvertretend möchte ich hier Dr. rer. nat. Jonathan Balzer, Thomas Emter, Gaby Gross, Robin Gruna, Dr.-Ing. Marco Huber und Jennifer Sander erwähnen. Bei Stefan Werling möchte ich mich außerdem für die vielen nicht nur fachlichen Gespräche und die sehr freundschaftliche Stimmung im gemeinsamen Büro besonders bedanken.

Zusätzlich bedanke ich mich bei meinen früheren Kollegen und Betreuern am Institut für Angewandte Informatik (IAI) des ehemaligen Forschungszentrums Karlsruhe, wo ich meine ersten Schritte als Wissenschaftlerin machen durfte. Hier möchte ich Prof. Dr.-Ing. Georg Bretthauer, Dr.-Ing. Stephan Zipser, Dr.-Ing. Hubert Keller, Andreas Gommlich, Dr.-Ing. Markus Ruchter und Dr.-Ing. Jörg Matthes hervorheben.

Ein großer Dank geht an Familie Pătcaş für ihre umfassende Förderung auf allen Ebenen. Speziell möchte ich Diana Pătcaş für die sehr wertvollen Szenen danken, vor allem für den spektral eindrucksvollen Tiger.

Nicht zuletzt danke ich meiner ganzen Familie für ihr Verständnis, ihre Unterstützung und ihre Geduld.

Karlsruhe, im Januar 2011   Ioana Gheţa

Kurzfassung

Die automatische Sichtprüfung spielt eine wesentliche Rolle in der Automatisierungstechnik, etwa zur Qualitätssicherung oder Produktionsüberwachung. Dabei ist die Information, die mittels klassischer Einkamera- oder Stereokamerasysteme erfasst werden kann, für bestimmte Aufgabenstellungen nicht ausreichend. Dies trifft insbesondere dann zu, wenn heterogene Informationen simultan erfasst werden müssen. Ein Beispiel ist die simultane Erfassung sowohl der Gestalt als auch der spektralen Eigenschaften einer Szene zur 3D-Rekonstruktion und Materialklassifikation. Darüber hinaus besteht der Wunsch, den Einsatz teuerer Spezialkameras zu vermeiden. Stattdessen sollen Bilder preiswerter Standardkameras kombiniert werden.

Eine Lösungsmöglichkeit bietet der Einsatz von Kamera-Arrays. Diese bestehen aus einer Vielzahl von Kameras, deren Aufnahmeparameter (z. B. Fokuseinstellungen) sich individuell konfigurieren lassen. Zusätzlich können die Kameras bei Bedarf mit optischen Filtern ausgestattet werden, so dass z. B. flächige spektrale Aufnahmen möglich sind. Der wesentliche sensorische Vorteil eines derartigen Kamera-Arrays liegt in der simultanen oder zeitversetzten Erfassung der gesamten Bildserie. Somit ist auch die Inspektion dynamischer Szenen möglich. Das für diese Arbeit entwickelte prototypische Kamera-Array besteht aus neun Kameras, die in Form einer 3x3-Matrix angeordnet sind. Mit einem derartigen Kamera-Array lassen sich prinzipbedingt Stereoserien erfassen. Durch individuelle Kameraeinstellungen und optische Filter können darüber hinaus multivariate Bildserien gewonnen werden, die immer einen impliziten Stereoeffekt aufweisen.

Für derartige Kamera-Arrays werden in dieser Arbeit neuartige Verfahren zur Fusion multivariater Bildserien präsentiert. Für kombinierte Stereo- und Fokusserien werden Verfahren zur Bestimmung der Tiefeninformation mit einer höheren Robustheit und Genauigkeit dargestellt, welche sich insbesondere für Szenen eignen, die schwache oder periodische Struktur aufweisen. Dabei werden der Stereo- und der Fokuseffekt als Informationsquellen genutzt. Die Verfahren ergänzen dazu das Prinzip *depth from stereo* (Bestimmung der Tiefe mittels Disparität) jeweils mit den komplementären Prinzipien *depth from focus* sowie *depth from defocus* (Bestimmung der Tiefe durch Auswertung der (Un)Schärfe).

Kamera-Arrays lassen sich auch zur gleichzeitigen Bestimmung sowohl der räumlichen Struktur als auch der spektralen Eigenschaften der Szene einsetzen, indem kombinierte Stereo- und Spektralserien fusioniert werden. Solche Bildserien lassen sich mit bekannten Verfahren der Tiefenbestimmung nicht in guter Qualität auswerten. In dieser Arbeit werden zwei flächenbasierte Verfahren entwickelt, die mittels grauwertinvarianter Merkmale von Bildregionen Korrespondenzen suchen: Das erste Verfahren detektiert korrespondierende Bildregionen durch den Vergleich von Merkmalen, die Eigenschaften von Regionen wie beispielsweise Form, Größe oder Position auf Epipolarlinien beschreiben. Die algorithmische Umsetzung nutzt das Prinzip der dynamischen Programmierung. Das zweite Verfahren bewertet die Übereinstimmung von Kanten zwischen Bildern. Das Fusionsproblem wird mittels Energiefunktionalen modelliert und unter Anwendung von Graph-Cuts-Verfahren optimiert. Bei bekannten Tiefenwerten können die Bilder der kombinierten Serie mittels *image warping* in eine gemeinsame Kamerasicht transferiert werden, so dass eine reine Spektralserie entsteht. Aus dieser Serie können spektrale Merkmale gewonnen werden, um beispielsweise Materialklassifikation durchzuführen.

Es zeigt sich, dass die in dieser Arbeit erarbeiten Fusionsverfahren für kombinierte Stereo- und Fokusserien in der Lage sind, in vielen Fällen, in denen Standardverfahren zur Tiefenbestimmung Schwächen zeigen, deutliche Verbesserungen der Ergebnissen zu erzeugen. Als mögliche Anwendungen der Fusion von kombinierten Stereo- und Spektralserien sind die Klassifikation von Materialien etwa zur Müllsortierung oder die vereinfachte Objektdetektion vorgesehen.

Inhaltsverzeichnis

Symbolverzeichnis

Notationsvereinbarungen

Skalare	nicht fett, kursiv: a, b, c. ...
Vektoren	fett, kursiv: $\boldsymbol{a}$, $\boldsymbol{b}$, $\boldsymbol{c}$, ...
Matrizen	fett, kursiv, groß: $\boldsymbol{A}$, $\boldsymbol{B}$, $\boldsymbol{C}$, ...
Mengen	kalligraphisch, groß: $\mathcal{A}$, $\mathcal{B}$, $\mathcal{C}$, ...
Konstanten, Bezeichner	nicht kursiv: a, b, c, ...

Symbole

$\boldsymbol{0}$	Ursprung des Kamerakoordinatensystems
α	skalare Disparität, Bezeichner für Korrespondenzen
$(\alpha_\mathrm{u}, \alpha_\mathrm{v})^\mathrm{T}$	Disparitätsvektor in u- und v-Richtung
δB	Größe eines Bildsensorelements
δG	Größe eines gegenstandsseitigen virtuellen Flächenelements
δ_b^a	Kronecker-Delta
ε	Durchmesser eines Unschärfescheibchens
ε_P	siehe $\boldsymbol{\kappa}$
ζ	Winkel zwischen einer Geraden oder Kante und der u-Achse in einem Bild
η	siehe $\boldsymbol{\eta}$
$\boldsymbol{\eta} = (\eta, \xi)^\mathrm{T}$	Winkelkoordinaten (Azimut η und Polwinkel ξ) einer Richtung relativ zum Flächenelement δG und zur optischen Achse des Abbildungssystems
θ	siehe $\boldsymbol{\phi}$
ϑ	siehe φ
ι_i	Eigenwert

$\boldsymbol{\kappa} = (E_{0\mathrm{x}}, E_{0\mathrm{y}}, \varepsilon_{\mathrm{P}})^{\mathrm{T}}$	Polarisationseigenschaften (Phasendifferenz ε_{P})
λ	Wellenlänge
μ	Entscheidungsfolge für den Zustandswechsel in einem System
$\mu*$	optimale Entscheidungsfolge für den Zustandswechsel in einem System
ξ	siehe $\boldsymbol{\eta}$
π	Ebene in $\mathbb{R}^3$
$\pi(\cdot, \cdot)$	Gibbs'sche Dichte
$\tau(\lambda)$	spektrale Transmission
ϖ	Kennzeichen für eine Region
ϕ	siehe $\boldsymbol{\phi}$
φ	siehe $\boldsymbol{\varphi}$
$\boldsymbol{\phi} = (\phi, \theta)^{\mathrm{T}}$	Winkelkoordinaten (Azimut ϕ und Polwinkel θ) einer Richtung relativ zum Sensorelement δB und zur optischen Achse des Abbildungssystems
$\boldsymbol{\varphi} = (\varphi, \vartheta)^{\mathrm{T}}$	Winkelkoordinaten (Azimut φ und Polwinkel ϑ) einer Richtung relativ zum optischen Zentrum $\mathbf{0}$ und zur optischen Achse des Abbildungssystems
Γ	Menge von Konturen
Δg	Abstand zwischen Schärfenebene und Szenenpunkt
Φ	Strahlungsfluss
Ω_i	Definitionsbereich eines Bildes B_i
Ω_{G}	Raumwinkel
a, b, c	Parameter einer Geradengleichung $au + bv + c = 0$
b_0	Sensorabstand, Bildweite
$\boldsymbol{b}_i$	Bildvektor, durch Konkatenation der Bildpunkte eines Bildes B_i entstanden
$\bar{\boldsymbol{b}}$	Mittelwertvektor für eine Bildserie

$d(\cdot,\cdot)$	Distanzfunktion
$d_\mathrm{k}(\cdot,\cdot)$	Distanzfunktion für zwei Bildkanten
$d_\mathrm{M}(\cdot,\cdot)$	Distanzfunktion für zwei Merkmalsvektoren
$\boldsymbol{e}_\mathrm{x},\boldsymbol{e}_\mathrm{y},\boldsymbol{e}_\mathrm{z}$	Einheitsvektoren in x-, y- und z-Richtungen
$\boldsymbol{ep}$	Epipole
f	Brennweite
f_x	siehe $\boldsymbol{f}$
f_y	siehe $\boldsymbol{f}$
$\boldsymbol{f} = (f_\mathrm{x}, f_\mathrm{y})^\mathrm{T}$	Ortsfrequenz in x- und y-Richtung
$fa(\cdot,\cdot)$	Unterschied zwischen den mittleren Grauwerten zweier Regionen
g	Grauwert eines Bildpunkts
g_0	Gegenstandsweite der fokussierten Abbildung
g_i	Grauwert der einer Kante benachbarten Region
$g_\mathcal{R}$	Größe einer Region
$g_\mathrm{Mu}(\cdot)$	Modell für eine unscharfe Kante in u-Richtung
$g_{\mathrm{O}\mathcal{R},\bar{u}_\mathcal{R}}$	Anzahl der Bildpunkte einer Region, die sich oberhalb der Epipolarlinie, auf der $\bar{u}_\mathcal{R}$ liegt, befinden
$g_{\mathrm{U}\mathcal{R},\bar{u}_\mathcal{R}}$	Anzahl der Bildpunkte einer Region, die sich unterhalb der Epipolarlinie, auf der $\bar{u}_\mathcal{R}$ liegt, befinden
$\bar{g}_{\mathcal{R}_i^k}$	mittlerer Grauwert der Region $\mathcal{R}_i^k$
$gl(\cdot,\cdot)$	Länge der gemeinsam verlaufenden Konturen zweier Regionen
$h(\cdot)$	Impulsantwort
$h_\mathrm{B}(\cdot)$	bildseitige Impulsantwort
$\boldsymbol{k}_\mathcal{R}$	Merkmalsvektor zur Beschreibung der Kontur einer Region
$\boldsymbol{l}$	Kante in einem Bild
$m_{\mathcal{R},j}(s)$	Merkmal einer Region $\mathcal{R}$ bezüglich eines Bereichs im Bild B_j
$m(\cdot)$	Fokusmaß

$m_{\mathrm{max}}(\cdot)$	Maximum des Fokusmaßes über eine Bildserie
$\boldsymbol{m}$	Merkmalsvektor
$\boldsymbol{m}_{\mathcal{R}}$	Merkmalsvektor einer Region $\mathcal{R}$
$\boldsymbol{m}_k$	spektraler Merkmalsvektor des Bildpunkts $\boldsymbol{u}^k$
$p_{\mathcal{R},\bar{u}_{\mathcal{R}}}$	Position einer Region auf der Epipolarlinie
$p(\cdot)$	Wahrscheinlichkeitsdichtefunktion
q_{d}	mittlere Tiefenabweichung
q_{sd}	mittlere quadratische Tiefenabweichung
$s(\cdot)$	Zuordnungsfunktion zur Registrierung
t	Zeit, Zeitschritt
$\boldsymbol{u} = (u, v)^{\mathrm{T}}$	Bildpunkt mit den Ortskoordinaten u und v in einem rektifizierten Bild
$\boldsymbol{u}_{\mathrm{h}} = (u_{\mathrm{h}}, v_{\mathrm{h}}, w_{\mathrm{h}})^{\mathrm{T}}$	Bildpunkt mit den projektiven Koordinaten u_{h}, v_{h} und w_{h} in einem rektifizierten Bild
$\boldsymbol{u}_{id}$	Bildpunkt, für den ein Tiefenwert bestimmt worden ist
$\tilde{\boldsymbol{u}} = (\tilde{u}, \tilde{v})^{\mathrm{T}}$	Bildpunkt mit den Ortskoordinaten $\tilde{u}$ und $\tilde{v}$ in einem nicht rektifizierten Bild
$\tilde{\boldsymbol{u}}_{\mathrm{h}} = (\tilde{u}_{\mathrm{h}}, \tilde{v}_{\mathrm{h}}, \tilde{w}_{\mathrm{h}})^{\mathrm{T}}$	Bildpunkt mit den projektiven Koordinaten $\tilde{u}_{\mathrm{h}}$, $\tilde{v}_{\mathrm{h}}$ und $\tilde{w}_{\mathrm{h}}$ in einem nicht rektifizierten Bild
$\bar{u}_{\mathcal{R}} = (\bar{u}, \bar{v})^{\mathrm{T}}$	Schwerpunkt einer Region
$\boldsymbol{u}_{\mathrm{a}} = (u_{\mathrm{a}}, v_{\mathrm{a}})^{\mathrm{T}}, \boldsymbol{u}_{\mathrm{e}} = (u_{\mathrm{e}}, v_{\mathrm{e}})^{\mathrm{T}}$	Bildpunkte der Enden einer Kante in einem Bild
$\boldsymbol{v} = (I, M, C, S)^{\mathrm{T}}$	Stokes-Vektor der Polarisation
w	Störeinflüsse in einem System
x	Systemvariable
$\boldsymbol{x} = (x, y, z)^{\mathrm{T}}$	Ortsvektor
z	Tiefe, Abstand zwischen Szene und Kamera
$A(\cdot)$	Fläche
$\boldsymbol{A}$	Matrix der Eigenvektoren
B	Bilddaten, Bildserie

$B(\cdot)$	Grauwert, Bildintensität
$B_\mathrm{T}(\boldsymbol{u})$	Disparitäts-, Bezeichnerkarte
$B_{\mathrm{W}ji}(\cdot)$	in die Sicht der Kamera j transformiertes Bild B_i
$\mathcal{B}$	Bereich in einem Bild
$C(\cdot)$	Kostenfunktion
D	Durchmesser der Aperturblende
$E_{\mathrm{G},\varphi,\lambda,\kappa}$, $E_{\mathrm{GF},\varphi,\lambda,\kappa}$, $E_{\mathrm{G},x,\lambda,\kappa}$, $E_{\mathrm{B},\varphi,\lambda,\kappa}$	Bestrahlungsstärken
E_i	Epipolarbereich im Bild B_i
$E_{0\mathrm{x}}$, $E_{0\mathrm{y}}$	Amplituden des elektrischen Feldes in x- und y-Richtung
$E(\cdot,\cdot)$, $E_{\mathrm{fusion1}}(\cdot,\cdot)$, $E_{\mathrm{fusion2}}(\cdot,\cdot)$	Energiefunktionale
$E_\mathrm{d}(\cdot,\cdot)$, $E_\mathrm{g}(\cdot,\cdot)$, $E_\mathrm{s}(\cdot,\cdot)$, $E_\mathrm{n}(\cdot,\cdot)$, $E_{\mathrm{fokus}}(\cdot,\cdot)$, $E_{\mathrm{defokus}}(\cdot,\cdot)$	Energieterme
$E\{\cdot\}$	Erwartungswert
$\mathcal{E}$	benachbarte Region zu einer Kante
$\boldsymbol{E}_\mathrm{x}$, $\boldsymbol{E}_\mathrm{y}$	elektrische Feldvektoren der Polarisation in x- und y-Richtung
F_rt	geometrische Transformation zwischen zwei Bildern
$\boldsymbol{F}_{ji}$	Fundamentalmatrix zwischen den Bildern B_i und B_j
$\tilde{\boldsymbol{F}}$	Fundamentalmatrix für rektifizierte Bilder
$\mathcal{F}\{\cdot\}$	Fouriertransformation
G	Zufallsvariable
$G_\mathrm{u}(\cdot)$, $G_\mathrm{v}(\cdot)$	Gradienten in u- und v-Richtung
$\mathcal{G}_i$	Menge der Grauwerte eines Bildes B_i
$H(\cdot)$	Farbton (im HSV-Raum)
$H(\boldsymbol{f},\Delta g)$	Übertragungsfunktion der unscharfen Abbildung
$\boldsymbol{H}$	Homographie
$\mathcal{H}^1$	1D-Hausdorff-Maß
$\mathcal{I}$	Menge aller Bildpaare in einer Bildserie
$I(\lambda)$	spektrale Eigenschaften eines Szenenpunkts

$I_{\mathcal{R}}(\cdot)$	Zugehörigkeitsfunktion einer Region
$\mathcal{I}_{\mathrm{nv}}$	Menge von Bildpunktpaaren, die nicht zugelassene geometrische Aufnahmekonstellationen beschreiben
$\mathcal{J}$	Menge der Indizes der Regionen in einem Bereich
$J_{\mu}(\cdot)$	Gesamtkosten eines Systems für eine Entscheidungsfolge μ
$\boldsymbol{J}_{1}(\cdot)$	Besselfunktion erster Gattung, erster Ordnung
$\mathcal{K}_{\mathcal{R}}$	Kontur einer Region $\mathcal{R}$
$\mathcal{K}_{\mathcal{R},\zeta}$	Teilkontur einer Region
$L_{\mathrm{G},\boldsymbol{\varphi},\boldsymbol{\eta},\lambda,\boldsymbol{\kappa}},\, L_{\mathrm{S},\boldsymbol{x},\boldsymbol{\phi},\lambda,\boldsymbol{\kappa}},\, L_{\mathrm{S},\boldsymbol{x},\boldsymbol{\eta},\lambda,\boldsymbol{\kappa}}$	Strahldichten
L	Breite der Stereobasis
$\mathcal{L}$	Menge von Bezeichnern für die Kennzeichnung von korrespondierenden Bildpunkten oder Regionen in einer Stereoserie
$\mathcal{M}_{\cdot,\mathcal{R}_{i},j}(s)$	Menge von Bildpunkten aus der Region $\mathcal{R}_{i}$, die in einem bestimmten Verhältnis mit einem Bildbereich aus Bild B_{j} stehen
$\mathrm{N}(\cdot)$	Gauß'sche Wahrscheinlichkeitsdichtefunktion (Normalverteilung)
$\mathcal{N}_{\mathrm{P}}(\cdot)$	Nachbarschaftsmenge für einen Bildpunkt
$\mathcal{N}_{\mathrm{R}}(\cdot)$	Nachbarschaftsmenge für eine Region
O	Blendenzahl
$\mathcal{O}_{\mathrm{G}}$	Menge aller $\boldsymbol{\eta}$ (siehe $\boldsymbol{\eta}$), die Ω_{G} bilden
$\mathbb{O} = (\mathbf{0}, \{\boldsymbol{e}_{\mathrm{x}}, \boldsymbol{e}_{\mathrm{y}}, \boldsymbol{e}_{\mathrm{z}}\})$	Koordinatensystem einer Kamera mit dem Ursprung $\mathbf{0}$ und der Basisvektoren $\boldsymbol{e}_{\mathrm{x}}, \boldsymbol{e}_{\mathrm{y}}, \boldsymbol{e}_{\mathrm{z}}$
$P_{i}(\cdot)$	i-te Hauptkomponente
$\mathcal{P}$	Menge der Bildpunkte in einer Bildserie
$\mathcal{P}_{i}$	Menge der Bildpunkte im Bild B_{i}
$\boldsymbol{P}$	Projektionsmatrix einer Kamera
$\boldsymbol{P}_{\pi}$	Projektionsmatrix einer Kamera bezüglich der Ebene π
Q_{β}	β-Quantil
$\mathcal{Q}$	Menge aller Regionen in einem Bild

$R(\cdot)$	Funktion, welche die Zuordnung eines Bildpunkts zu einer Region angibt
$\mathcal{R}$	Region in einem Bild
$\mathcal{R}_i^k$	Region k in einem Bild i
$\mathcal{R}^\circ$	Inneres einer Region
$S(\cdot)$	Sättigung (im HSV-Raum)
$S_\mathrm{F}(\cdot,\cdot)$	Filterfunktion eines Spektralfilters
$S_\mathrm{B}(\cdot)$	spektrale Empfindlichkeit eines Sensors
$\mathcal{S}_i$	Menge der Bildpunkte einer Bildkante l_i
$\boldsymbol{S}$	Streumatrix
$T(\cdot)$	Tiefenkarte
$T_\mathrm{R}(\cdot)$	Referenz (*ground truth*) einer Tiefenkarte
$\boldsymbol{T}_{ji\pi}$	Transfermatrix für zwei Bilder B_i und B_j bezüglich der Ebene π
$\mathcal{U}_{ij}$	Menge von Regionenpaaren zur Definition der Nachbarschaftsbedingungen für zwei Bilder B_i und B_j
$V(\cdot)$	Intensität (im HSV-Raum)
$V_\mathrm{d}(\cdot)$	Häufigkeitsverteilung der Tiefenabweichungen
$V_\mathrm{sd}(\cdot)$	Häufigkeitsverteilung der quadratischen Tiefenabweichungen
$\boldsymbol{a} * * \boldsymbol{b}$	2D-Faltung
$A \circ B$	Verkettung zweier Operatoren A und B
$\boldsymbol{a} \times \boldsymbol{b}$	Kreuzprodukt
$a \wedge b$	Konjunktion zwischen zwei Aussagen a und b
$\boldsymbol{u}_i \leftrightarrow \boldsymbol{u}_j$	korrespondierende Bildpunkte $\boldsymbol{u}_i$ und $\boldsymbol{u}_j$
$\mathcal{R}_i \leftrightarrow \mathcal{R}_j$	korrespondierende Regionen $\mathcal{R}_i$ und $\mathcal{R}_j$
$\perp_l \boldsymbol{u}$	Projektion des Bildpunkts $\boldsymbol{u}$ auf die Gerade l
$|x|$	Betrag von x
$|\mathcal{M}|$	Mächtigkeit der Menge $\mathcal{M}$
$\|\boldsymbol{x}\|$	euklidische Norm von $\boldsymbol{x}$
$[\boldsymbol{x}]_\times$	schief-symmetrische Matrix des Vektors $\boldsymbol{x}$

$\boldsymbol{P}^+$	Pseudoinverse von $\boldsymbol{P}$
$\overrightarrow{\boldsymbol{ab}}$	Gerade durch zwei Punkte $\boldsymbol{a}$ und $\boldsymbol{b}$
$\mathrm{rect}(\cdot)$	Rechteckfunktion

1 Einleitung

Die automatische Sichtprüfung und Bildverarbeitung spielt in der Automatisierungstechnik eine stetig steigende Rolle zur Qualitätssicherung. Die Informationen, die mittels eines klassischen Einkamerasystems erfasst werden können, sind dabei für bestimmte Aufgabenstellungen nicht oder nicht mehr ausreichend. Eine erste, nahe liegende Möglichkeit zur Verbreiterung der Informationsgrundlage besteht darin, mit einer parametrierbaren Kamera mehrere Bilder mit variierten Aufnahmeparametern nacheinander zu erfassen. Dieses Vorgehen entspricht der visuellen Informationsgewinnung des Menschen, der seine „Bilderfassung" explorativ an die Aufgabe und die Umgebungsbedingungen anpasst. Für die automatische Sichtprüfung ist eine derartige Vorgehensweise allerdings nicht immer zielführend, da sie mit einer aufwendigen Einstellung der Kameraparameter und einer langsamen Bilderfassung einhergeht, was z. B. bei dynamischen Szenen nicht zulässig ist. Eine zweite, allgemeiner anwendbare Strategie besteht darin, die für die Bilderfassung nötige Variabilität mittels eines Kamera-Arrays zu realisieren, das aus einer Vielzahl von Kameras besteht. In einem derartigen Kamera-Array lassen sich die Aufnahmeparameter jeder Kamera individuell konfigurieren. Der wesentliche sensorische Vorteil liegt darin, dass je nach Aufgabenstellung eine simultane oder eine zeitversetzte Erfassung von Bildserien möglich ist. Dabei können in multivariaten Bildserien mehrere Aufnahmeparameter simultan variiert werden.

Obwohl Kamera-Arrays in letzter Zeit für einige Aufgabenstellungen erfolgreich eingesetzt worden sind, ist deren Potenzial im Bereich der automatischen Sichtprüfung bislang kaum untersucht worden. Die Herausforderungen bei der Anwendung von Kamera-Arrays liegen vor allem in der Erarbeitung geeigneter Fusionsmethoden für multivariate Bildserien. Für den einfacheren Fall von univariaten Bildserien sind zahlreiche Verfahren zur Bildfusion bekannt und anwendbar.

In dieser Arbeit werden neuartige Verfahren zur Fusion von multivariaten Bildserien dargestellt, die mit einem kompakten[1] Kamera-Array aufgenommen worden sind. Multivariate Bildserien werden dabei durch die Variation von mindestens zwei Parametern erstellt. Durch die unterschiedlichen Positionen der Kameras im Array ist die Position der Kameras immer ein variierter Parameter, so dass die Bildserien immer mehrere Stereoeffekte enthalten. Es liegt nahe, diese Effekte auszuwerten und auf dessen Grundlage Information bezüglich der räumlichen Gestalt

---

[1]Zum Begriff der Kompaktheit siehe Abschnitt 1.1.1.

der Szene zu gewinnen. Zusätzlich lassen sich durch Variation weiterer Aufnahmeparameter andere Informationskanäle zur Bestimmung von Szeneneigenschaften nutzen. Dazu zählen etwa die Variation der Fokuseinstellungen der Kameras oder die Verwendung von unterschiedlichen spektralen Filtern im Strahlengang der Kameras, so dass in der Folge kombinierte Stereo- und Fokusserien bzw. kombinierte Stereo- und Spektralserien erfasst werden. Herausforderungen entstehen bei der Fusion solcher Bildserien dadurch, dass die Szene in kombinierten Bildserien durch die Heterogenität der genutzten Informationskanäle sehr unterschiedlich erscheint. Eine zusätzliche Herausforderung besteht darin, dass jedes Bild nur Teilinformationen über die zu inspizierende Szene enthält. Als Beispiel haben bei Spektralserien diejenigen Bildpunkte in unterschiedlichen Bildern, welche die Abbildung desselben Szenenpunkts sind, meist unterschiedliche Grauwerte. Jedes Bild enthält dabei nur die spektrale Information innerhalb eines Spektralbereichs, so dass für eine vollständige spektrale Charakterisierung der Szene alle Bilder der Serie ausgewertet werden müssen.

Zur Bewältigung der dargestellten Herausforderungen bei der Fusion von kombinierten Bildserien ist ein grundlegendes Verständnis des Abbildungsprozesses notwendig. Dafür wird ein Signalmodell für Kamera-Arrays entwickelt, das auf der Basis eines Lochkameramodells die Abbildung der Szene auf die einzelnen Bilder der Serie beschreibt. Dieses Signalmodell bildet die Grundlage für die Informationsgewinnung aus multivariaten Bildserien, so dass folgende Ziele erreicht werden können:

- Durch Kombination unterschiedlicher Informationskanäle und Auswerteprinzipien lassen sich die Zuverlässigkeit und die Genauigkeit der erfassten Information verbessern. Als Beispiel können Verfahren zur Fusion von Stereo- und Fokusserien genutzt werden, um die Tiefenbestimmung für schwach und periodisch strukturierte Szenenbereiche zu verbessern.

- Unterschiedliche Informationskanäle können für die umfassende Gewinnung von Eigenschaften der Szene eingesetzt werden. Ein Beispiel ist die Auswertung kombinierter Stereo- und Spektralserien, um sowohl die Gestalt als auch die spektralen Eigenschaften der Szene zu bestimmen.

1.1 Stand der Wissenschaft und Technik

Das Hauptziel für die Entwicklung und den Einsatz von Kamera-Arrays besteht darin, höherwertigere Information über eine Szene zu erfassen, als mit einer einzigen Kamera möglich wäre. In dieser Arbeit werden als Kamera-Arrays nur solche

Systeme bezeichnet, die mehr als zwei Kameras umfassen. Die meisten Kamerasysteme, die nur zwei Kameras umfassen, sind univariate Stereokamerasysteme, die nicht im Blickpunkt dieser Arbeit stehen.

Im folgenden Überblick werden die wichtigsten Kamera-Arrays und Fusionsmethoden für uni- und multivariaten Bildserien zur 3D-Rekonstruktion und zur Bestimmung der spektralen Eigenschaften dargestellt.

1.1.1 Kamera-Arrays

In die Literatur wird der Begriff „Kamera-Array" erst seit wenigen Jahren verwendet. Eine klare Abgrenzung zu den Begriffen „Mehr-/Multikamerasystem" existiert nicht. Ein Überblick, der sich mit den Einsatzmöglichkeiten mehrerer Kameras im Allgemeinen auseinandersetzt, ist bislang in der Literatur ebenfalls nicht verfügbar. Für die folgende Darstellung werden Mehr-/Multikamerasysteme ebenfalls als Kamera-Arrays betrachtet.

Die in der Literatur dargestellten Kamera-Arrays können in die Kategorien verteilte Kamera-Arrays und kompakte Kamera-Arrays unterteilt werden, wobei die beiden Kategorien nicht immer scharf zu trennen sind.

Verteilte Kamera-Arrays bestehen aus mehreren Kameras, die jedoch bezüglich der Bilderfassung immer noch als einzelne Kameras modelliert werden. Dies bedeutet, dass sich das gesamte Kamera-Array nicht mit gemeinsamen extrinsischen Parametern beschreiben lässt. Die räumlichen Erfassungsbereiche der Kameras überlappen typischerweise nicht unbedingt. Beispiele von Einsatzgebieten sind Überwachungssysteme, bei denen unterschiedliche Räumlichkeiten beobachtet werden [Emt08] oder industrielle Inspektionssysteme, bei denen die Kameras unterschiedliche Objektbereiche erfassen, um bei komplex geformten Objekten eine Inspektion von mehreren Seiten zu ermöglichen [Bey03].

Solche Kamera-Arrays können sowohl homogene (z. B. bei Überwachungssystemen) als auch heterogene (z. B. bei Inspektionssystemen) Sensoren beinhalten. Die aufgenommenen Informationen sind i. d. R. komplementär, d. h. die mit den Einzelkameras erfassten Informationen ergänzen sich [Hei08]. Die Anzahl der Kameras wird meist minimal bezüglich der Aufgabe gewählt: Für ein Überwachungssystem werden etwa die Kameras i. d. R. so ausgerichtet, dass deren Sichten sich nur wenig überlappen und somit die Größe der überwachten Räumlichkeiten maximal wird. Typische Beispiele sind in der Tabelle 1.1 enthalten.

Bei kompakten Kamera-Arrays werden die Kameras des Arrays gemeinsam modelliert. Kompakte Kamera-Arrays besitzen daher zusätzliche extrinsische Parameter, mit denen die Position des gesamten Kamera-Arrays bezüglich der Szene

	Beschreibung	Einsatz & Verfahren
[Sai99]	in einem Raum verteilte Kameras	3D-Ansichten, Synthetisierung neuer Ansichten
[Car03]	in einem Raum verteilte Kameras	Bewegungsanalyse von Menschen
[Yan05]	drahtlose Web-Kameras, ausgerichtet jeweils zu einem Teilnehmer einer Videokonferenz	Videokonferenzen
[Emt08, Ghe08c, Hei10a, Hei10b]	in einem Gebäude verteilte Kameras	Gebäudeüberwachung, Zugangskontrolle
[Lia08]	15 in einer definierten Umgebung verteilte, an der Decke angebrachte Kameras	Lokalisation von Robotern

Tabelle 1.1: In der Literatur dargestellte verteilte Kamera-Arrays.

beschrieben wird. Die Erfassungsbereiche der Kameras überlappen i. d. R. stark. Solche Kamera-Arrays beinhalten i. d. R. homogene Sensoren. Die erfassten Informationen können sowohl komplementär (d. h. ergänzend, z. B. bei der Erzeugung von Hochgeschwindigkeitsvideos aus Einzelbildern zu unterschiedlichen Zeitpunkten) als auch verteilt (d. h. nur die gemeinsame Auswertung aller Bilder der Serie liefert die gewünschte Information, z. B. bei der Erstellung von Tiefenkarten durch Auswertung der Fokusinformation) vorliegen [Hei08]. Kompakte Kamera-Arrays können außerdem sowohl uni- (bei der Variation eines einzigen Aufnahmeparameters) als auch multivariate Bildserien (bei der Variation von mehreren Aufnahmeparametern) erfassen.

Tabelle 1.2 gibt einen Überblick über in der Literatur dargestellte kompakte Kamera-Arrays. In den letzten Jahren haben kompakte Kamera-Arrays an Bedeutung für viele unterschiedliche Anwendungen gewonnen. Kompakte Kamera-Arrays wurden zunächst in der Filmindustrie eingesetzt, um Spezialeffekte (z. B. virtuelle Kamerafahrten, *frozen scenes*) zu erzeugen [Tay96, Mov08]. Darauf aufbauend dienten kompakte Kamera-Arrays der Synthetisierung neuer Ansichten einer Szene, wobei unterschiedliche wissenschaftliche Aspekte wie erforderliche Dichte der Ansichten, Behandlung von Objekträndern, Echtzeitfähigkeit, Datenübertragung usw. immer noch wichtige Themen darstellen. Ein anderer wichtiger Bereich, in dem kompakte Kamera-Arrays intensiv erforscht werden, ist die stereoskopische Bilddarstellung. Die meisten dargestellten kompakten Kamera-Arrays sind Ergebnisse von Forschungsarbeiten und nicht kommerziell verfügbar [Tan06b]. Ausnahmen sind z. B. [Can09, Tet09].

Im Bereich der automatischen Sichtprüfung werden bisher keine kompakten Kamera-Arrays eingesetzt. Erweiterungen der sensoriellen Grundlage gehen hier eher in Richtung spezialisierter Sensoren. Die Verwendung multivariater Bildseri-

	Beschreibung	Einsatz & Verfahren
[Mov08]	40 bis 80 Kameras, linear oder in einem Kreisbogen angeordnet	Erzeugung von Spezialeffekten für die Filmindustrie
[Kun99]	12 Kameras, 1 PC, starre, lineare Anordnung	Synthetisierung neuer Ansichten
[Can09]	6 SLR-Kameras, kreisförmige Anordnung	Meteoritenphotographie
[Li00]	61 Kameras, 1 PC, lineare Anordnung, rotatorische Bewegung des Arrays möglich	Synthetisierung neuer Ansichten
[Nae02]	16 Kameras, 1 PC, starre Matrixanordnung (4×4)	Synthetisierung neuer Ansichten
[Sch01]	6 Kameras, 3 PCs, starre Matrixanordnung (2×3)	Synthetisierung neuer Ansichten
[Yan02]	64 Kameras, 8 PCs, starre Matrixanordnung (8×8)	Synthetisierung neuer Ansichten
[Mat04]	16 Kameras, 8 PCs, starre, lineare Anordnung	stereoskopische Bilddarstellung
[Zha04]	48 Kameras, 1 PC, Drehmöglichkeit (90°) und Translationsfreiheit (1 cm) für jede Kamera, Matrixanordnung, selbstrekonfigurierbar	Synthetisierung neuer Ansichten
[Zit04]	8 Kameras, starre Anordnung in einem Bogen (30°)	Hochgeschwindigkeitsvideos, Ersetzen des Hintergrunds (*matting*)
[Wil05]	182 Kameras, 4 PCs, starre Matrixanordnung	synthetische Blende, Hochgeschwindigkeitsvideos, Auflösungserhöhung
[Ali06]	bewegliches, lineares Array	Synthetisierung neuer Ansichten, Trennung von Vorder- und Hintergrund
[Gan06]	4 omnidirektionale Kameras	Überwachungsaufgaben, Panoramabilder
[Jos06]	8 Kameras, starre, lineare Anordnung	Ersetzen des Hintergrunds für Videos (*video matting*)
[Koi06]	30 Kameras, starre, sphärische Matrixanordnung (6×5)	stereoskopische Bilddarstellung
[Cha07]	6 Kameras, mehrere PCs, starre, lineare Anordnung	Synthetisierung neuer Ansichten
[SR07]	16 Kameras, starre, bogenförmige Anordnung	echtzeitfähige Aufnahme hochauflösender Videos
[Tan06a]	18 Kameras, 1 PC, starre Matrixanordnung	hochaufgelöste Panoramavideos
[Nom07]	20 auf einer flexiblen Platte befestigte Kameras, Matrixanordnung	Panoramabilder
[Lei08]	bis zu 72 Kameras, 8 PCs	Tiefenschätzung, Ersetzen des Hintergrunds für Videos (*video matting*)
[Tag08]	64 Kameras, 1 PC, starre Matrixanordnung (8×8)	stereoskopische Bilddarstellung
[Foo09]	beliebige Anzahl von Web-Kameras, 1 PC	Panoramavideos
[Tet09]	4 Kameras	Überwachungsaufgaben in der Landwirtschaft

Tabelle 1.2: In der Literatur dargestellte kompakte Kamera-Arrays.

en für die automatische Sichtprüfung wird in der Literatur bislang ebenfalls nicht erwähnt.

1.1.2 Verfahren zur Tiefenbestimmung

In der Literatur ist eine große Vielfalt von Sensoren und entsprechenden Verfahren zur Auswertung von Bilddaten dargestellt, um die räumliche Gestalt einer Szene zu bestimmen [Gri81, Shi87, Cha99, Jäh00, Vai06, Hei07a, Kim07, Sto07]. Im Folgenden werden nur solche Verfahren betrachtet, die der geometrischen Optik zuzurechnen sind.

Eine Möglichkeit zur Gewinnung räumlicher Information besteht in der Auswertung von Bildserien, bei denen sich der Abstand eines Szenenpunkts von der Kamera in eine charakteristische Variation des Bildinhalts abbildet. Zwei prinzipielle Messeffekte sind relevant: Beim Stereoeffekt (*depth from stereo*) wird die relative Verschiebung des Szenenpunkts in den erfassten Bildern ausgewertet, wenn Bilder von unterschiedlichen Kamerapositionen aus aufgenommen werden. Verfahren auf der Grundlage des Fokuseffekts beruhen auf der Bestimmung der Schärfe bzw. Unschärfe des abgebildeten Szenenpunkts in den Bildern der Serie (*depth from focus* bzw. *depth from defocus*).

Die allgemeine Vorgehensweise bei der Tiefenbestimmung ist in Bild 1.1 dargestellt. Die einzelnen Schritte werden nun kurz erläutert.

Kalibrierung   In der Literatur werden mittlerweile zahlreiche Verfahren zur Kalibrierung von Kameras bzw. Kamerasystemen dargestellt. Ein umfangreicher Überblick über Kalibrierungsverfahren und eine Strukturierung der Verfahren sind in [Rem06] zu finden. Die meisten Kalibrierungsverfahren beruhen auf dem Lochkameramodell, dessen Parameter (die intrinsischen Kameraparameter) geschätzt werden [Jäh04]. Dafür wird i. d. R. ein Kalibrierungsmuster eingesetzt, das meist aus einem Schachbrettmuster besteht [Fau93]. Im Fall eines Stereokamerasystems werden zusätzlich noch die extrinsischen Kameraparameter geschätzt, welche die Positionen der Kameras zueinander beschreiben. Für das in dieser Arbeit betrachtete Kamera-Array wurde das Verfahren aus [Bou99, Fre06a] angepasst; siehe Anhang A.1.

Die Kalibrierung wird zur Rektifizierung der Bilder für die Tiefenbestimmung mittels *depth from stereo* und zur Berechnung der Tiefenwerte aus Bezeichnerkarten verwendet; siehe Abschnitt 3.1.3. Bei Bedarf kann auch eine photometrische Kalibrierung durchgeführt werden, z. B. mittels Histogrammanpassung [Gon08].

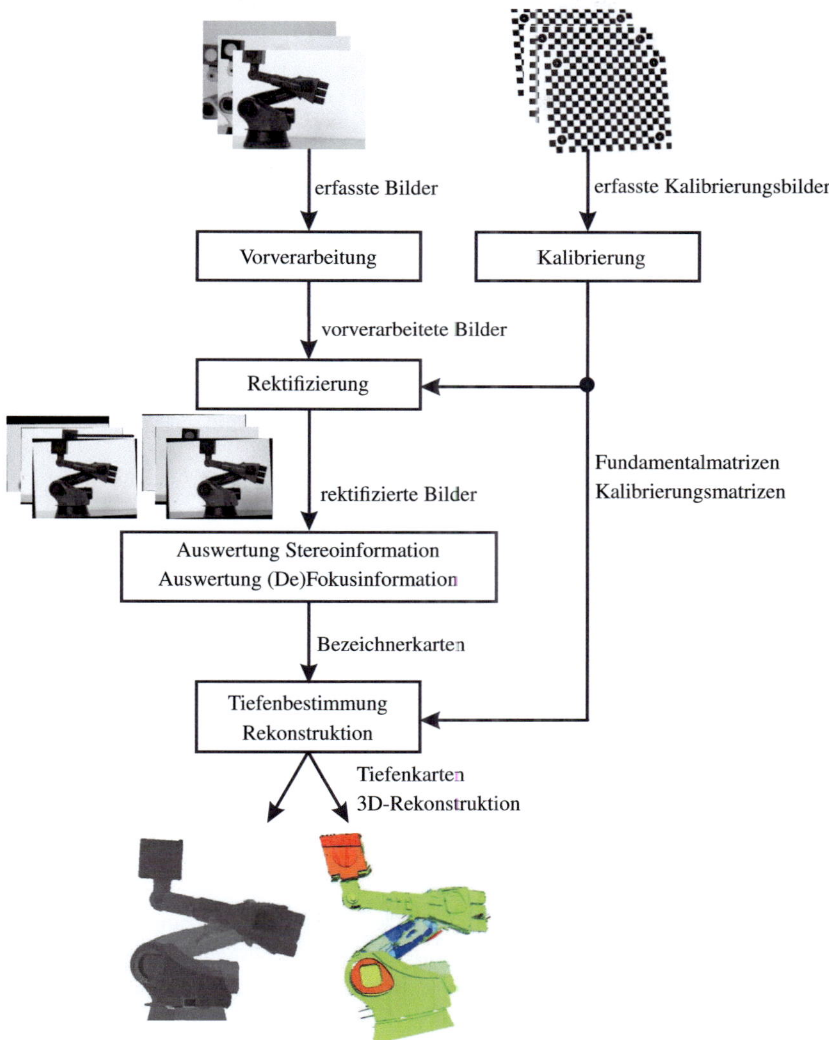

Bild 1.1: Allgemeine Vorgehensweise zur Tiefenbestimmung aus Bildserien.

Vorverarbeitung Generell werden Vorverarbeitungsschritte auf den aufgenommenen Bildern durchgeführt, um Störeinflüsse zu reduzieren und ggf. Artefakte zu eliminieren [Gon08].

Falls beispielsweise für die Tiefenbestimmung ein flächenbasiertes Verfahren nach Kapitel 4 angewendet werden soll, müssen die Bilder zunächst segmentiert werden; siehe Bild 1.2. [Gon08] stellt dazu eine Reihe möglicher Segmentierungsverfahren vor.

Bild 1.2: Beispiel zur Vorverarbeitung für eine flächenbasierte Fusion zur Tiefenbestimmung nach Kapitel 4.

Rektifizierung Als Rektifizierung wird allgemein die Ausrichtung von Stereobildern bezeichnet, so dass die Epipolarlinien parallel zueinander liegen; siehe Abschnitt 3.1.1. Die Rektifizierung der Bilder einer Stereoserie wird i. d. R. durchgeführt, falls zur Registrierung Korrespondenzen zwischen Bildpunkten in den Bildern der Serie bestimmt werden müssen. Durch die Rektifizierung wird erreicht, dass zur Lösung des Registrierungsproblems nur noch auf einer Epipolarlinie, die parallel zu einer der Koordinatenrichtungen des Bildes liegt, gesucht werden muss.[2] Gängige Verfahren dafür sind in [Fau04, Har03] dargestellt.

Tiefenbestimmung aus Stereoinformation

Um das Prinzip *depth from stereo* („Tiefe aus Stereo") einsetzen zu können, werden mindestens zwei Bilder benötigt. Ein umfassender Überblick über bestehende Verfahren und deren Einteilung anhand der eingesetzten Grundlagen wird in [Sch02, Zit03] für Stereopaare und in [Sei06] für Stereoserien mit mehr als zwei Bildern dargestellt. Hierbei wird i. d. R. vorausgesetzt, dass die Bilder rektifiziert sind.

Der Kernschritt bei *depth from stereo* ist die Registrierung. Für ein Stereopaar bedeutet dies die Suche nach einer geometrischen Transformation, welche die beiden Bilder aufeinander abbildet. Bei Stereoserien wird i. d. R. mit allgemeineren

---

[2]Bei nicht rektifizierten Bildern sind die Epipolarlinien nicht parallel zueinander, so dass das Registrierungsproblem insgesamt zweidimensional ist.

Funktionen gearbeitet, die Transformationen zwischen korrespondierenden Bildpunkten in den Bildern der Serie definieren. In beiden Fällen werden für die Registrierung Kostenfunktionen definiert und optimiert. Da das Problem der Tiefenbestimmung aus Stereoinformation schlecht gestellt ist, werden i. d. R. zusätzlich explizite regularisierende Bedingungen gestellt [Fau01, Mod04]. Ein umfangreicher Überblick über solche Kostenfunktionen und regularisierende Bedingungen ist in [Mod04, Mod09] enthalten.

Ein wichtiges Kriterium bei der Unterscheidung der Registrierungsverfahren ist die Gestaltung der Funktion, welche die Transformation zwischen den Bildern der Serie beschreibt:

- Die meisten Registrierungsverfahren arbeiten pixelbasiert, d. h. es wird nach Korrespondenzen zwischen Bildpunkten gesucht und somit für jeden Bildpunkt eine geometrische Transformation bestimmt [Sch02, Sei06]. Die zur Registrierung verwendeten Hauptmerkmale bei solchen Verfahren sind die Grauwerte der Bildpunkte oder die Grauwerte in lokalen Umgebungen.

- Eine zweite Möglichkeit besteht darin, flächenbasierte Verfahren einzusetzen, bei denen geometrische Transformationen zwischen Bildregionen oder bereichen bestimmt werden. Diese Vorgehensweise findet vor allem in der medizinischen Bildverarbeitung Anwendung, wenn zu fusionierende Aufnahmen mittels heterogener Sensoren (z. B. Computertomographie oder Magnetresonanztomographie) erfasst worden sind [Mai98, Ban00]. Die Grauwerte der Bildpunkte können dann nicht als Merkmale verwendet werden.

  Darüber hinaus finden sich in der Literatur einige flächenbasierte Verfahren, die keiner bestimmten Anwendung zuzuordnen sind:

  - [Ble04, Ble05, Ble07] führen eine regionenbasierte Registrierung mittels Graph-Cuts-Verfahren durch. Die Bilder werden anhand der Farbe in Regionen segmentiert. Das Verfahren wurde nur an Stereopaaren getestet.

  - [Tod05, Tod08] stellen zunächst für jedes Bild einen Baum auf, dessen Knoten mit unterschiedlichen Parametereinstellungen segmentierte Regionen sind. Im zweiten Schritt werden die entstandenen Bäume verglichen. Das Verfahren wurde für Ähnlichkeitsbestimmungen zwischen Bildern eingesetzt.

- Die dritte Möglichkeit besteht darin, eine globale geometrische Transformation zu modellieren, welche alle Bildpunkte eines Bildes in Bildpunkte eines anderen Bildes überführt. Als Beispiel werden im Bereich der Fernerkundung Verfahren eingesetzt, welche das A-priori-Wissen ausnutzen, dass sich die Kamera weit von der Szene entfernt befindet und die Bilder einer Stereoserie sich somit im Wesentlichen nur durch eine geringe Translation unterscheiden [Lil08].

Tiefenbestimmung aus (De)Fokusinformation

Die Tiefenbestimmung aus Bildserien, bei denen die Fokuseinstellungen der Kameras variiert worden sind, kann auf zwei Arten durchgeführt werden [Shi87, Kro89, Ens93, Cha99, Fav07]:

- Bei der Auswertung der Fokusinformation (*depth from focus*) wird nach am schärfsten abgebildeten Bildbereichen in einer dichten[3] Fokusserie gesucht [Sub87, Sub95, Sch97, Sub98, Pue99, Hei08]. [4]

- Die Auswertung der Defokusinformation (*depth from defocus*) erfolgt, indem die Breite unscharf abgebildeter Kanten oder die Positionen der Nullstellen der jeweiligen Übertragungsfunktion der unscharfen Abbildung bestimmt wird [Pen87, Sub88, Wat98, Lai92].

Tiefenbestimmung aus Stereo- und (De)Fokusinformation

Für die Fusion von Stereo- und (De)Fokusinformation zum Zweck der Tiefenbestimmung sind nur wenige Publikationen zu finden. Ein Überblick ist in [Des08] enthalten. Die wichtigsten Arbeiten in chronologischer Reihenfolge sind:

- [Kro89] ist eine der ersten Veröffentlichungen, welche die Kombination von Stereo- und Fokusinformation zur Tiefenbestimmung systematisch in Betracht zieht. Die Fusion findet sequenziell statt: Dabei wird die mittels Stereoinformation erhaltene Tiefenbestimmung durch die Verwendung der Fokusinformation verbessert oder umgekehrt. Die Aufnahme der notwendigen Bilder findet ebenfalls sequenziell statt: Zunächst wird mittels einer Stereokamera ein Stereopaar aufgenommen. Danach werden mit jeder Kamera durch Variation der Fokuseinstellungen Fokusserien aufgenommen.

---

[3]Zum Begriff der Dichtheit siehe Abschnitt 2.5.1.

[4]Die Auswertung der Fokusinformation wird in der Literatur nicht ausschließlich zur Tiefenbestimmung durchgeführt. Diese Information kann etwa auch zur synthetischen Erhöhung der Schärfentiefe genutzt werden [Pue97, Pue99, Bey05, Hei07b].

- [Sub97] beschreibt eine sequenzielle Fusion, bei der nacheinander die mittels Defokus-, Fokus- und abschließend Stereoinformation erhaltenen Tiefenbestimmungen kombiniert werden. Die Bildakquisition findet ebenfalls sequenziell mittels einer einzigen Videokamera statt.

- [Myl98] verwendet ein Stereopaar mit unterschiedlichen Fokuseinstellungen. Das dort beschriebene Verfahren bestimmt den Durchmesser der Unschärfescheibchen für die Bildpunkte der beiden unscharfen Bilder und eine affine Transformation, welche die Bilder aufeinander abbildet, indem ein Gleichungssystem iterativ gelöst wird. Die Unschärfe wird dabei mittels einer Gauß'schen Funktion modelliert.

- [Des08] erweitert das Verfahren von [Myl98], indem ein ähnliches Gleichungssystem aus Differentialgleichungen aufgestellt und mittels Homotopien gelöst wird. Die affine Transformation wird dabei i. d. R. zu Translationen in den beiden Koordinatenrichtungen reduziert.

Tiefenbestimmung bei kombinierten Stereo- und Spektralserien

Zur Tiefenbestimmung aus kombinierten Stereo- und Spektralserien sind keine Publikationen zu finden. Die Registrierung von Bildpaaren oder -serien, die sowohl einen Stereoeffekt aufweisen als auch in unterschiedlichen Spektralbereichen aufgenommen worden sind, wurde bisher nur für die Satellitenbildauswertung untersucht [Lil08]. Der Hauptzweck der Registrierung liegt dabei i. d. R. in der Wiedererkennung ähnlicher Strukturen in einzelnen spektralen Kanälen, um Bildteppiche zu erzeugen.

Einzig [Foo04] stellt ein entropiebasiertes Verfahren vor, das die Tiefenbestimmung für Stereoserien erlaubt, die ähnlich wie Spektralserien unterschiedliche Grauwerte und Kontraste in den Bildern aufweisen. Die verwendeten Bilder beinhalten allerdings keine reale spektrale Information; die Grauwerte der Bilder wurden vielmehr durch gleichartige Modifikation (z. B. Negation) für alle Punkte eines Bildes aus einer Vorlage erhalten.

1.1.3 Auswertung von Spektralserien

Spektrale Bilddaten werden in unterschiedlichen Anwendungsgebieten mit unterschiedlichen Zielen ausgewertet [Cha03]. Einige wichtige Publikationen sind in Tabelle 1.3 aufgeführt.

Die Auswertung von Spektralserien umfasst immer mindestens folgende Schritte:

	Anwendungsgebiet	Ziele
[Man02, Lil08, Spe09]	Satellitenbildauswertung, Astronomie	Umweltmonitoring und Katastrophenprävention, Überwachung, Umweltmodellierung, Beobachtung des Weltalls
[Ban00, Gra07]	medizinische Bildverarbeitung	berührungslose medizinische Untersuchung und Diagnoseunterstützung
[CIP05]	Kulturerbe	Charakterisierung und Restauration von Kunstwerken
[Mis05]	Kriminaltechnik	Authentizitätsprüfung von Kunstwerken und Geldscheinen, Beweissicherung
[Luk07, Bau08]	industrielle Bildverarbeitung	Materialklassifikation, z. B. zum Recycling

Tabelle 1.3: Publikationen zur Fusion von Spektralserien.

- Im ersten Schritt wird für jeden Bildpunkt ein spektraler Merkmalsvektor zur Charakterisierung des jeweiligen Szenenpunkts oder Szenenbereichs erstellt.

- Im zweiten Schritt erfolgt für jeden Bildpunkt eine Klassifikation anhand des erstellten Merkmalsvektors. Dafür werden unterschiedliche Ansätze der Mustererkennung verwendet [Ban00, Dud04, Alb05]. Zur Visualisierung ist es üblich, die Spektralserie in eine Falschfarbendarstellung zu fusionieren [Tyo03].

1.2   Schwerpunkte und Gliederung der Arbeit

Im Folgenden werden die Schwerpunkte dieser Arbeit sowie der in dieser Arbeit erzielte Erkenntnisgewinn gegenüber dem Stand der Wissenschaft und Technik skizziert.

In Kapitel 2 wird ein geometrisch-optisches Signalmodell dargestellt, das die Bilderfassung mit kompakten Kamera-Arrays umfassend beschreibt und als Grundlage für die nachfolgend dargestellten Verfahren der Bildfusion dient. Dabei werden zusätzlich zum Stereoeffekt der Einfluss unterschiedlicher Fokuseinstellungen sowie der Einsatz von Spektral- und Polarisationsfiltern modelliert. Die Hauptbeiträge zum Stand der Wissenschaft und Technik sind:

- Einflüsse mehrerer Aufnahmeparameter, z. B. Fokuseinstellungen, Spektral- und Polarisationsfilter, werden simultan modelliert.

- Das Signalmodell wird für mehrere Kameras formuliert.

Kapitel 3 stellt zwei neuartige Fusionsverfahren für kombinierte Stereo- und Fokusserien dar. Die Verfahren basieren auf der Kombination der Prinzipien *depth from stereo* und *depth from focus* bzw. *depth from stereo* und *depth from defocus*. Als beispielhafte Anwendungen, bei denen diese Ansätze Vorteile bieten, werden Szenen mit periodisch oder schwach strukturierten Bereichen diskutiert. Die Hauptunterschiede gegenüber in der Literatur dargestellten Ansätzen umfassen:

- Die Bilder der kombinierten Serie werden gleichzeitig aufgenommen.

- Die Stereobasen der Bildserien sind aufgrund der Geometrie des verwendeten Kamera-Arrays vergleichsweise groß (etwa 6 cm zwischen benachbarten Kameras). Bei den in der Literatur dargestellten Ansätzen werden Stereoserien mit deutlich kleineren Stereobasen eingesetzt.[5]

- Stereo- und (De)Fokuseffekt werden simultan ausgewertet, wobei Graph-Cuts-Verfahren zum Einsatz kommen, was einer stark gekoppelten Fusion entspricht.

- Die Verfahren sind für kombinierte Bildserien mit einer beliebigen Anzahl von Bildern anwendbar.

Kapitel 4 beschreibt neuartige Fusionsverfahren für kombinierte Stereo- und Spektralserien. Die Idee der gleichzeitigen Auswertung solcher Bildserien wurde bis jetzt in der Literatur nicht betrachtet. Gründe dafür sind die bislang fehlende Aufnahmetechnik sowie die Herausforderungen bei der Registrierung kombinierter Stereo- und Spektralserien: Bilder in Spektralserien besitzen i. d. R. unterschiedliche Grauwerte für denselben Szenenpunkt, was die Anwendung von Standard-Stereoverfahren, die eine grauwertbasierte Registrierung durchführen, verhindert. Zur Lösung dieses Problems werden in dieser Arbeit zwei flächenbasierte Registrierungsverfahren vorgestellt, die zur Korrespondenzfindung Merkmale von Regionen und Bildbereichen einsetzen. Die Hauptbeiträge zum Stand der Wissenschaft und Technik sind:

- Die Tiefenbestimmung aus Stereo- und Spektralserien erfolgt durch Auswertung des Stereoeffekts unter Berücksichtigung unterschiedlicher Grauwerte in den Bildern der Spektralserie.

- Bei der Korrespondenzfindung wird berücksichtigt, dass Szenenbereiche in den Bildern der Spektralserie in unterschiedlicher Weise in Bildbereiche zerfallen können.

---

[5]Die kleineren Stereobasen kommen z. B. durch bewegte Kameras zustande.

Die erarbeiteten und dargestellten Verfahren werden in Kapitel 5 analysiert, bewertet und gegebenenfalls miteinander verglichen. Dafür werden vor allem statistische Methoden eingesetzt.

2 Signalmodell für Kamera-Arrays

In diesem Kapitel werden die Möglichkeiten, die Kamera-Arrays bieten, diskutiert und anschließend das am Lehrstuhl für Interaktive Echtzeitsysteme (IES) in Kooperation mit dem Fraunhofer-Institut für Optronik, Systemtechnik und Bildauswertung IOSB entwickelte Kamera-Array, dessen Variationsmöglichkeiten und eine geometrisch-optische Beschreibung des Abbildungsprozesses dargestellt. Zum umfassenden Verständnis des Fusionsproblems ist ein Signalmodell der Bildentstehung hilfreich, das die Abbildung der Szene in die Bilder der Serie beschreibt. Dabei müssen die Positionen der Szenenpunkte im Raum, eine unscharfe Abbildung und die durch Spektral- oder Polarisationsfilter verursachten relevanten strahlenoptischen Eigenschaften der Kameraoptik berücksichtigt werden. Mit einem derartigen Signalmodell lässt sich die Bildfusion als Spezialfall eines inversen Problems handhaben.

Die Darstellung des Signalmodells für das gesamte Kamera-Array besteht aus zwei Teilen: Zunächst wird die Abbildung einer Einzelkamera modelliert; siehe Abschnitt 2.3. In einem zweiten Schritt wird der Zusammenhang zwischen den Bildern der Serie unter Berücksichtigung des Stereoeffekts und der unterschiedlichen Fokussierungen der Kameras modelliert; siehe Abschnitt 2.4. Schließlich wird begründet, warum eine direkte Umkehrung des Signalmodells nicht möglich ist und wie eine Lösung des inversen Problems durch Fusion der Bilder erzielt wird.

2.1 Nomenklatur

In diesem Abschnitt werden grundlegende Begriffe erläutert, die in dieser Arbeit verwendet werden. Damit sollen Verwechslungen vermieden werden, die durch einen anderen Gebrauch dieser Begriffe in der Literatur entstehen könnten.

Ein Bild wird als Funktion des Ortes definiert:

$$B_i : \mathbb{R}^2 \to \mathbb{R}, \quad B_i(\boldsymbol{u}) := g, \tag{2.1}$$

wobei g als Grauwert bezeichnet wird und der Vektor $\boldsymbol{u}$ die Position des Bildpunkts[1] in Bildkoordinaten angibt. Die Funktion $B_i(\cdot)$ weist somit jedem Bild-

---

[1] In der Literatur wird für den Begriff Bildpunkt üblicherweise auch der Begriff Pixel verwendet.

punkt u einen Grauwert g zu. Vektorwertige Bilder (z. B. Farbbilder) werden nicht betrachtet, da in dieser Arbeit nur monochrome Kameras zum Einsatz kommen. Die Bilder einer Serie werden als Menge zusammengefasst:

$$B := \{B_1, \ldots, B_n\} \, . \tag{2.2}$$

Die in den Bildern erfasste Szene besteht aus Objekten und dem Hintergrund [VDI10]. Der Begriff Szenenpunkt, auch kurz als Punkt verwendet, bezeichnet in Weltkoordinaten einen 3D-Punkt, der zur Szene gehört. Ein Punkt, der zu einem Objekt und nicht zum Hintergrund gehört, wird als Objektpunkt definiert. Ein Szenenbereich ist ein Teil der Szene, der ein oder mehrere Objekte beinhalten oder zum Hintergrund gehören kann.

Zwei gemeinsam betrachtete Bilder bilden ein Bildpaar. Mindestens drei Bilder, die gemeinsam betrachtet werden, bilden eine Bildserie. In Abhängigkeit von dem bei der Aufnahme variierten Parameter werden solche Bildserien auch als Stereoserien, Fokusserien, Spektralserien etc. bezeichnet. Der Aufnahmezeitpunkt kann ebenfalls ein variierter Parameter sein, so dass zwischen simultaner und sequenzieller Bilderfassung unterschieden wird.

Bildserien, bei denen nur ein Parameter variiert worden ist, werden als univariat bezeichnet. Multivariate oder kombinierte Bildserien entstehen, wenn mehr als ein Parameter bei der Bilderfassung variiert worden ist. Bei kombinierten Stereo- und Fokusserien werden beispielsweise sowohl die Kameraposition als auch die Fokuseinstellungen variiert. Im Allgemeinen ist es bei kombinierten Bildserien nicht erforderlich, dass sich jeweils zwei Bilder in mehr als einem Aufnahmeparameter unterscheiden. Im Fall von kombinierten Stereo- und Fokusserien bedeutet dies etwa, dass es Bildpaare geben kann, die sich nur in ihrer Aufnahmeposition unterscheiden, aber gleiche Fokuseinstellungen aufweisen.

Der Begriff Bildserie wird nur dann im Plural eingesetzt, wenn Bildserien mit unterschiedlichen Charakteristiken (z. B. unterschiedliche Szenen, unterschiedliche Fusionsziele) beschrieben werden sollen.

Den Kern dieser Arbeit bilden Verfahren zur Bildfusion. Diese werden in Abhängigkeit von dem bei der Fusion berücksichtigten Variationsparameter auch kürzer als Verfahren zur Stereo-, Fokus- oder Spektralfusion bezeichnet. Als Beispiele werden bei einer Stereofusion der Stereoeffekt zur Tiefenbestimmung ausgenutzt oder bei einer Spektralfusion die spektralen Komponenten der Bilder zur Klassifikation fusioniert.

2.2 Bildserien mit Kamera-Arrays

Kamera-Arrays bieten umfassende Möglichkeiten, um die von einer Szene visuell erfassbare Information möglichst vollständig zu erhalten. Dafür wird die außergewöhnliche Flexibilität einstellbarer Parameterkonstellationen bei der Bilderfassung ausgenutzt. Bei einer einzelnen Kamera lassen sich folgende relevante Aufnahmeparameter variieren: Die sechs extrinsischen Parameter, Brennweite der Abbildungsoptik, Fokuseinstellung, Belichtungszeit, Blende und Aufnahmezeitpunkt. Zusätzlich kann eine Kamera mit Spektral- oder Polarisationsfiltern ausgestattet werden. Dabei lassen sich die Eigenschaften jeder Kamera individuell konfigurieren. Zusätzliche Freiheitsgrade ergeben sich durch die Kombination der Einzelkameras zum Array: Dabei können intrinsische Parameter (Anzahl und translatorische/rotatorische Position der Kameras innerhalb des Arrays) und extrinsische Parameter (Position des Arrays im Raum) unterschieden werden.

Im Folgenden werden Möglichkeiten zum Einsatz von Kamera-Arrays dargestellt, um unterschiedliche Informationen über eine Szene zu gewinnen. Dabei wird zunächst angenommen, dass die beobachtete Szene statisch ist oder die Bilderfassung durch die Kameras des Arrays simultan erfolgt.

Stereoserien Durch die räumliche Anordnung der Einzelkameras stellen die erfassten Bilder implizit eine Stereoserie dar. Damit lässt sich über die Szene Tiefeninformation gewinnen, die robuster ist als die mit einem einzigen Stereokamerapaar erhaltbare, da aufgrund der höheren Zahl von Kameras redundante Disparitäten auftreten (bei paarweiser Betrachtung von n Kameras ergeben sich $\frac{n(n-1)}{2}$ Stereopaare) und Verdeckungen reduziert werden.

Die Positionen und Abstände der Kameras beeinflussen die Genauigkeit der Tiefenbestimmung: Je größer der Winkel zwischen den Sichtstrahlen ist, desto genauer ist die Bestimmung der Tiefe mittels Triangulationsverfahren; siehe Abschnitt 5.1.1. Die Auflösung der Tiefenbestimmung ist ebenfalls von der Anordnung und dem Abstand der Kameras abhängig: Je weniger die Sichten zweier Kameras überlappen, desto kleiner ist die Anzahl der Bildpunkte, für welche die Tiefe bestimmt werden kann; siehe Abschnitt 5.1.1.

Je nach Anordnung der Kameras im Array und den verwendeten Auswerteverfahren lassen sich aus Stereoserien Bildteppiche, $2\frac{1}{2}$D- oder 3D-Rekonstruktionen der Szene gewinnen.

Pseudo-univariate Bildserien Werden die Bilder der Serie unter Berücksichtigung der Stereodisparität geometrisch so transformiert, dass sie von einer einzigen

Kameraposition aus aufgenommen erscheinen (*image warping*), können durch Variation der übrigen Aufnahmeparameter (z. B. Brennweite der Abbildungsoptik, Fokuseinstellung, Belichtungszeit, Blende, Spektral- oder Polarisationsfilter) andere Arten von Bildserien erfasst werden, die sich wie univariate Bildserien auswerten lassen. Auf diese Weise lassen sich Bildserien gewinnen, die analog zu Bildserien von Einzelkameras, bei denen die Parametervariation eine Modifikation der Kameraansteuerung bzw. der Aufnahmeoptik und eine zeitsequenzielle Aufnahme erfordert, verwendet werden können. Solche pseudo-univariaten Bildserien können allerdings – z. B. aufgrund von Verdeckungen – Lücken enthalten und sind somit nicht identisch zu Bildserien, die mit einer einzigen Kamera aufgenommen worden sind.

Die Anordnung der Kameras im Array und die Position des Arrays beeinflussen die in den transformierten Bildern enthaltene Information, z. B. bei Verdeckungen; siehe Abschnitt 3.1.4.

Die Zahl der Kameras spielt je nach Art der Bildserie eine wichtige Rolle. Bei Belichtungsserien gibt die Anzahl der Kameras den erfassbaren Strahldichteumfang der Szene an: Je größer der Strahldichteumfang der Szene ist, desto mehr Kameras mit unterschiedlichen Belichtungszeiten sind notwendig. Bei Blendenserien beeinflusst die Anzahl der Kameras die Genauigkeit der Tiefenbestimmung, wenn Defokusinformation ausgewertet wird. Bei Fokusserien ist die Anzahl der Bilder (und damit der Kameras im Array) proportional zur Tiefenauflösung; siehe Abschnitt 3.2. Bei Spektralserien ist die Anzahl der Kameras gleich der maximalen Anzahl einsetzbarer Filter. Falls ein Bereich des Spektrums (z. B. der Wellenlängenbereich von λ_{min} bis λ_{max}) gleichmäßig und vollständig abzubilden ist, dann gibt die Anzahl der Kameras n den minimalen Durchlassbereich der ideal angenommenen Filter an: $(\lambda_{max} - \lambda_{min})/n$. Da der Polarisationszustand des Lichts mittels vier Aufnahmen bestimmt werden kann (siehe Abschnitt 2.5.1), spielt bei reinen Polarisationsserien die Anzahl der Kameras keine Rolle, sofern mindestens vier Kameras mit den entsprechenden Polarisationsfiltern ausgestattet sind.

Die Ergebnisse der Fusion von Belichtungsserien sind Bilder mit einem hohen Dynamikumfang (*high dynamic range imaging*, HDRI). Blendenserien werden fusioniert, um genauere Tiefenbestimmungen an strukturierten Objekten zu erzielen. Fokusserien werden fusioniert, um Bilder mit synthetisch erhöhter Schärfentiefe oder eine $2\frac{1}{2}$D- oder 3D-Rekonstruktion der Szene zu bekommen. Spektralserien werden mit vielfältigen Zielen eingesetzt: Materialklassifikation, Bildinterpretation etwa mittels Falschfarbendarstellung, Detektion bestimmter Strukturen etc. Polarisationsserien werden im Wesentlichen zur Charakterisierung und Klassifikation von diffus und spiegelnd reflektierenden Oberflächen eingesetzt [Wol91].

Multivariate Bildserien Multivariate Bildserien werden erhalten, wenn mehr als ein Aufnahmeparameter über die Kameras des Arrays variiert wird und die Bilder nicht wie im Fall pseudo-univariater Bildserien in eine gemeinsame Kamerasicht transformiert werden. Streng genommen ist dies bereits der Fall, wenn bei allen Einzelkameras derselbe Parameter unterschiedlich eingestellt wird (etwa die Fokuseinstellung), da die Kamerapositionen im Array immer unterschiedlich sind und somit stets Stereoserien erfasst werden. Durch einfache kombinatorische Rechnung ergeben sich bei k variierten Aufnahmeparametern

$$\sum_{i=2}^{k} \binom{k}{i} \tag{2.3}$$

mögliche Arten von multivariaten Bildserien, die sich durch die variierten Aufnahmeparameter der Kameras unterscheiden.

Für die Auswirkungen der Anzahl und der Positionen der Einzelkameras sowie der Position des Kamera-Arrays gelten die für den Fall pseudo-univariater Bildserien beschriebenen Zusammenhänge in gleicher Weise.

Multivariate Serien werden mit zwei unterschiedlichen Zielsetzungen angewendet:

- Durch diversitäre Messprinzipien lassen sich genauere und robustere Ergebnisse erzielen. Beispielsweise kann Tiefeninformation sowohl durch Auswertung der Stereodisparität in Stereoserien (*depth from stereo*) als auch durch Fusion von Fokusserien (*depth from (de)focus*) erhalten werden. Kombinierte Stereo- und Fokusserien enthalten beide Informationsquellen und führen so zu besseren Tiefenbestimmungen; siehe Kapitel 3.

- Aus einer multivariaten Bildserie können unterschiedliche Informationen extrahiert werden. Aus Stereo- und Spektralserien kann beispielsweise Tiefeninformation bezüglich der Szene aus der Auswertung des Stereoeffekts bestimmt werden. Zusätzlich können die spektralen Eigenschaften der Szene ermittelt werden; siehe Kapitel 4. Zur Objekt- oder Materialerkennung können multivariate Serien vorteilhaft eingesetzt werden, wenn sich die zu klassifizierenden Objekte bzw. Materialien in mehr als einem Merkmal (z. B. Spektral- und Polarisationseigenschaft) unterscheiden und der dann zur Verfügung stehende Merkmalsraum eine bessere Trennbarkeit der Klassen bewirkt.

Um multivariate Bildserien sinnvoll einzusetzen, müssen die Szeneneigenschaften berücksichtigt werden. In vielen Fällen ist der Aufwand der Erfassung und Auswertung multivariater Serien erst dann gerechtfertigt, wenn die Szene zusätzliche Eigenschaften erhält, die sich durch univariate Serien nicht bestimmen lassen.

Für die meisten Szenen, die nicht eben sind, kann die 3D-Rekonstruktion durch die Auswertung einer Stereoserie erfolgen. Falls die Objekte zusätzlich strukturiert sind (z. B. mit einem periodischen Muster), ist der Einsatz einer kombinierten Stereo- und Fokusserie zu einer verbesserten Tiefenbestimmung sinnvoll; siehe Kapitel 3.

Für den Fall, dass zusätzlich zur 3D-Rekonstruktion die Bestimmung der spektralen Eigenschaften der Szene gewünscht ist (z. B. zur Materialklassifikation), kann eine kombinierte Stereo- und Spektralserie ausgewertet werden; siehe Kapitel 4. Für die Unterscheidung von Objekten oder Materialien kann auch der Einsatz von Polarisationsfiltern zur Aufnahme von kombinierten Polarisationsserien sinnvoll sein, etwa wenn die Szene diffus und spiegelnd reflektierende Bereiche umfasst.

Die bisherige Betrachtung geht von statischen Szenen oder dynamischen Szenen bei simultaner Bilderfassung aus. Im Folgenden werden die Eigenschaften von Kamera-Arrays bei dynamischen Szenen näher dargestellt.

Bildserien bei dynamischen Szenen In diesem Fall ergeben sich zwei Möglichkeiten, ein Kamera-Array anzuwenden:

- Falls alle Kameras simultan getriggert werden, ergeben sich für jeden Zeitpunkt uni- oder multivariate Bildserien mit den oben beschriebenen Eigenschaften. Dies ist eine Aufnahmeart, zu der nur Kamera-Arrays in der Lage sind. Eine zeitsequenzielle Vorgehensweise, die zur Erfassung von Bildserien mittels Einzelkameras stets erforderlich ist, lässt sich bei dynamischen Szenen nicht sinnvoll realisieren.

- Die Kameras des Arrays können außerdem einzeln getriggert werden. Durch leicht versetzte Aufnahmezeitpunkte lassen sich somit Hochgeschwindigkeitsvideos erzeugen. Bei literaturüblichen Ansätzen werden die Kameras dabei mit gleichen Parametern betrieben. Im Idealfall kann damit die Bildwiederholrate proportional zur Anzahl der Kameras im Array gesteigert werden.

Zur Fusion von univariaten und pseudo-univariaten Bildserien sind in der Literatur zahlreiche Verfahren dargestellt; siehe Abschnitt 1.1.2. Für die Fusion multivariater Bildserien gibt es hingegen in der Literatur keine allgemein einsetzbaren Ansätze. Die Auswertung multivariater Bildserien ist daher das zentrale Thema der nächsten Kapitel.

Versuchsaufbau Der in dieser Arbeit verwendete Versuchsaufbau besteht aus neun gleichartigen Standardkameras, die in einer 3×3-Matrix angeordnet sind;

siehe Bild 2.1(a) [Ghe05]. Die Anordnung der Kameras in Form einer Matrix wird durch die Eigenschaften der Kameras, wie z. B. die Bildabmessungen (das Bild ist breiter als höher) und die Größe der beobachteten Szenen, die sich i. d. R. in einer Entfernung von ca. 1 m befinden, beeinflusst. Der Aufbau ist so konzipiert, dass die optischen Achsen der Kameras näherungsweise parallel sind und sich die optischen Zentren der Kameras in einer Ebene befinden, auf der die optischen Achsen der Kameras näherungsweise senkrecht stehen. Für die Feinjustage können die Kameras um wenige Grad gedreht werden. Die Ansteuerung der Kameras erfolgt über FireWire und wird von einem handelsüblichen PC erledigt, der gleichzeitig für die Bildverarbeitung eingesetzt wird.

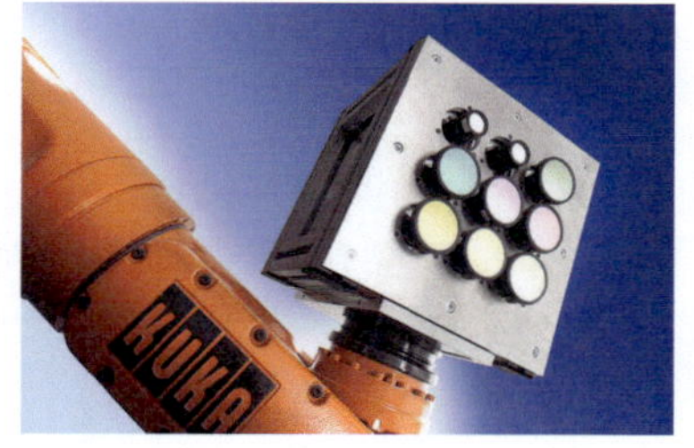

(a) Das verwendete Kamera-Array in Kombination mit einem Industrieroboter;

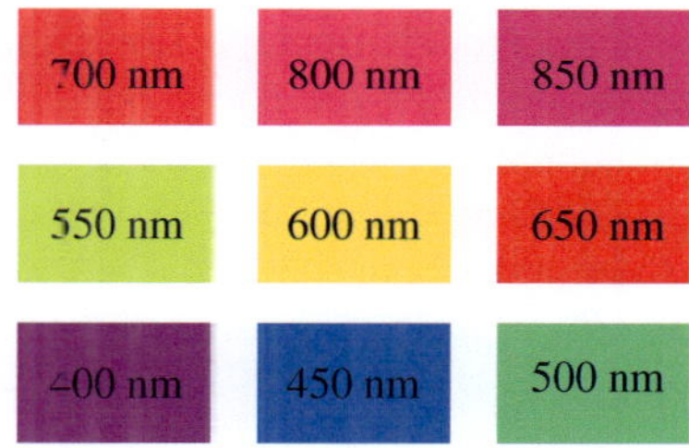

(b) Anordnung der Spektralfilter (in Blickrichtung der Kameras, gekennzeichnet mit der jeweiligen mittleren Wellenlänge des Durchlassbereichs).

Bild 2.1: Kamera-Array mit aufgesetzten Spektralfiltern.

Die Kameras können mit Spektralfiltern [Wys00] (in diesem Fall 50 nm Spektralbandbreite) ausgestattet werden, die den visuellen Bereich (VIS) sowie den Bereich des nahen Infrarots (NIR) im elektromagnetischen Spektrum (zusammen 400 bis 850 nm) möglichst gleichmäßig abtasten. Die Zuordnung der Filter zu den Kameras wurde aufgrund der Beobachtung festgelegt, dass die in den Bildern benachbarter Spektralbereiche enthaltene Information ähnlich ist, so dass die Zuordnung von Bildpunkten etwa bei Stereoverfahren vereinfacht wird. Da die Bilder außerdem breiter als hoch sind, erscheint es sinnvoll, spektral benachbarte Filter bei nebeneinander liegenden Kameras einzusetzen. Die Fusion von Spektralserien erfolgt dann zunächst horizontal und anschließend vertikal. Die Anordnung der Filter in einer Zeile spielt somit keine Rolle, solange Filter benachbarter Spektralbereiche nebeneinander liegen. Bei der gewählten 3×3-Matrixanordnung ergibt sich die in Bild 2.1(b) dargestellte Reihenfolge der Spektralfilter als eine von mehreren Möglichkeiten.

Obwohl der in dieser Arbeit realisierte Aufbau aus einer relativ kleinen Anzahl von
Kameras besteht, sind die entwickelten Verfahren für die Fusion von Bildserien mit
beliebiger Anzahl von Bildern anwendbar. Der vorliegende Aufbau dient somit
nur zur Erprobung und Auswertung der in den nächsten Kapiteln dargestellten
Verfahren. Die in den nächsten Abschnitten beschriebenen Signalmodelle gelten
auch für Kamera-Arrays beliebiger Form und Größe.

2.3   Signalmodell für eine Kamera

Das Signalmodell für eine Einzelkamera beschreibt die Belichtung eines Sensorelements durch die Szene [Ghe07c, Ghe08b]. Dazu wird analysiert, welcher
Szenenpunkt mit seiner Strahldichte zur Bestrahlung eines Sensorelements beiträgt. Die Strahldichte hat als Parameter die Koordinaten des Objektpunkts x_S,
die Abstrahlrichtung ϕ, die Wellenlänge λ und die Polarisationseigenschaften
$\kappa = (E_{0x}, E_{0y}, \varepsilon_P)^T$ (die Amplituden in x- und y-Richtung und die Phasendifferenz).

Zunächst wird die Bestrahlungsstärke, die das Sensorelement erreicht, berechnet.
Anschließend werden die zur Darstellung des Bildes als Intensitätsfunktion notwendigen Transformationen modelliert. Danach werden die Spektral- und Polarisationseigenschaften der Optik modelliert und in das Signalmodell integriert.

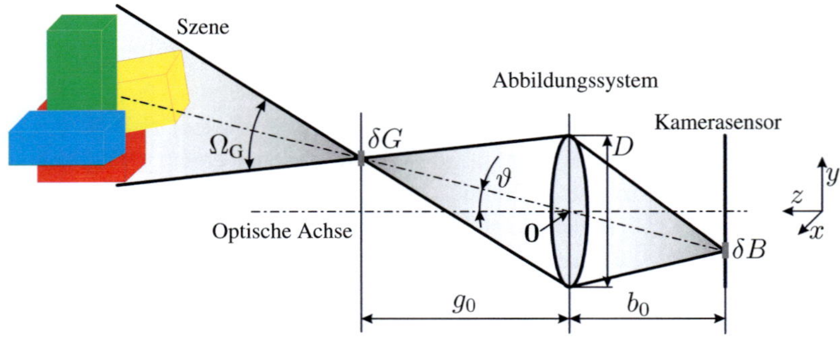

Bild 2.2: Optische Abbildung.

Strahlengeometrie   Jedes infinitesimale bildseitige Sensorelement $\delta B(\varphi)$ der
Kamera (parametriert durch die Winkelkoordinaten $\varphi := (\varphi, \vartheta)^T$ mit dem Azi-

mut φ und dem Polwinkel ϑ relativ zum optischen Zentrum $\mathbf{0}$ und zur optischen Achse des Abbildungssystems, wobei φ durch die Position des Sensorelements auf dem Chip gegeben ist) erhält seinen gesamten Strahlungsfluss durch das als verlustfrei angenommene Abbildungssystem (idealisiert als dünne Linse mit der Brennweite f) von einem infinitesimalen gegenstandsseitigen virtuellen Flächenelement $\delta G(\varphi)$ mit dem Flächenverhältnis:

$$A(\delta G(\varphi)) = \left(\frac{g_0}{b_0}\right)^2 A(\delta B(\varphi)). \tag{2.4}$$

Das Flächenelement $\delta G(\varphi)$ befindet sich in der Ebene der fokussierten Abbildung mit Abstand g_0 zu $\mathbf{0}$ (d. h. $1/b_0 + 1/g_0 = 1/f$ mit dem Sensorabstand b_0 zu $\mathbf{0}$); siehe Bild 2.2. Zur Vereinfachung wird im Folgenden ohne Beschränkung der Allgemeinheit angenommen, dass die Schärfenebene sich zwischen Szene und Kamera befindet.

Vom gegenstandsseitigen virtuellen Flächenelement $\delta G(\varphi)$ wird durch das Abbildungssystem nur solches Licht an das bildseitige Sensorelement $\delta B(\varphi)$ übertragen, das innerhalb des Raumwinkels $\Omega_\mathrm{G}(\varphi)$ auf $\delta G(\varphi)$ trifft. Die Größe von $\Omega_\mathrm{G}(\varphi)$ bestimmt sich in Abhängigkeit vom Durchmesser D der Aperturblende, der Gegenstandsweite für eine fokussierte Abbildung g_0 sowie vom Polwinkel ϑ des Flächenelements $\delta G(\varphi)$ zur optischen Achse zu [Hor86]:

$$\Omega_\mathrm{G}(\varphi) = \frac{\pi}{4}\left(\frac{D}{g_0}\right)^2 \cos^3 \vartheta. \tag{2.5}$$

Der gesamte durch $\delta G(\varphi)$ tretende und auf $\delta B(\varphi)$ einfallende Strahlungsfluss $\Phi(\varphi, \lambda, \boldsymbol{\kappa})$ wird erhalten, indem die Strahldichte $L_{\mathrm{G},\varphi,\boldsymbol{\eta},\lambda,\boldsymbol{\kappa}}(\varphi, \boldsymbol{\eta}, \lambda, \boldsymbol{\kappa})$ über den Raumwinkel $\Omega_\mathrm{G}(\varphi)$ integriert und mit der Fläche von $\delta G(\varphi)$ multipliziert wird:

$$\Phi(\varphi, \lambda, \boldsymbol{\kappa}) \quad = \quad A(\delta G(\varphi)) \cdot \int_{\boldsymbol{\eta} \in \mathcal{O}_\mathrm{G}} L_{\mathrm{G},\varphi,\boldsymbol{\eta},\lambda,\boldsymbol{\kappa}}(\varphi, \boldsymbol{\eta}, \lambda, \boldsymbol{\kappa}) \cdot \cos \xi \, \mathrm{d}\boldsymbol{\eta},$$

$$\tag{2.6}$$

$$\Phi(\varphi, \lambda, \boldsymbol{\kappa}) = A(\delta G(\varphi)) \cdot E_{\mathrm{G},\varphi,\lambda,\boldsymbol{\kappa}}(\varphi, \lambda, \boldsymbol{\kappa})$$

$$\text{mit} \quad E_{\mathrm{G},\varphi,\lambda,\boldsymbol{\kappa}}(\varphi, \lambda, \boldsymbol{\kappa}) = \int_{\boldsymbol{\eta} \in \mathcal{O}_\mathrm{G}} L_{\mathrm{G},\varphi,\boldsymbol{\eta},\lambda,\boldsymbol{\kappa}}(\varphi, \boldsymbol{\eta}, \lambda, \boldsymbol{\kappa}) \cdot \cos \xi \, \mathrm{d}\boldsymbol{\eta}. \tag{2.7}$$

Dabei bezeichnen $L_{\mathrm{G},\varphi,\eta,\lambda,\kappa}(\varphi,\eta,\lambda,\kappa)$ die Strahldichte der vom Flächenelement $\delta G(\varphi)$ aus sichtbaren Szenenpunkte in Richtung $\eta := (\eta,\xi)^{\mathrm{T}}$ (parametriert mit dem Azimut η und dem Polwinkel ξ relativ zum optischen Zentrum $\mathbf{0}$ und zur optischen Achse des Abbildungssystems) und $E_{\mathrm{G},\varphi,\lambda,\kappa}(\varphi,\lambda,\kappa)$ die Bestrahlungsstärke von $\delta G(\varphi)$. $\mathcal{O}_{\mathrm{G}}$ beschreibt die Menge aller η, die $\Omega_{\mathrm{G}}(\varphi)$ ausmachen:

$$\mathcal{O}_{\mathrm{G}} := \left\{ \eta = (\eta,\xi)^{\mathrm{T}} \,\middle|\, |x_{\mathrm{G}}(\varphi) - x(\eta)| \leq \frac{D}{2} \right\} \tag{2.8}$$

mit

$$x(\eta) := g_0 \cdot (\tan\xi\cos\eta, \tan\xi\sin\eta, 1)^{\mathrm{T}} \tag{2.9}$$

und

$$x_{\mathrm{G}}(\varphi) := x(\varphi, g_0) = g_0 \cdot (\tan\vartheta\cos\varphi, \tan\vartheta\sin\varphi, 1)^{\mathrm{T}}. \tag{2.10}$$

D ist der Durchmesser der Aperturblende. Die Berechnung von $x(\eta)$ ist im Bild 2.3 anschaulich dargestellt.

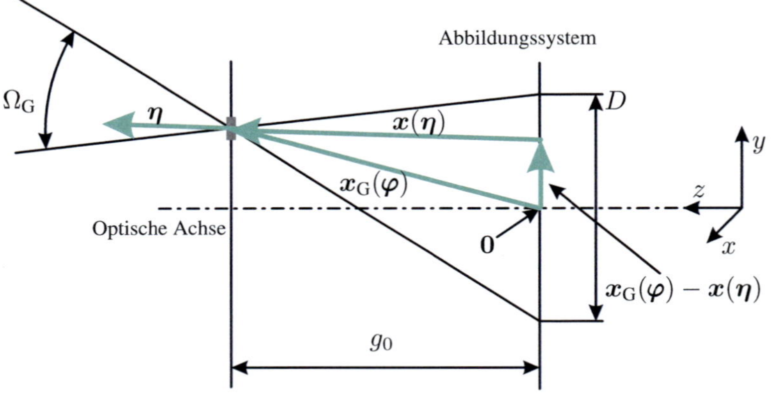

Bild 2.3: Anschauliche Darstellung der Menge $\mathcal{O}_{\mathrm{G}}$; siehe Gl. (2.8).

Die Bestrahlungsstärke des Sensorelements $\delta B(\varphi)$ ist somit (Gl. (2.4) und (2.7)):

$$E_{\mathrm{B},\varphi,\lambda,\kappa}(\varphi,\lambda,\kappa) = \left(\frac{g_0}{b_0}\right)^2 E_{\mathrm{G},\varphi,\lambda,\kappa}(\varphi,\lambda,\kappa). \tag{2.11}$$

Aus der Bestrahlungsstärke $E_{\mathrm{B},\varphi,\lambda,\kappa}(\varphi,\lambda,\kappa)$ lässt sich bei gegebener Belichtungszeit Δt mittels der Transformation von Kugelkoordinaten in kartesische Koordinaten $\varphi \to \tilde{u}$ mit

$$\tilde{u}(\varphi) := (\tilde{u},\tilde{v})^{\mathrm{T}} = b_0 \cdot (\tan\vartheta\cos\varphi, \tan\vartheta\sin\varphi)^{\mathrm{T}} \tag{2.12}$$

der dazu proportionale Intensitätswert $B_{\tilde{u},\lambda,\boldsymbol{\kappa}}(\tilde{u},\lambda,\boldsymbol{\kappa})$ des Sensorelements mit den Bildkoordinaten $\tilde{u}$ bestimmen:

$$B_{\tilde{u},\lambda,\boldsymbol{\kappa}}(\tilde{u},\lambda,\boldsymbol{\kappa}) = \int_{\Delta t} E_{\mathrm{B},\boldsymbol{\varphi},\lambda,\boldsymbol{\kappa}}(\boldsymbol{\varphi},\lambda,\boldsymbol{\kappa}) A(\delta B(\boldsymbol{\varphi}))\,\mathrm{d}t\,. \tag{2.13}$$

Befinden sich am Ort des virtuellen Flächenelements $\delta G(\boldsymbol{\varphi})$ nur Szenenpunkte, d. h. findet für $\delta G(\boldsymbol{\varphi})$ eine fokussierte Abbildung statt, und ist die Strahldichte der Szenenpunkte über dem Raumwinkel $\Omega_{\mathrm{G}}(\boldsymbol{\varphi})$ konstant:

$$L_{\mathrm{G},\boldsymbol{\varphi},\boldsymbol{\eta},\lambda,\boldsymbol{\kappa}}(\boldsymbol{\varphi},\boldsymbol{\eta},\lambda,\boldsymbol{\kappa}) = L_{\mathrm{S},\boldsymbol{x},\boldsymbol{\eta},\lambda,\boldsymbol{\kappa}}(\boldsymbol{x}_{\mathrm{G}}(\boldsymbol{\varphi}),\boldsymbol{\eta},\lambda,\boldsymbol{\kappa}) =$$
$$L_{\mathrm{S},\boldsymbol{x},\lambda,\boldsymbol{\kappa}}(\boldsymbol{x}_{\mathrm{G}}(\boldsymbol{\varphi}),\lambda,\boldsymbol{\kappa}) = \mathrm{const.}_{\boldsymbol{\eta}} \tag{2.14}$$

für $\boldsymbol{\eta} \in \mathcal{O}_{\mathrm{G}}$, so vereinfacht sich die Bestimmung von $E_{\mathrm{G},\boldsymbol{\varphi},\lambda,\boldsymbol{\kappa}}(\boldsymbol{\varphi},\lambda,\boldsymbol{\kappa})$ in Gl. (2.7) mit Gl. (2.5) erwartungsgemäß zu

$$E_{\mathrm{G},\boldsymbol{\varphi},\lambda,\boldsymbol{\kappa}}(\boldsymbol{\varphi},\lambda,\boldsymbol{\kappa}) = \Omega_{\mathrm{G}}(\boldsymbol{\varphi}) \cdot L_{\mathrm{S},\boldsymbol{x},\lambda,\boldsymbol{\kappa}}(\boldsymbol{x}_{\mathrm{G}}(\boldsymbol{\varphi}),\lambda,\boldsymbol{\kappa}) \cdot \cos\vartheta$$
$$\propto L_{\mathrm{S},\boldsymbol{x},\lambda,\boldsymbol{\kappa}}(\boldsymbol{x}_{\mathrm{G}}(\boldsymbol{\varphi}),\lambda,\boldsymbol{\kappa}) \cdot \cos^4\vartheta\,. \tag{2.15}$$

Dies entspricht dem $\cos^4$-Gesetz, das den natürlichen Randlichtabfall bei einer Abbildung mittels einer Linse beschreibt [Gro05].

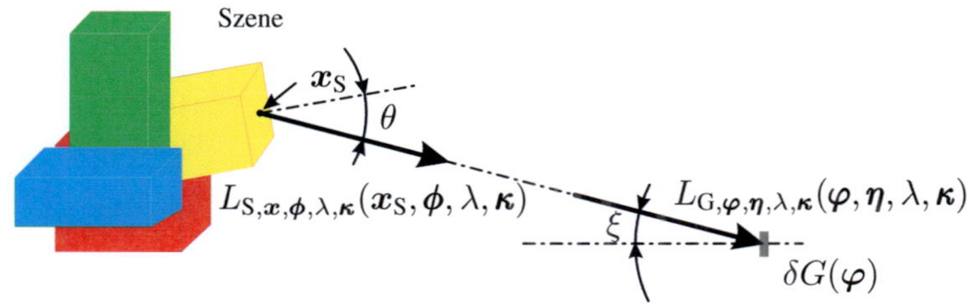

Bild 2.4: Bestimmung der Strahldichte $L_{\mathrm{G},\boldsymbol{\varphi},\boldsymbol{\eta},\lambda,\boldsymbol{\kappa}}(\boldsymbol{\varphi},\boldsymbol{\eta},\lambda,\boldsymbol{\kappa})$.

Zur Bestimmung der jeweils sichtbaren Szenenpunkte und deren Strahldichte $L_{\mathrm{G},\boldsymbol{\varphi},\boldsymbol{\eta},\lambda,\boldsymbol{\kappa}}(\boldsymbol{\varphi},\boldsymbol{\eta},\lambda,\boldsymbol{\kappa})$ muss für jedes gegenstandsseitige Flächenelement $\delta G(\boldsymbol{\varphi})$ der nächstliegende Szenenpunkt $\boldsymbol{x}_{\mathrm{S}}$ in jeder Richtung $\boldsymbol{\eta} \in \mathcal{O}_{\mathrm{G}}$ z. B. durch Strahlverfolgung ermittelt werden; siehe Bild 2.4. Am Punkt $\boldsymbol{x}_{\mathrm{S}}$ weist die Oberfläche der Szene eine Strahldichte $L_{\mathrm{S},\boldsymbol{x},\boldsymbol{\phi},\lambda,\boldsymbol{\kappa}}(\boldsymbol{x}_{\mathrm{S}},\boldsymbol{\phi},\lambda,\boldsymbol{\kappa})$ auf, welche das ausgestrahlte Licht in Richtung der lokalen Winkelkoordinaten $\boldsymbol{\phi} := (\phi,\theta)^{\mathrm{T}}$ mit dem Azimut ϕ und dem Polwinkel θ zur lokalen Oberflächennormalen beschreibt.

Die Strahldichte $L_{\mathrm{G},\varphi,\eta,\lambda,\kappa}(\varphi,\eta,\lambda,\kappa)$ wird demnach aus $L_{\mathrm{S},x,\phi,\lambda,\kappa}(x_{\mathrm{S}}(\varphi,\eta),\phi(x_{\mathrm{S}},\varphi,\eta),\lambda,\kappa)$ erhalten. Dazu wird zunächst der sichtbare Szenenpunkt x_{S} ermittelt:

$$
x_{\mathrm{S}} := x_{\mathrm{S}}(\varphi,\eta) = g_0 \cdot \begin{pmatrix} \tan\vartheta\cos\varphi \\ \tan\vartheta\sin\varphi \\ 1 \end{pmatrix} + \Delta g \cdot \begin{pmatrix} \tan\xi\cos\eta \\ \tan\xi\sin\eta \\ 1 \end{pmatrix}, \qquad (2.16)
$$

wobei Δg der Abstand zwischen der Schärfenebene und der dazu parallelen Ebene, in der sich der Punkt x_{S} befindet, ist. Die lokale Richtung $\phi := \phi(x_{\mathrm{S}},\varphi,\eta)$, unter der die Abstrahlung auf $\delta G(\varphi)$ erfolgt, lässt sich dann mit der Koordinatentransformation $x(y,x_{\mathrm{S}}) = x_{\mathrm{S}} + R(x_{\mathrm{S}})y(x_{\mathrm{S}})$, welche die Umrechnung von lokalen Koordinaten y in globale Koordinaten x beschreibt, bestimmen. Die Richtung ϕ in kartesischen Koordinaten ergibt sich mit der Rotationsmatrix $R(x_{\mathrm{S}})$ zu

$$
\begin{pmatrix} \sin\theta\cos\phi \\ \sin\theta\sin\phi \\ \cos\theta \end{pmatrix} = -R^{-1}(x_{\mathrm{S}}) \begin{pmatrix} \sin\xi\cos\eta \\ \sin\xi\sin\eta \\ \cos\xi \end{pmatrix}. \qquad (2.17)
$$

Mit diesem Schritt findet also eine Projektion von $x_{\mathrm{S}} \in \mathbb{R}^3$ auf $\eta \in [-\pi,\pi] \times [0,\pi]$ statt.

Die Unschärfe der defokussierten Abbildung wird dabei als Integration über die von der Linse durch $\delta G(\varphi)$ sichtbaren Szenenpunkte modelliert. Je weiter die Szene von der Ebene der fokussierten Abbildung entfernt sind, desto größer ist – entsprechend der Aufweitung des durch den Raumwinkel $\Omega_{\mathrm{G}}(\varphi)$ definierten Kegels – der Einflussbereich eines Szenenpunkts. Bei gegebenen Abstand Δg von der Schärfenebene ist der Durchmesser der Kegelbasis D_{S}; siehe Gl. (2.18).

Zusammengefasst besteht dieses Signalmodell aus den in Bild 2.5 dargestellten Komponenten. Ausgehend von der Strahldichte $L_{\mathrm{S},x,\phi,\lambda,\kappa}(x_{\mathrm{S}},\phi,\lambda,\kappa)$ der Szene wird in Abhängigkeit von den Parametern $0, f, b_0$ die Strahldichte $L_{\mathrm{G},\varphi,\eta,\lambda,\kappa}(\varphi,\eta,\lambda,\kappa)$ am Ort des virtuellen Flächenelements $\delta G(\varphi)$ bestimmt. Durch Integration über den Raumwinkel $\Omega_{\mathrm{G}}(\varphi)$ mit den Parametern $0, f, b_0, D$ wird die Bestrahlungsstärke des Flächenelements $\delta G(\varphi)$ erhalten. Die Übertragung der Bestrahlungsstärke durch das Abbildungssystem, die zeitliche Integration über die Belichtungszeit sowie die Koordinatentransformation von den Winkelkoordinaten φ in die üblichen kartesischen Bildkoordinaten $\tilde{u}$ ergeben schließlich das aufgenommene Bild $B_{\tilde{u},\lambda,\kappa}(\tilde{u},\lambda,\kappa)$. Die Abhängigkeit der Bilderfassung von λ und κ wird später diskutiert. $B_{\tilde{u},\lambda,\kappa}(\tilde{u},\lambda,\kappa)$ ist in der bisherigen Betrachtung ein Bild, das bei monochromatischem Licht mit der Wellenlänge λ und dem Polarisationszustand κ gewonnen wird.

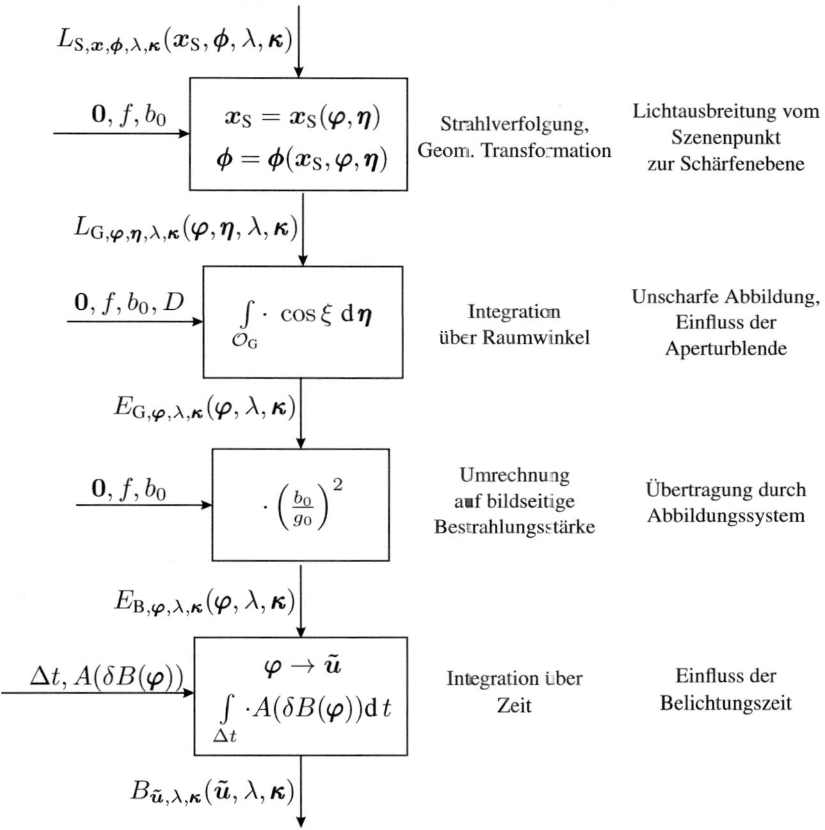

Bild 2.5: Signalmodell für eine Kamera.

Im Fall einer Szene, die zumindest stückweise eben und senkrecht zur optischen Achse ist ($z = \Delta g + g_0 = \text{const.}$), lässt sich dieses Signalmodell vereinfachen; siehe Bild 2.6. Der von jedem Flächenelement $\delta G(\varphi)$ aus sichtbare Szenenbereich ist dann von vornherein durch die Aufnahmegeometrie bekannt. Für eine kreisförmige Aperturblende mit Durchmesser D ist dies ein kreisförmiger Bereich mit dem konstanten Durchmesser:

$$D_S = \frac{\Delta g}{g_0} D\,. \tag{2.18}$$

Mit der Annahme, dass die Strahldichte der Szene $L_{S,x,\phi,\lambda,\kappa}(x_S,\phi,\lambda,\kappa)$ konstant über den jeweiligen Raumwinkel der Betrachtung $\Omega_G(\varphi)$ ist, d. h.

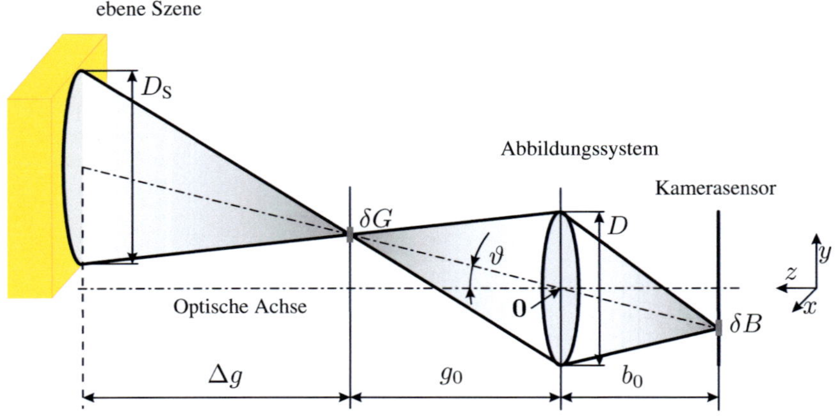

Bild 2.6: Optische Abbildung bei ebener Szene.

$L_{\mathrm{S},\boldsymbol{x},\boldsymbol{\phi},\lambda,\boldsymbol{\kappa}}(\boldsymbol{x}_\mathrm{S},\boldsymbol{\phi},\lambda,\boldsymbol{\kappa}) = L_{\mathrm{S},\boldsymbol{x},\lambda,\boldsymbol{\kappa}}(\boldsymbol{x}_\mathrm{S},\lambda,\boldsymbol{\kappa}) = \mathrm{const.}_{\boldsymbol{\phi}}$, kann die resultierende Bestrahlungsstärke $E_{\mathrm{G},\boldsymbol{x},\lambda,\boldsymbol{\kappa}}(\boldsymbol{x}_\mathrm{G}(\boldsymbol{\varphi}),\lambda,\boldsymbol{\kappa})$ am virtuellen Flächenelement $\delta G(\boldsymbol{\varphi})$ in kartesischen Koordinaten anstelle Gl. (2.7) bzw. Gl. (2.15) als Faltung der Strahldichte der Szene mit einer Impulsantwort $h_\mathrm{S}(\boldsymbol{x},\Delta g)$ formuliert werden:

$$E_{\mathrm{G},\boldsymbol{x},\lambda,\boldsymbol{\kappa}}(\boldsymbol{x}_\mathrm{G}(\boldsymbol{\varphi}),\lambda,\boldsymbol{\kappa})$$

$$= \quad (L_{\mathrm{S},\boldsymbol{x},\lambda,\boldsymbol{\kappa}}(\boldsymbol{x}_\mathrm{S},\lambda,\boldsymbol{\kappa}) \cdot \cos^4\vartheta) \overset{x,y}{**} h_\mathrm{S}(\boldsymbol{x}_\mathrm{S},\Delta g) \qquad (2.19)$$

$$\text{mit} \quad h_\mathrm{S}(\boldsymbol{x}_\mathrm{S},\Delta g) = K_\mathrm{S}\,\mathrm{rect}\!\left(\frac{\sqrt{x_\mathrm{S}^2 + y_\mathrm{S}^2}}{D_\mathrm{S}}\right) \qquad (2.20)$$

$$\text{und} \quad \boldsymbol{x}_\mathrm{S} = (g_0 + \Delta g) \cdot (\tan\vartheta\cos\varphi, \tan\vartheta\sin\varphi, 1)^\mathrm{T} = \frac{g_0 + \Delta g}{g_0}\boldsymbol{x}_\mathrm{G}(\boldsymbol{\varphi})\,.$$

$$(2.21)$$

Die Funktion $\mathrm{rect}(\cdot)$ modelliert die Belichtung eines kreisförmigen Bereichs (des Unschärfescheibchens) um den Hauptstrahl der optischen Abbildung. Dabei sorgt K_S für die Normierung der Funktion $h_\mathrm{S}(\boldsymbol{x}_\mathrm{S},\Delta g)$ und D_S (siehe Gl. (2.18)) ist der Durchmesser des kreisförmigen Bereichs der ebenen Szene, der zur Belichtung von $\delta G(\boldsymbol{\varphi})$ beiträgt.

Beim Übergang in den Frequenzbereich geht die Faltung in Gl. (2.19) über in eine Multiplikation der Fouriertransformierten:

$$\mathcal{F}_{x,y}\{E_{\mathrm{G},\boldsymbol{x},\lambda,\boldsymbol{\kappa}}(\boldsymbol{x}_{\mathrm{G}}(\boldsymbol{\varphi}),\lambda,\boldsymbol{\kappa})\}$$
$$= \mathcal{F}_{x,y}\{(L_{\mathrm{S},\boldsymbol{x},\lambda,\boldsymbol{\kappa}}(\boldsymbol{x}_{\mathrm{S}},\lambda,\boldsymbol{\kappa})\cdot\cos^4\vartheta)\}\cdot H(\boldsymbol{f},\Delta g) \quad (2.22)$$

mit $\boldsymbol{f}=(f_{\mathrm{x}},f_{\mathrm{y}})^{\mathrm{T}}$. Dabei ist die Übertragungsfunktion $H(\boldsymbol{f},\Delta g)$ gegeben durch:

$$H(\boldsymbol{f},\Delta g)=k_{\mathrm{G}}\,\frac{\boldsymbol{J}_1(\pi D_{\mathrm{S}}\|\boldsymbol{f}\|)}{\|\boldsymbol{f}\|}, \quad (2.23)$$

wobei k_{G} für die Normierung der Funktion sorgt. $\boldsymbol{J}_1(\cdot)$ ist die Besselfunktion erster Gattung, erster Ordnung.

Die unscharfe Abbildung ist demnach systemtheoretisch eine Tiefpassfilterung, wobei die Unschärfe mit dem Abstand der Szene zur Ebene der fokussierten Abbildung zunimmt.

Die Bestrahlungsstärke des Sensorelements $\delta B(\boldsymbol{\varphi})$ ist wie oben proportional zur Bestrahlungsstärke von $\delta G(\boldsymbol{\varphi})$ mit:

$$E_{\mathrm{B},\boldsymbol{\varphi},\lambda,\boldsymbol{\kappa}}(\boldsymbol{\varphi},\lambda,\boldsymbol{\kappa})=\left(\frac{g_0}{b_0}\right)^2 E_{\mathrm{G},\boldsymbol{x},\lambda,\boldsymbol{\kappa}}(\boldsymbol{x}_{\mathrm{G}},\lambda,\boldsymbol{\kappa})\,. \quad (2.24)$$

Daraus lässt sich bei gegebener Belichtungszeit mittels der Koordinatentransformationen $\boldsymbol{\varphi}\to\boldsymbol{x}_{\mathrm{G}}$ (siehe Gl. (2.10)) bzw. $\boldsymbol{x}_{\mathrm{G}}\to\tilde{\boldsymbol{u}}:\mathbb{R}^3\to\mathbb{R}^2$ mit

$$\tilde{\boldsymbol{u}}(\boldsymbol{x}_{\mathrm{G}})=(\tilde{u},\tilde{v})^{\mathrm{T}}=\frac{b_0}{g_0}\boldsymbol{x}_{\mathrm{G}} \quad (2.25)$$

der Intensitätswert $B_{\tilde{\boldsymbol{u}},\lambda,\boldsymbol{\kappa}}(\tilde{\boldsymbol{u}},\lambda,\boldsymbol{\kappa})$ des Sensorelements $\tilde{\boldsymbol{u}}$ bestimmen; siehe Gl. (2.13).

In der dargestellten Modellierung findet die Faltung mit der Impulsantwort h_{S} in der Ebene der Szenenpunkte statt. Eine äquivalente Formulierung besteht darin, die Faltung in der Bildebene durchzuführen; siehe Bild 2.7. Die Impulsantwort besitzt dann die Form:

$$h_{\mathrm{B}}(\tilde{\boldsymbol{u}},\Delta g)=K_{\mathrm{B}}\,\mathrm{rect}\left(\frac{\sqrt{\tilde{u}^2+\tilde{v}^2}}{\varepsilon(\Delta g)}\right) \quad (2.26)$$

$$\text{mit}\quad \varepsilon(\Delta g)=\frac{Df\Delta g}{(g_0-f)(g_0+\Delta g)}=\frac{OD^2\Delta g}{(g_0-f)(g_0+\Delta g)}, \quad (2.27)$$

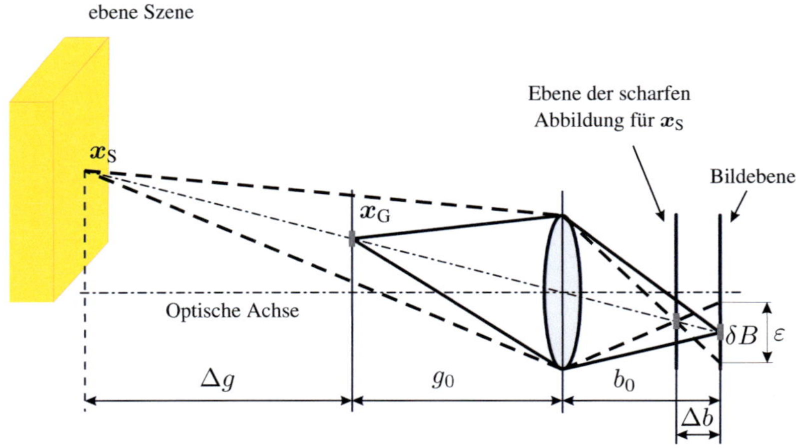

Bild 2.7: Unscharfe Abbildung bei ebener Szene.

wobei $O := \frac{f}{D}$ die Blendenzahl ist. Dabei bewirkt K_B die Normierung der Funktion und $\varepsilon(\Delta g)$ ist der Durchmesser des Unschärfescheibchens in der Bildebene [Mes77].

Gegenüber dem allgemeinen Signalmodell von Bild 2.5 ergibt sich für ebene Szenen ein modifiziertes Signalmodell; siehe Bild 2.8. Die Strahldichte $L_{\mathrm{S},x,\lambda,\kappa}(x_\mathrm{S}, \lambda, \kappa)$ der Szene wird in Abhängigkeit von den Parametern $0, f, b_0$ mit dem Faktor $\cos^4 \vartheta$ gewichtet. Die unscharfe Abbildung wird dann im Frequenzbereich mit der von den Parametern $0, f, b_0, D, \Delta g$ beeinflussten Übertragungsfunktion $H(f, \Delta g)$ modelliert, woraus sich mit der Koordinatentransformation $x_\mathrm{S} \rightarrow x_\mathrm{G}$ die Bestrahlungsstärke $E_{\mathrm{G},x,\lambda,\kappa}(x_\mathrm{G}(\varphi,\eta), \lambda, \kappa)$ am Ort des virtuellen Flächenelements $\delta G(\varphi)$ bestimmen lässt.

Die Übertragung der Bestrahlungsstärke durch das Abbildungssystem, die zeitliche Integration über die Belichtungszeit und die Bestimmung des aufgenommenen Bildes $B_{\tilde{u},\lambda,\kappa}(\tilde{u}, \lambda, \kappa)$ entsprechen dem allgemeinen Signalmodell, wobei hier die Koordinatentransformation von den Koordinaten x_G in die Bildkoordinaten $\tilde{u}$ erfolgt.

Berücksichtigung der spektralen Empfindlichkeit Die eingesetzten Kameras können mit Spektralfiltern ausgestattet werden, um detaillierte Spektralinformation über die Szene zu bekommen und/oder mit Polarisationsfiltern, um die Oberfläche der Objekte der Szene bezüglich ihrer Reflektanzeigenschaften zu charak-

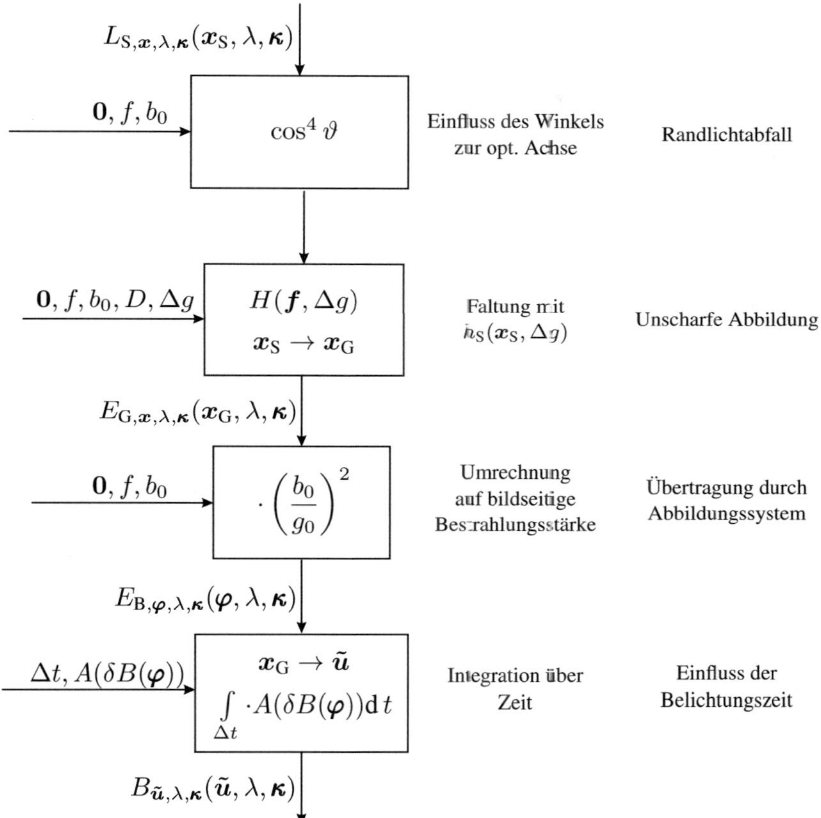

Bild 2.8: Signalmodell für eine Kamera bei ebener Szene.

terisieren.

Die Spektralfilter werden durch eine Funktion $S_F(\varphi, \lambda)$, die vom Polwinkel ϑ der Einfallsrichtung φ des Lichts und der Wellenlänge abhängig ist, modelliert. Die bisher modellierte Bestrahlungsstärke $E_{G,\varphi,\lambda,\kappa}(\varphi, \lambda, \kappa)$ in Gl. (2.7), (2.15) und (2.19) wird mit $S_F(\varphi, \lambda)$ gewichtet:

$$E_{GF,\varphi,\lambda,\kappa}(\varphi, \lambda, \kappa) = E_{G,\varphi,\lambda,\kappa}(\varphi, \lambda, \kappa) \cdot S_F(\varphi, \lambda). \tag{2.28}$$

Berücksichtigung der Polarisation Der Polarisationszustand des einfallenden Lichts ist durch drei Parameter gegeben: Die Amplituden E_{0x}, E_{0y} des elektrischen

Feldes und die Phasendifferenz ε_P [Hec05]:

$$\begin{cases} \boldsymbol{E}_x = \boldsymbol{e}_x E_{0x} \cos\left(\dfrac{1}{\lambda}z - \omega t\right) \\[2ex] \boldsymbol{E}_y = \boldsymbol{e}_y E_{0y} \cos\left(\dfrac{1}{\lambda}z - \omega t + \varepsilon_P\right), \end{cases} \tag{2.29}$$

wobei ω die Kreisfrequenz des elektrischen Feldes und t die Zeit sind; z gibt die Position in Ausbreitungsrichtung des Lichts an.

Im Signalmodell sind die drei Parameter im Vektor

$$\boldsymbol{\kappa} = (E_{0x}, E_{0y}, \varepsilon_P)^{\mathrm{T}} \tag{2.30}$$

zusammengefasst; dabei gibt das Vorzeichen von ε_P die Drehrichtung des elektrischen Feldvektors an: Für $\varepsilon_P > 0$ ist das Licht rechts zirkular bzw. elliptisch polarisiert, während das Licht für $\varepsilon_P < 0$ links zirkular bzw. elliptisch polarisiert ist. Um den Polarisationszustand des Lichts nach dem Durchgang durch Polarisationsfilter zu beschreiben, werden Stokes-Vektoren und Müller-Matrizen eingesetzt [Hec05]. Der Stokes-Vektor $\boldsymbol{v}_S$ für das einfallende Licht ist durch folgenden Vektor definiert:

$$\boldsymbol{v}_S = (I_S, M_S, C_S, S_S)^{\mathrm{T}} \tag{2.31}$$

$$\begin{aligned} \text{mit} \quad I_S &= E_{0x}^2 + E_{0y}^2\,, \\ M_S &= E_{0x}^2 - E_{0y}^2\,, \\ C_S &= 2E_{0x}E_{0y}\cos\varepsilon_P\,, \\ S_S &= 2E_{0x}E_{0y}\sin\varepsilon_P\,, \end{aligned}$$

wobei I_S der Leistung entspricht und M_S, C_S und S_S den Polarisationszustand beschreiben; siehe Gl. (2.37).

Um den Stokes-Vektor $\boldsymbol{v}_B$ nach Durchgang des Lichts durch ein Filter zu bestimmen, wird $\boldsymbol{v}_S$ mit der so genannten Müller-Matrix $\boldsymbol{M}$ des Filters multipliziert:

$$\boldsymbol{v}_B = \boldsymbol{M} \cdot \boldsymbol{v}_S\,. \tag{2.32}$$

Müller-Matrizen sind Matrizen der Größe 4×4 und beschreiben die Änderungen im Polarisationszustand des Lichts, die vom Filter bewirkt werden [Sin05]: Die Spaltenvektoren in der Matrix beschreiben jeweils die Auswirkung auf die Leistung, auf den in x- oder y-Richtung linear polarisierten Teil, auf den unter $45°$ zur

x-Achse linear polarisierten Teil und auf den zirkular polarisierten Teil des Lichts. Der Polarisationszustand des Lichts, welches das Sensorelement erreicht, ist damit sowohl vom Licht, das von der Szene ausgestrahlt wird, als auch vom eingesetzten Polarisationsfilter abhängig.

Für die Bilderfassung ist von den vier Komponenten des Vektors v_B nur die erste relevant, da die Kamera nur für die Leistung empfindlich ist:

$$E_{\mathrm{G},\varphi,\lambda}(\varphi, \lambda) = E_{\mathrm{GF},\varphi,\lambda,\kappa}(\varphi, \lambda, \kappa(v_{\mathrm{B}0})), \tag{2.33}$$

mit $v_{\mathrm{B}0} = (I_\mathrm{S}, 0, 0, 0)^\mathrm{T}$.

Zusammenfassend besteht das gesamte Signalmodell für eine Kamera aus sechs wichtigen Komponenten; siehe Bild 2.9. Zuerst werden mittels Strahlverfolgung die Strahlen vom Objekt ausgewählt, die innerhalb des durch die Sensorfläche und die Abbildungsoptik aufgespannten Raumwinkels liegen. Diese Strahlen werden integriert und die Energie auf die Sensorfläche berechnet. Anschließend werden die Bestrahlungsstärke mit der Filterfunktion der spektralen Filter gewichtet und der Einfluss der verwendeten Polarisationsfilter berücksichtigt. Zum Schluss ergibt sich das Bild $B(\tilde{u})$ als Intensitätsfunktion unter Berücksichtigung der Koordinatentransformation von Gegenstands- in Bildkoordinaten, der spektralen Empfindlichkeit des Sensors (modelliert durch die Funktion $S_\mathrm{B}(\lambda)$) und der Belichtungszeit. Im Vergleich zu dem in Bild 2.8 dargestellten Signalmodell sind hier zusätzlich die Einflüsse von spektralen Filtern und Polarisationsfiltern modelliert.

2.4 Signalmodell für ein Kamera-Array

Das oben eingeführte Modell lässt sich zu einem Signalmodell für ein Kamera-Array mit n Kameras erweitern; siehe Bild 2.10. Für jede Kamera k entsteht dabei ein Bild $B_k(\tilde{u}_k)$, so dass eine Bildserie aus n Bildern entsteht. Ein Szenenpunkt besitzt die auf eine Kamera k bezogenen Koordinaten $x_{\mathrm{S}k}$; derselbe Szenenpunkt besitzt in Bezug auf eine andere Kamera l die entsprechenden Koordinaten $x_{\mathrm{S}l}$.

Als Parameter gehen in das Signalmodell die folgenden Eigenschaften des Kamera-Arrays ein:

- Parameter der Einzelkameras, die durch Kalibrierung bestimmt oder durch Einstellungen vorgegeben werden können: Kamerakoordinatensysteme O_k, Brennweiten f_k, Bildweiten b_{0k}, Durchmesser der Linsen D_k,

- Spektrale Filterfunktionen $S_{\mathrm{F}k}(\varphi_k, \lambda)$ der verwendeten Spektralfilter,

- Müller-Matrizen M_k der verwendeten Polarisationsfilter.

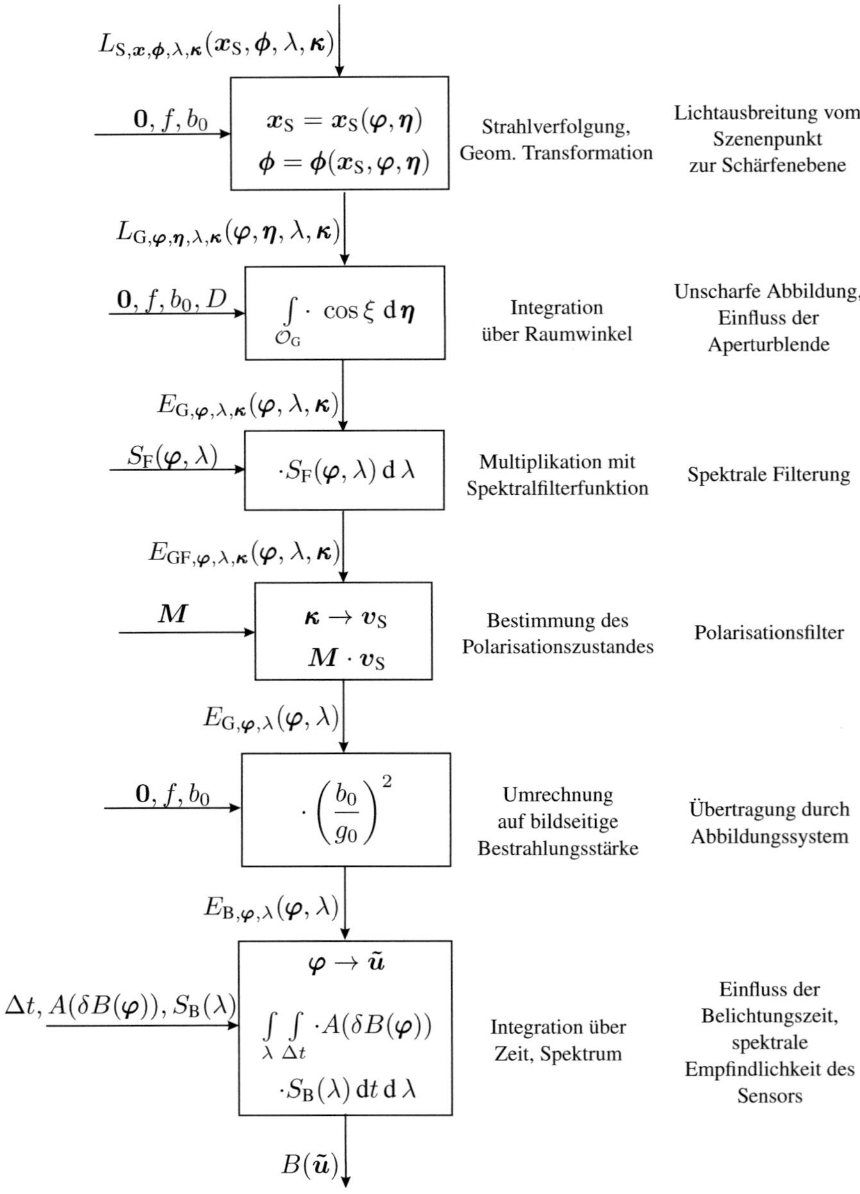

Bild 2.9: Signalmodell für eine Kamera.

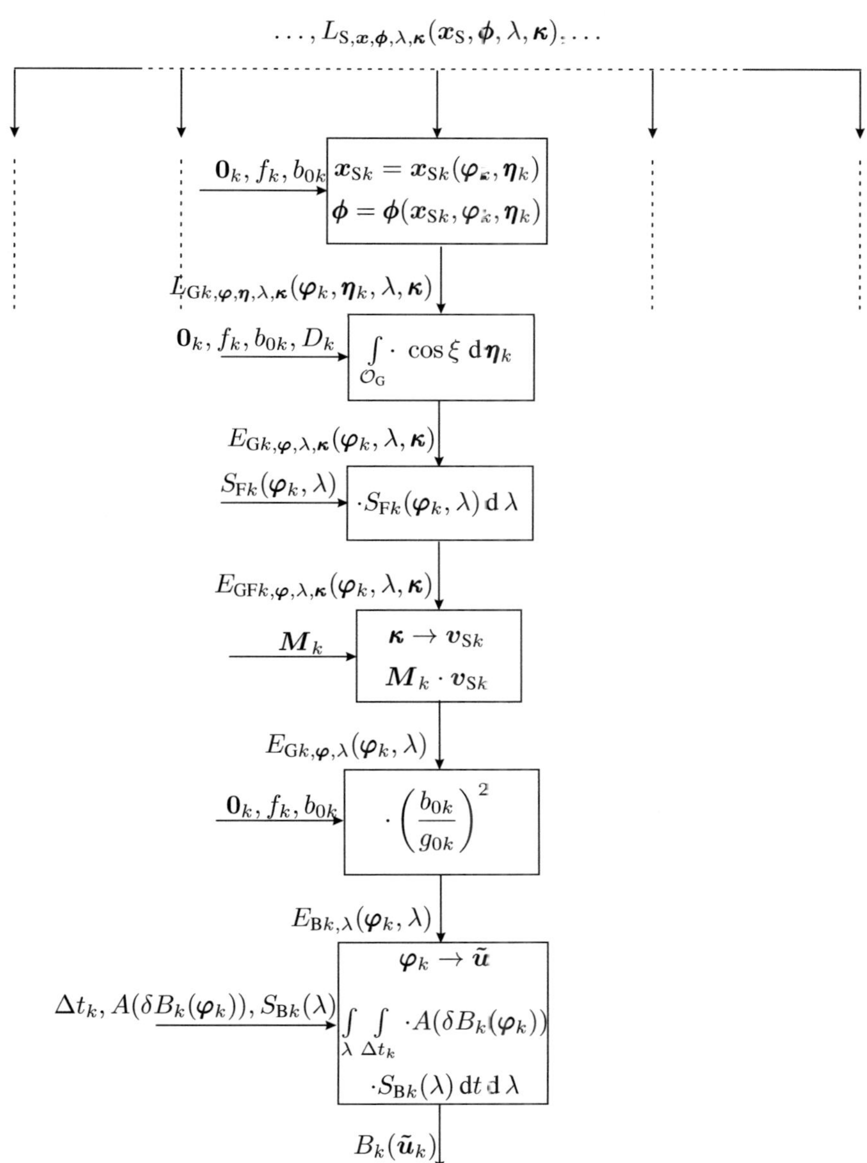

Bild 2.10: Signalmodell für ein Kamera-Array.

Als Ergebnis der Bilderfassung werden die Bilder der Serie $B_k(\tilde{\boldsymbol{u}}_k)$ als Intensitätsfunktionen des Ortes erhalten. Diese können als Abbildungen der Szene bei Beleuchtung in bestimmten Wellenlängenbereichen interpretiert werden. Zusätzlich geben die Bilder die Leistung des von der Szene abgestrahlten Lichts wieder, das durch die eingesetzten Polarisationsfilter durchgelassen wird.

2.5 Einsatz des Signalmodells zur Rekonstruktion von Szeneneigenschaften

Eine Umkehrung des Signalmodells aus Abschnitt 2.4 hat die Bestimmung von Eigenschaften der Szene zum Ziel, die mit dem Kamera-Array erfasst worden sind: Die geometrischen Eigenschaften (z. B. zum Zweck einer 3D-Rekonstruktion), die spektralen Eigenschaften (z. B. zur Materialklassifikation) oder die Polarisationseigenschaften des von der Szene ausgesandten Lichts (z. B. zur Unterscheidung diffus oder spiegelnd reflektierender Szenenpunkte). Dementsprechend müssen für jeden Szenenpunkt die folgenden Parameter bestimmt werden: Die Tiefe ($z = \Delta g + g_0$), die spektralen Eigenschaften ($I(\lambda)$) oder die Polarisationseigenschaften des reflektierten Lichts ($\boldsymbol{\kappa}$).

Im Folgenden werden zunächst Möglichkeiten zur individuellen Rekonstruktion der Parameter und anschließend prinzipielle Ansätze zur Umkehrung des Signalmodells diskutiert.

2.5.1 Bestimmung von Szeneneigenschaften

Für die folgende Diskussion wird der Begriff der Gut-/Schlechtgestelltheit eingeführt [Had02, Rie03].

Sei ein mathematisches Modell $A : X \rightarrow Y$. Das inverse Problem besteht aus der Suche von $x \in X$ für jedes $y \in Y$, so dass $Ax = y$. Das inverse Problem ist gut gestellt, wenn folgende Eigenschaften erfüllt werden:

- *Die Gleichung $Ax = y$ hat eine Lösung für jedes $y \in Y$.*

- *Die Lösung ist eindeutig bestimmt.*

- *Die inverse Abbildung $A^{-1} : Y \rightarrow X$ ist stetig; die Lösung hängt stetig von den Eingangsdaten ab, d. h. kleine Störungen in y bewirken kleine Störungen in x.*

Falls eine der Bedingungen nicht erfüllt ist, ist das Problem schlecht gestellt.

Bestimmung der Gegenstandsweite aus einer Stereoserie   Im Folgenden wird
angenommen, dass die Bilder der Serie mit kleiner Blende aufgenommen worden
sind. Dies bedeutet, dass sich das in Abschnitt 2.3 eingeführte Modell dem Lochkameramodell nähert und damit eine scharfe Abbildung der gesamten Szene mit
allen Kameras stattfindet.

Durch die Transformation $x_S \rightarrow \tilde{u}_k$ findet für eine Kamera k eine Abbildung von
$\mathbb{R}^3 \rightarrow \mathbb{R}^2$, d. h. eine Projektion statt. Damit ist die Bestimmung der Gegenstandsweite und somit der Tiefe der Szenenpunkte aus einem einzigen Bild ein schlecht
gestelltes Problem.

Die erste Möglichkeit zur Lösung dieses Problems liegt darin, anstelle eines einzigen Bildes ein Stereopaar oder eine Stereoserie aufzunehmen und diese auszuwerten; siehe Kapitel 3. Dafür müssen zwei Bedingungen erfüllt sein: Der Szenenpunkt muss in mindestens zwei Kameras abgebildet sein (zwei Aufnahmen eines
Szenenpunkts sind zur Tiefenbestimmung hinreichend, mehrere sorgen für eine
erhöhte Genauigkeit und eine verbesserte Zuverlässigkeit) und die Aufnahmeposi-
tionen der Kameras (in Form der Koordinatensysteme O_k) sowie die intrinsischen
Kameraparameter müssen (z. B. mittels Kalibrierung) bekannt sein. Das Problem
der Tiefenbestimmung reduziert sich dann auf die Detektion von korrespondierenden Bildpunkten in den Kamerabildern; siehe Abschnitt 3.1. Dafür werden Merkmale in den Bildern verwendet, die eine eindeutige Identifizierung korrespondierender Bildpunkte ermöglichen, z. B. Bildpunkte mit demselben Grauwert. Falls
solche Korrespondenzen in der Bildserie nicht bestimmbar sind, z. B. für den Fall,
dass die Bildserie in unterschiedlichen Spektralbereichen aufgenommen worden
ist, müssen andere Merkmale verwendet werden, z. B. Regionen mit ähnlichen Eigenschaften; siehe Kapitel 4.

Das Problem der Korrespondenzfindung ist schlecht gestellt, da die Zuordnung
von Bildpunkten fehleranfällig ist und damit zu einer falschen Tiefenbestimmung
führen kann; somit sind die Bedingungen an ein gut gestelltes inverses Problem
bezüglich der Eindeutigkeit und Stetigkeit der Lösung verletzt [Cla01]. Die Lösbarkeit des inversen Problems kann durch zusätzliche Annahmen verbessert werden, was als Regularisierung bezeichnet wird. So schränken Glattheitsbedingungen etwa die Lösungsmenge der Korrespondenzfindung ein und verbessern die
Stetigkeit der Lösung, indem sie Disparitätssprünge nur an Kanten zulassen. Bei
der regionenbasierten Registrierung werden z. B. Nachbarschaftsbedingungen mit
demselben Zweck modelliert; siehe Abschnitt 4.2. Solche zusätzlichen Annahmen
verbessern die Lösbarkeit, garantieren aber ihre Eindeutigkeit nicht. Die Gutgestelltheit des durch Regularisierung erweiterten inversen Problems ist damit ebenfalls nicht sichergestellt.

In der Literatur sind nur wenige Ansätze zu finden, die das Problem der Registrierung zu einem letztlich gut gestellten Problem regularisieren; siehe z. B. [Fau01]. Solche Ansätze, die auf elastischer Registrierung und der Anwendung von Diffusionstensoren basieren, werden im Wesentlichen in der medizinischen Bildverarbeitung verwendet und sind für die Bildserien, die in dieser Arbeit betrachtet werden, nicht einsetzbar.[2]

Bestimmung der Gegenstandsweite aus einer Fokusserie Die Bestimmung der Gegenstandsweite und damit der Tiefe aus einem einzigen unscharfen Bild ist möglich, wenn die folgenden Bedingungen erfüllt sind:

- Die Übertragungsfunktion bzw. die Impulsantwort (als Funktionen des Abstands zur Schärfenebene Δg) muss bekannt sein; siehe Gl. (2.23).

- Das lokale Ortsfrequenzspektrum der Szene ist überall breitbandig.

- Der Abstand der Schärfenebene g_0 zur Kamera ist bekannt, z. B. mittels Kalibrierung.

- Es ist bekannt, in welchem Halbraum vor oder hinter der Schärfenebene sich die Szene aus Sicht der Kamera befindet.

Wenn diese Bedingungen erfüllt sind, kann die Bestimmung der Gegenstandsweite aus einem unscharfen Bild (*depth from defocus*) als gut gestelltes Problem betrachtet werden.

Falls zwei oder mehr Aufnahmen vorhanden sind, welche die Szene mit unterschiedlichen Gegenstandsweiten abbilden, deren Differenzen bekannt sind, kann auf die vierte Bedingung verzichtet werden. Anhand der Positionen der Nullstellen im Frequenzbereich der Übertragungsfunktionen können die Durchmesser der Unschärfescheibchen festgestellt werden. Aus dem Verhältnis der Durchmesser ergibt sich die vierte Bedingung.

Die zweite Bedingung der Breitbandigkeit der lokalen Ortsfrequenzspektren (d. h. die Szene ist stark strukturiert) ist erforderlich, um die Nullstellen der Übertragungsfunktion der unscharfen Abbildung zu bestimmen. Bei strukturlosen Szenen

---

[2]Die in dieser Arbeit betrachteten Szenen enthalten einzelne starre Objekte, die ihre Gestalt nicht ändern, aber in unterschiedlichen Abständen zu den Kameras angeordnet sind. Für jeden Bildpunkt muss somit eine Korrespondenz und in Abhängigkeit von der Gegenstandsweite eine geometrische Starrkörper-Transformation gefunden werden, die diesem Szenenaufbau entspricht. Im Gegensatz dazu werden in der medizinischen Bildverarbeitung deformierbare Szenen betrachtet, die jedoch vollständig aufeinander abgebildet werden sollen. Dafür kommen i. d. R. nur globale Transformationen auf gesamte Bilder in Frage.

(z. B. einfarbiger Hintergrund) beinhaltet das Spektrum praktisch nur niederfrequente Anteile. Dies führt dazu, dass die Nullstellen der Übertragungsfunktion für die Bestimmung der Gegenstandsweite nicht mehr identifiziert werden können. In diesem Fall ist das Problem der Bestimmung der Gegenstandsweite aus unscharfen Bilder nicht lösbar.

Die bisher diskutierten Möglichkeiten betrachten die Szene als Ebene, so dass eine Übertragungsfunktion der unscharfen Abbildung angegeben werden kann; siehe Gl. (2.23). Für den allgemeinen Fall, dass die Szene unterschiedliche Gegenstandsweiten aufweist und die unscharfe Abbildung z. B. durch Integration sichtbarer Szenenpunkte nach Gl. (2.7) modelliert werden kann, muss die Bestimmung der Gegenstandsweite für jeden Szenenpunkt bzw. aus praktischen Gründen auf Regionen bezogen erfolgen. Dabei wird angenommen, dass innerhalb der Regionen dieselbe Gegenstandsweite vorliegt. Hierbei ergibt sich zusätzlich das Problem der Bestimmung von Regionen, die in der Szene dieselbe Gegenstandsweite aufweisen. Da a priori nicht bekannt ist, wo die Grenzen solcher Regionen liegen, handelt es sich auch hier um ein schlecht gestelltes Problem (die Stetigkeitsbedingung für gut gestellte Probleme wird verletzt), das durch Zusatzinformation wie z. B. Kantenbilder regularisiert werden kann.

Ein weiterer Ansatz ist die Auswertung einer Fokusserie mittels *depth from focus*. In diesem Fall müssen nur folgende Bedingungen gelten:

- Die Szene weist überall ein breitbandiges lokales Ortsfrequenz auf.

- Für jedes Bild der Serie ist der Abstand g_0 zur Schärfenebene bekannt.

Für jeden Bildpunkt wird ein Unschärfemaß über die Bildserie berechnet und damit dasjenige Bild bestimmt, bei dem der Bildpunkt am schärfsten abgebildet wird. Wenn die beiden Bedingungen erfüllt sind, ist diese Art der Bestimmung der Gegenstandsweite aus Fokusserien gut gestellt. Es muss jedoch beachtet werden, dass die Qualität der Tiefenbestimmung (z. B. die Tiefenauflösung) von der Abtastung des Tiefenbereichs (Anzahl und Dichte) abhängt; siehe Abschnitt 3.2.

Bestimmung der Gegenstandsweite aus einer Stereo- und Fokusserie Wie oben erwähnt muss das Problem der Tiefenbestimmung aus einer Stereoserie regularisiert werden. Eine Möglichkeit zur Regularisierung bei kombinierten Stereo- und Fokusserien besteht in der Einbeziehung von (De)Fokusinformation. Dies sorgt für eine Einschränkung der Zuordnungsmöglichkeiten bei der Findung korrespondierender Bildpunkte. Falls die Szene beispielsweise periodische Strukturen umfasst, kann mittels Auswertung der Defokusinformation die Lösungsmenge eingeschränkt und damit das Ergebnis verbessert werden. Da die Auswertung der

Defokusinformation nur an Kanten erfolgt, führt diese Art der Regularisierung im Allgemeinen nicht dazu, dass das Problem der Tiefenbestimmung zu einem gut gestellten Problem wird; siehe Abschnitt 3.3. In allen anderen Bereichen der Szene (z. B. bei überlappenden Objekten) können die Bedingungen der Eindeutigkeit und der Stetigkeit weiterhin verletzt sein.

Bestimmung der spektralen Eigenschaften　Die spektralen Eigenschaften eines Szenenpunkts können als eine kontinuierliche Funktion $L_{S,x,\phi,\lambda,\kappa}(x_S, \phi, \lambda, \kappa)$ formuliert werden, welche die Strahldichte eines Szenenpunkts x_S in Abhängigkeit von der Wellenlänge λ beschreibt.

Der Einsatz von idealisierten Spektralfiltern mit den Fensterfunktionen $S_{Fk}(\varphi_k, \lambda)$, die zu den mittleren Durchlasswellenlängen $\lambda_{0,k} = \lambda_0 + k \cdot \Delta\lambda$, $k \geq 0$, symmetrisch sind (d. h. $S_{Fk}(\varphi_k, \lambda_{0,k} + \lambda) = S_{Fk}(\varphi_k, \lambda_{0,k} - \lambda)$) und die durch Verschiebung des spektralen Arguments auseinander hervorgehen (d. h. $S_{Fk}(\varphi_k, \lambda - \lambda_{0,k}) = S_{Fl}(\varphi_l, \lambda - \lambda_{0,l}) \; \forall k, l$), lässt sich durch Faltung der spektralen Strahldichte mit einer prototypischen Fensterfunktion $S_{F\sim}(\varphi, \lambda)$ mit der mittleren Durchlasswellenlänge $\lambda_{0,\sim} = 0$ und anschließender Abtastung durch Multiplikation mit einer Impulsfolge modellieren:

$$\left(L_{S,x,\phi,\lambda,\kappa}(x_S, \phi, \lambda, \kappa) \overset{\lambda}{*} S_{F\sim}(\varphi, \lambda) \right) \cdot \sum_{k=1}^{\infty} \delta(\lambda - \lambda_0 - k\Delta\lambda), \qquad (2.34)$$

wobei $\Delta\lambda$ eine spektrale Abtastrate darstellt und die Abhängigkeit der Fensterfunktion von den Betrachtungswinkeln φ vernachlässigt wird.

Um mit einer gegebenen prototypischen Fensterfunktion $S_{F\sim}(\varphi, \lambda)$ die interessierenden spektralen Eigenschaften $L_{S,x,\phi,\lambda,\kappa}(x_S, \phi, \lambda, \kappa)$ möglichst gut zu rekonstruieren, muss das Abtasttheorem bezüglich der mit $S_{F\sim}(\varphi, \lambda)$ gefalteten spektralen Eigenschaften eingehalten werden [Sha49, Wah89], was den Abstand der mittleren Durchlasswellenlängen $\lambda_{0,k}$, d. h. die spektrale Abtastrate $\Delta\lambda$, vorgibt. Dazu muss die Abtastfrequenz $1/\Delta\lambda$ die Bedingung

$$\frac{1}{\Delta\lambda} > 2F_\lambda \qquad (2.35)$$

erfüllen, wobei F_λ die maximale Frequenz bezüglich des spektralen Arguments λ von $L_{S,x,\phi,\lambda,\kappa}(x_S, \phi, \lambda, \kappa) \overset{\lambda}{*} S_{F\sim}(\varphi, \lambda)$ ist.[3]

Damit stellt das Abtasttheorem eine Bedingung an die Auswahl der Spektralfilter, deren mittlere Durchlasswellenlängen die aus dem Abtasttheorem ermittelte

---

[3]Somit gilt: $\Lambda_{S,x,f_\lambda}(x_S, f_\lambda) := \mathcal{F}_\lambda\{L_{S,x,\phi,\lambda,\kappa}(x_S, \phi, \lambda, \kappa) \overset{\lambda}{*} S_{F\sim}(\varphi, \lambda)\} = 0$ für $f_\lambda > F_\lambda$.

minimale spektrale Abtastrate ergeben müssen. Die Auswahl der Spektralfilter ist
somit an die spektralen Eigenschaften $L_{S,x,\phi,\Lambda,\kappa}(x_S, \phi, \lambda, \kappa)$ der Szene gekoppelt.

Es ergeben sich daher zwei Schwierigkeiten bei der Rekonstruktion der spektralen
Eigenschaften:

- Die maximale spektrale Frequenz der Szene F_λ muss bekannt sein.

- Für Szenen mit unterschiedlicher maximaler Frequenz müssten zur Erzielung einer sparsamen spektralen Abtastung angepasste Spektralfilter mit unterschiedlicher spektrale Durchlassbreite vorhanden sein, was mit großem
  Aufwand gebunden ist, da die Fertigung von speziellen Spektralfiltern kost-
  spielig ist.

Im Realfall weisen Spektralfilter keine idealisierten Fensterfunktionen auf. Als
Beispiel zeigt Bild 2.11 die spektralen Transmissionen $\tau(\lambda)$ der in dieser Arbeit
verwendeten Spektralfilter bei senkrechtem Durchgang.[4]

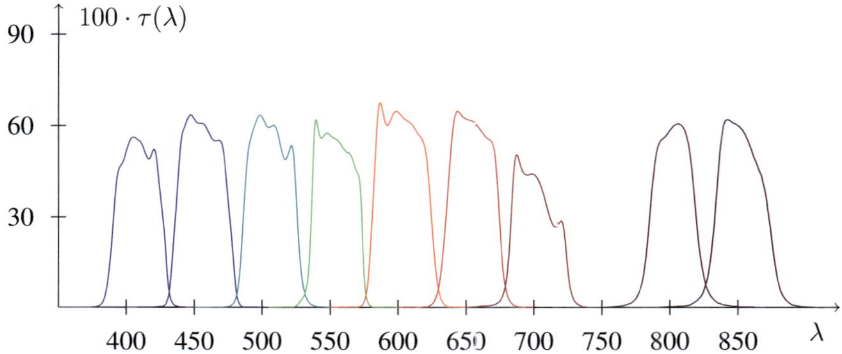

Bild 2.11: Spektralkennlinien der angewandten Spektralfilter.

Somit ist die umfassende und allgemeine Bestimmung der spektralen Eigenschaften beliebiger Szenen nicht möglich. Die mit dem Kamera-Array gewonnenen
Spektralinformationen können aber dennoch sinnvoll beispielsweise zur Materialklassifikation eingesetzt werden; siehe Kapitel 4.

Bestimmung des Polarisationszustands Die Bestimmung des Polarisationszustands erfolgt für das Licht, das von der Kamera erfasst wird. Für die Beschreibung

---

[4]Aus Kostengründen wurde auf ein Spektralfilter mit der mittleren Wellenlänge 750 nm verzichtet.

des Polarisationszustands und der optischen Elemente werden Stokes-Vektoren und Müller-Matrizen eingesetzt [Hec05, Sin05].

Die Komponenten des Stokes-Vektors v_S aus Gl. (2.31) werden mittels vier Messungen bestimmt. Dafür werden ein isotropes Filter, das 50% der Gesamtleistung durchlässt, ein horizontal orientierter linearer Polarisator, ein unter 45° zur horizontalen Richtung gedrehter linearer Polarisator sowie ein Polfilter, das den rechtszirkular polarisierten Anteil des Lichts durchlässt, eingesetzt. Mathematisch findet für jedes dieser Filter eine Multiplikation des Stokes-Vektors v_S des einfallenden Lichts mit der Müller-Matrix des jeweiligen Filters (siehe Gl. (2.32)) statt:[5]

$$
v_\mathrm{B,\ isotrop} = \frac{1}{2} \begin{pmatrix} E_{0\mathrm{x}}^2 + E_{0\mathrm{y}}^2 \\ E_{0\mathrm{x}}^2 - E_{0\mathrm{y}}^2 \\ 2E_{0\mathrm{x}}E_{0\mathrm{y}}\cos\varepsilon_\mathrm{P} \\ 2E_{0\mathrm{x}}E_{0\mathrm{y}}\sin\varepsilon_\mathrm{P} \end{pmatrix},
$$

$$
v_\mathrm{B,\ horizontal} = \begin{pmatrix} E_{0\mathrm{x}}^2 \\ E_{0\mathrm{x}}^2 \\ 0 \\ 0 \end{pmatrix},
$$

$$
v_\mathrm{B,\ 45°} = \frac{1}{2} \begin{pmatrix} E_{0\mathrm{x}}^2 + E_{0\mathrm{y}}^2 + 2E_{0\mathrm{x}}E_{0\mathrm{y}}\cos\varepsilon_\mathrm{P} \\ 0 \\ E_{0\mathrm{x}}^2 + E_{0\mathrm{y}}^2 + 2E_{0\mathrm{x}}E_{0\mathrm{y}}\cos\varepsilon_\mathrm{P} \\ 0 \end{pmatrix},
$$

$$
v_\mathrm{B,\ zirkular} = \frac{1}{2} \begin{pmatrix} E_{0\mathrm{x}}^2 + E_{0\mathrm{y}}^2 + 2E_{0\mathrm{x}}E_{0\mathrm{y}}\sin\varepsilon_\mathrm{P} \\ 0 \\ E_{0\mathrm{x}}^2 + E_{0\mathrm{y}}^2 + 2E_{0\mathrm{x}}E_{0\mathrm{y}}\sin\varepsilon_\mathrm{P} \\ 0 \end{pmatrix}. \tag{2.36}
$$

Aus den mit Gl. (2.36) bestimmten Stokes-Vektoren v_B werden durch den Kamerasensor nur die ersten Komponenten (d. h. die Leistung) erfasst; siehe Gl. (2.33). Aus dem Gleichungssystem lässt sich dennoch der ursprüngliche Stokes-Vektor v_S des einfallenden Lichts rekonstruieren:[6]

$$
I_\mathrm{S} = 2I_0\,,
$$
$$
M_\mathrm{S} = 2I_1 - 2I_0\,,
$$

---

[5]Ideale Polarisationsfilter absorbieren die Hälfte der Gesamtleistung. Zugunsten einer einheitlichen Formulierung der Stokes-Vektoren wird auch ein isotropes Filter mit dieser Absorption modelliert.

[6]Da die Polarisationsfilter und das isotrope Filter jeweils die Hälfte der eintreffenden Strahlungsleistung absorbieren, wird bei der Formulierung des Stokes-Vektors die gemessene Leistung mit dem Faktor zwei gewichtet.

$$C_{\mathrm{S}} = 2I_2 - 2I_0\,,$$
$$S_{\mathrm{S}} = 2I_3 - 2I_0 \qquad\qquad\qquad (2.37)$$

mit

$$I_0 = (1, 0, 0, 0) \cdot \boldsymbol{v}_{\mathrm{B,\,isotrop}}$$
$$= \text{Leistung nach dem isotropen Filter,}$$
$$I_1 = (1, 0, 0, 0) \cdot \boldsymbol{v}_{\mathrm{B,\,horizontal}}$$
$$= \text{Leistung nach dem horizontal orientierten Polarisator,}$$
$$I_2 = (1, 0, 0, 0) \cdot \boldsymbol{v}_{\mathrm{B,\,45°}}$$
$$= \text{Leistung nach dem unter +45° gedrehten Polarisator,}$$
$$I_3 = (1, 0, 0, 0) \cdot \boldsymbol{v}_{\mathrm{B,\,zirkular}}$$
$$= \text{Leistung nach dem Polfilter, das den rechts-zirkular polarisierten}$$
$$\text{Anteil des Lichts durchlässt.}$$

Der Polarisationsvektor $\boldsymbol{\kappa}$ nach Gl. (2.30) hat drei Komponenten und damit drei
Unbekannte, wobei die Drehrichtung des elektrischen Feldes durch das Vorzeichen
von ε_{P} gegeben ist. Die vierte Komponente des Stokes-Vektors ist erforderlich, um
das Vorzeichen von ε_{P} zu bestimmen. Somit sind insgesamt vier Aufnahmen mit
den genannten drei Polarisationsfiltern notwendig, um den Polarisationszustand
des einfallenden Lichts vollständig zu charakterisieren.

2.5.2 Rekonstruktion von Szeneneigenschaften

Ein theoretischer Weg zur Bestimmung der Szeneneigenschaften wäre auf der
Grundlage der direkten Umkehrung jedes Schritts im Signalmodell für jedes Bild
$B_k(\tilde{\boldsymbol{u}}_k)$ der Serie denkbar; siehe Bild 2.12. Wie bereits dargestellt ist dieser theore-
tische Ansatz, der die Bildentstehung und ihre Umkehrung für jedes Bild getrennt
betrachtet, in der Praxis nicht durchführbar.

Für die Beurteilung der Lösbarkeit der gestellten Rekonstruktionsaufgabe müssen
vielmehr alle Bilder der Serie zusammen betrachtet werden. Vergleichbar einem
Gleichungssystem, bei dem die Gutgestelltheit erst aus der gemeinsamen Behandlung aller Gleichungen resultiert und eine einzige Gleichung nur ein schlecht gestelltes Problem bedeutet, kann auch im vorliegenden Fall erwartet werden, dass
sich die Lösbarkeit des Rekonstruktionsproblems bei simultaner Auswertung der
gesamten Serie verbessern lässt. Diese gemeinsame Berücksichtigung aller Bilder
stellt sicher, dass auch Zusammenhänge zwischen den Bildern, die in der Zusam-
menschau Rückschlüsse auf die Szene zulassen, aufgefunden werden können. Für

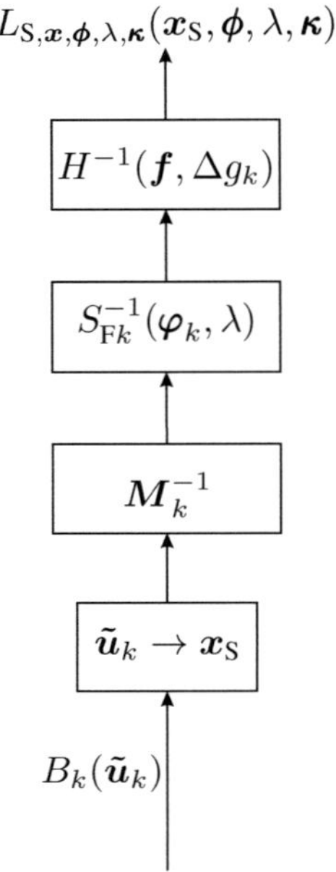

$$L_{S,x,\phi,\lambda,\kappa}(x_S, \phi, \lambda, \kappa)$$

Bild 2.12: Umkehrung des Signalmodells für eine Kamera.

eine derartige Methodik, welche eine direkte Lösung der Rekonstruktionsaufgabe aus der Bildserie anstrebt, sind allerdings keine Verfahren bekannt.

Ein alternativer Weg wird durch die in dieser Arbeit dargestellten Fusionsverfahren ermöglicht: Die Bilder der Serie werden in Bezug auf bestimmte Eigenschaften (z. B. Fokussierung, Kameraposition, spektrale Eigenschaften) ausgewertet, so dass die gewünschte Information rekonstruiert werden kann.

Wesentliche Hauptmerkmale einer Fusionsmethodik [Hei07b, Bey08] sind:

- *Transformierbarkeit* von Informationen aus verschiedenen (evtl. heterogenen) Quellen in eine gemeinsame mathematische Modellierung, so dass die Informationen kompatibel werden. Falls dabei das Abstraktionsniveau erhöht werden muss, findet eine Abstraktion der Information statt, die mit minimalem Informationsverlust verbunden sein soll. Falls im Gegensatz dazu das Abstraktionsniveau vermindert werden muss, wird eine Spezialisierung der Information durchgeführt. Dabei sollen keine Artefakte erzeugt werden.

- *Fusionierbarkeit* der transformierten Informationen im Sinne einer Kombination zur Erzielung neuer oder besserer Information.

- *Fokussierbarkeit* der fusionierten Information als Konzentration mit dem
  Zweck der Generierung eines problemrelevanten Ergebnisses.

Das Gesamtproblem dieser Art der Bildfusion lässt sich für die vorliegenden kombinierten Bildserien im Wesentlichen in die folgenden Teilprobleme aufspalten, die jedoch nicht unabhängig voneinander zu lösen sind:

- *Bildregistrierung*: Bestimmung der Koordinatentransformationen zwischen
  den Bildern der Serie. Als Ergebnis dieses Schritts, bei dem die Stereoinformation ausgewertet wird, wird eine erste Bestimmung der Gegenstandsweite
  erhalten; siehe Kapitel 3.

- *Auswertung der Unschärfeinformation* zur Verbesserung der Bestimmung
  der Gegenstandsweite; siehe Kapitel 3.

- *Auswertung der Spektral- und Polarisationsinformation* zur Erstellung eines
  spektralen bzw. Polarisations-Merkmalsvektors für jeden Punkt der Szene.
  Diese Information lässt sich z. B. zur Materialklassifikation verwenden; siehe Kapitel 4.

In den folgenden beiden Kapiteln wird die Anwendung dieses Grundprinzips der Bildfusion anhand zweier Ausprägungen von Multivariabilität bei Kamera-Arrays gezeigt: Zuerst wird die Fusion von kombinierten Stereo- und Fokusserien untersucht, um ein besseres Rekonstruktionsergebnis für die Tiefenbestimmung bei schwierigen Szenen zu erhalten; siehe Kapitel 3. Danach wird die Fusion von kombinierten Stereo- und Spektralserien zur simultanen Bestimmung der 3D- und Spektralinformation über die Szene dargestellt; siehe Kapitel 4. Details zu der Realisierung der Verfahren werden im Anhang A.7 presentiert.

3 Neuartige Fusionsansätze für Stereo- und Fokusserien

Wie bereits im Abschnitt 2.5.1 diskutiert wurde, ist die Tiefenbestimmung aus einer Stereoserie ein schlecht gestelltes Problem. Um das Problem zu regularisieren, wird zusätzliche Information benötigt. In diesem Kapitel wird die Einbeziehung der Fokusinformation zur Regularisierung des Stereoproblems diskutiert. Die theoretischen Ergebnisse und die entwickelten Verfahren können auf Bildserien mit beliebiger Anzahl von Bildern angewendet werden. Erprobt wurden die Verfahren an Bildserien, die mit dem Kamera-Array aufgenommen worden waren; siehe Kapitel 2. Eine ausführliche Diskussion zum Einfluss der Bildanzahl wird in Kapitel 5 präsentiert.

Die meisten Verfahren, die in der Literatur zu finden sind, basieren auf einer sequenziellen Auswertung der Stereo- und der (De)Fokusinformation. Die verwendeten Beispiele sind außerdem oft auf ein Bildpaar reduziert; siehe Abschnitt 1.1.2. Der Hauptbeitrag dieser Arbeit zum Stand der Wissenschaft und Technik besteht in der gleichzeitigen Auswertung der Stereo- und der (De)Fokusinformation einer kombinierten Bildserie. Die erarbeiteten Verfahren entsprechen einer stark gekoppelten Fusion.

Es werden zuerst Methoden zur Tiefenbestimmung durch Auswertung von Stereoserien im Abschnitt 3.1 und durch Auswertung von Fokusserien im Abschnitt 3.2 dargestellt. Im Anschluss werden Verfahren dargestellt, welche die Tiefe aus Stereo- und Fokusserien robuster als aus univariaten Bildserien bestimmen, wobei die Vorteile der einzelnen Prinzipien *depth from stereo* und *depth from (de)focus* kombiniert werden; siehe Abschnitt 3.3.

3.1 Pixelbasierte Fusion von Stereoserien

Im Abschnitt 1.1.2 wurde die allgemeine Vorgehensweise bei der Fusion von Stereoserien dargestellt und ein Überblick über bekannte Verfahren in der Literatur gegeben. Nachfolgend werden die für die entwickelten Verfahren notwendigen Grundlagen der Stereofusion und deren exemplarische Anwendung auf Bildserien dargestellt.

3.1.1　Modellierung der Stereoabbildung mittels projektiver Geometrie

Die projektive Geometrie stellt Mittel zur Verfügung, um die geometrischen Verhältnisse zwischen einer beobachteten 3D-Gestalt einer räumlichen Szene und ihrer 2D-Abbildung auf die Bildebene zu beschreiben; siehe Bild 3.1. Die Abhängigkeiten zwischen den euklidischen ($\boldsymbol{x} = (x, y, z)^{\mathrm{T}}, \boldsymbol{u} = (u, v)^{\mathrm{T}}, \tilde{\boldsymbol{u}} = (\tilde{u}, \tilde{v})^{\mathrm{T}}$) und den projektiven Koordinaten ($\boldsymbol{x}_{\mathrm{h}} = (x_{\mathrm{h}}, y_{\mathrm{h}}, z_{\mathrm{h}}, q_{\mathrm{h}})^{\mathrm{T}}, \boldsymbol{u}_{\mathrm{h}} = (u_{\mathrm{h}}, v_{\mathrm{h}}, w_{\mathrm{h}})^{\mathrm{T}}, \tilde{\boldsymbol{u}}_{\mathrm{h}} = (\tilde{u}_{\mathrm{h}}, \tilde{v}_{\mathrm{h}}, \tilde{w}_{\mathrm{h}})^{\mathrm{T}}$) sind gegeben durch:

$$\boldsymbol{x} = \left(\frac{x_{\mathrm{h}}}{q_{\mathrm{h}}}, \frac{y_{\mathrm{h}}}{q_{\mathrm{h}}}, \frac{z_{\mathrm{h}}}{q_{\mathrm{h}}} \right)^{\mathrm{T}} , \qquad (3.1)$$

$$\boldsymbol{u} = \left(\frac{u_{\mathrm{h}}}{w_{\mathrm{h}}}, \frac{v_{\mathrm{h}}}{w_{\mathrm{h}}} \right)^{\mathrm{T}} ,$$

$$\tilde{\boldsymbol{u}} = \left(\frac{\tilde{u}_{\mathrm{h}}}{\tilde{w}_{\mathrm{h}}}, \frac{\tilde{v}_{\mathrm{h}}}{\tilde{w}_{\mathrm{h}}} \right)^{\mathrm{T}} ,$$

wobei $\tilde{\boldsymbol{u}}$ Bildpunkte in nicht rektifizierten Bildern sind; mit dem Index h werden homogene Koordinaten gekennzeichnet.

Für Stereoserien gelten die folgenden Verhältnisse (siehe Bild 3.1):

- Ein Bildpunkt $\tilde{\boldsymbol{u}}_{\mathrm{h}i}$, der die Projektion eines Szenenpunkts $\boldsymbol{x}_{\mathrm{h}}$ in einer projektiven Ebene π mit dem Projektionszentrum $\mathbf{O}_{\mathrm{h}i}$ auf die Bildebene i ist, befindet sich im Schnittpunkt des Sichtstrahls $\overrightarrow{\boldsymbol{x}_{\mathrm{h}}\mathbf{O}_{\mathrm{h}i}}$ mit der Bildebene i. Die Projektion wird beschrieben durch die Projektionsmatrix $\boldsymbol{P}_{\mathrm{h}i}$:

$$\tilde{\boldsymbol{u}}_{\mathrm{h}i} = \boldsymbol{P}_{\mathrm{h}i} \boldsymbol{x}_{\mathrm{h}} . \qquad (3.2)$$

  Die Projektionsmatrix ist eine 3×4-Matrix und umfasst die intrinsischen $\boldsymbol{A}$ und die extrinsischen Kameraparameter $\boldsymbol{R}, \boldsymbol{t}$:

$$\boldsymbol{P}_{\mathrm{h}i} := \boldsymbol{A}_i \begin{bmatrix} 1 & 0 & 0 & 0 \\ 0 & 1 & 0 & 0 \\ 0 & 0 & 1 & 0 \end{bmatrix} \begin{bmatrix} \boldsymbol{R}_i & \boldsymbol{t}_i \\ \boldsymbol{0}^{\mathrm{T}} & 1 \end{bmatrix} . \qquad (3.3)$$

- Ein zum Bildpunkt $\tilde{\boldsymbol{u}}_{\mathrm{h}i}$ im Bild i korrespondierender Bildpunkt $\tilde{\boldsymbol{u}}_{\mathrm{h}j}$ im Bild j (d. h. die Abbildung desselben Szenenpunkts $\boldsymbol{x}_{\mathrm{h}}$ auf eine zweite Bildebene j) befindet sich auf der Epipolarlinie, welche die Projektion des Strahls $\overrightarrow{\boldsymbol{x}_{\mathrm{h}}\mathbf{O}_{\mathrm{h}i}}$ bezüglich $\mathbf{O}_{\mathrm{h}j}$ auf die Bildebene j ist. Die genaue Position des Bildpunkts $\tilde{\boldsymbol{u}}_{\mathrm{h}j}$ ist der Schnittpunkt der Epipolarlinie und des Sichtstrahls $\overrightarrow{\boldsymbol{x}_{\mathrm{h}}\mathbf{O}_{\mathrm{h}j}}$.

Korrespondierende Bildpunkte werden gekennzeichnet mit:

$$\tilde{u}_{\mathrm{h}i} \leftrightarrow \tilde{u}_{\mathrm{h}j} \,. \tag{3.4}$$

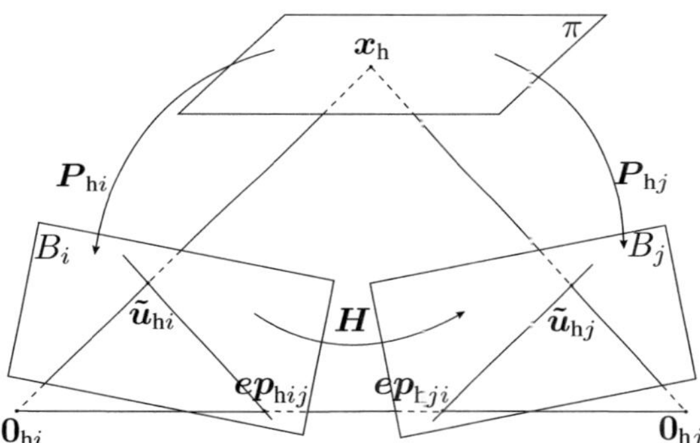

Bild 3.1: Projektion des Szenenpunkts $x_{\mathrm{h}} \in \pi$ auf die zwei Bildebenen i und j. Die Bildpunkte $\tilde{u}_{\mathrm{h}i}$ und $\tilde{u}_{\mathrm{h}j}$ sind damit korrespondierend.

Konkret werden korrespondierende Bildpunkte bestimmt, indem eine merkmals-basierte Suche in einem durch die Epipolarlinie gegebenen 1D-Raum durchgeführt wird. Mathematisch wird die entsprechende Epipolarlinie in homogenen Koordinaten mittels der Fundamentalmatrix $\tilde{F}_{ji}$ aus $\tilde{F}_{ji}\tilde{u}_{\mathrm{h}i}$ erhalten. Die Fundamentalmatrix ist eine 3×3-Matrix, die das Verhältnis zwischen einem Bildpunkt und seiner korrespondierenden Epipolarlinie beschreibt. Für einen Bildpunkt $\tilde{u}_{\mathrm{h}j}$, der sich auf der zu $\tilde{u}_{\mathrm{h}i}$ korrespondierenden Epipolarlinie befindet, gilt:

$$\tilde{u}_{\mathrm{h}j}^{\mathrm{T}} \tilde{F}_{ji} \tilde{u}_{\mathrm{h}i} = 0 \,. \tag{3.5}$$

Für die Bestimmung der Fundamentalmatrix aus den zur Kalibrierung aufge-nommenen Bildern kann der Acht-Punkt-Algorithmus verwendet werden [Fau04, Har03]; sie kann aber auch mittels der Projektionsmatrizen berechnet werden:

$$\tilde{F}_{ji} = [\tilde{ep}_{\mathrm{h}ji}]_{\times} P_{\mathrm{h}j} P_{\mathrm{h}i}^{+} \,. \tag{3.6}$$

$[\tilde{ep}_{\mathrm{h}}]_{\times}$ ist die schief-symmetrische Matrix des Epipols[1] $\tilde{ep}_{\mathrm{h}}$ und $P_{\mathrm{h}}^{+} :=$ $P_{\mathrm{h}}^{\mathrm{T}}(P_{\mathrm{h}}P_{\mathrm{h}}^{\mathrm{T}})^{-1}$ ist die Pseudoinverse von P_{h}; siehe [Fau04, Har03].

---

[1] Der Epipol $\tilde{ep}_{\mathrm{h}ji}$ ist der Bildpunkt, der durch den Schnitt der Geraden $\overrightarrow{O_{\mathrm{h}i}O_{\mathrm{h}j}}$ mit der Bildebene j entsteht.

Die Fundamentalmatrix kann nur zur Berechnung der Epipolarlinie, aber nicht zur direkten Bestimmung korrespondierender Bildpunkte eingesetzt werden. Für deren Bestimmung ist als allgemeinere Transformation eine Homographie notwendig, die eine invertierbare Transformation in projektiven Koordinaten zwischen den Bildpunkten zweier Bildebenen ist. Die Homographie wird immer bezüglich einer gegebenen 3D-Ebene π definiert:

$$\tilde{u}_{\mathrm{h}j} = H\tilde{u}_{\mathrm{h}i} \tag{3.7}$$

mit

$$H = H(\pi)\,.$$

Aus diesem Grund wird eine Homographie als planar bezeichnet. Planare Homographien werden als 3×3-Matrizen dargestellt und erfüllen die Gleichung:

$$F_{ji} = [\tilde{ep}_{\mathrm{h}ji}]_\times H\,. \tag{3.8}$$

Sie haben somit neun Parameter. Darunter befindet sich ein Skalierungsfaktor, so dass nur acht Freiheitsgrade vorliegen [Fau04, Har03].

3.1.2 Rektifizierung

Die Rektifizierung ist oft ein eingesetzter Schritt zur Vereinfachung der Fusion von Stereoserien. Sie bedeutet die Ausrichtung der Bilder, so dass die Epipolarlinien parallel zu einer der Bildachsen liegen und korrespondierende Epipolarlinien die dazu senkrecht liegenden Bildachsen an derselben Koordinate schneiden. Eine der beiden Koordinaten korrespondierender Bildpunkte ist somit gleich.

Um zwei Bilder i und j zueinander zu rektifizieren, werden zwei Homographien H_i und H_j benötigt:

$$u_{\mathrm{h}i} = H_i\tilde{u}_{\mathrm{h}i}\,, \tag{3.9}$$
$$u_{\mathrm{h}j} = H_j\tilde{u}_{\mathrm{h}j}\,,$$

wobei u_{h} Bildpunkte in den rektifizierten Bildern sind. Zur Bestimmung der Homographien von Gl. (3.9) werden zwei Bedingungen gestellt, so dass die gewünschten Eigenschaften der Rektifizierung erzielt werden:

- Sie projizieren den Epipol ins Unendliche, d. h. Epipolarlinien sind parallel; siehe Bild 3.2:

$$H_i\tilde{ep}_{\mathrm{h}ij} = ep_{\mathrm{h}ij} = (1,0,0)^{\mathrm{T}}\,, \tag{3.10}$$
$$H_j\tilde{ep}_{\mathrm{h}ji} = ep_{\mathrm{h}ji} = (1,0,0)^{\mathrm{T}}\,,$$

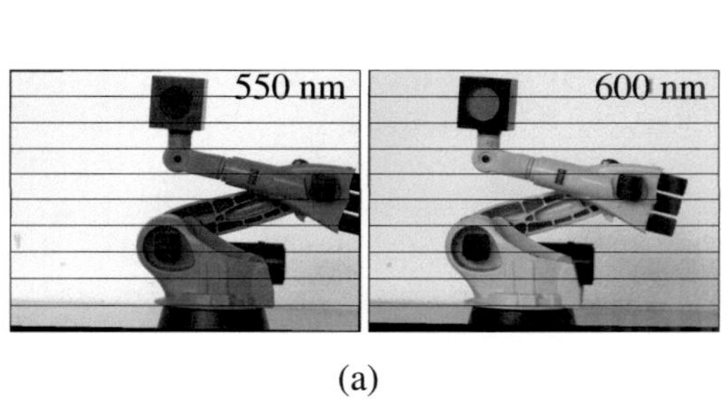
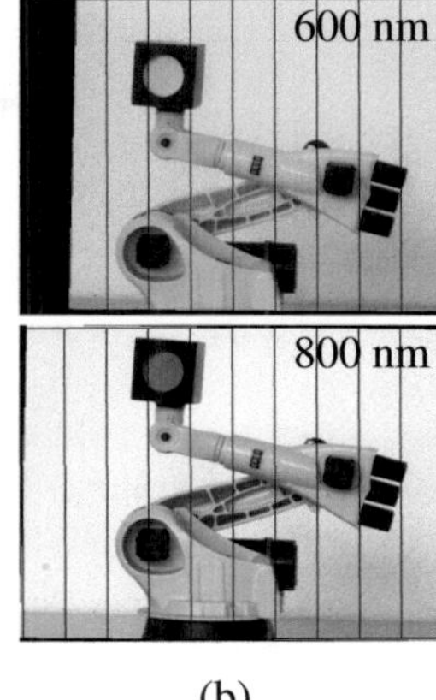

<table>
<tr><td>(a)</td><td>(b)</td></tr>
</table>

Bild 3.2: Horizontal (a) und vertikal (b) rektifizierte Bildpaare und einige Epipolarlinien.

- Die Fundamentalmatrix zwischen den beiden Bildern nach der Rektifizierung muss die folgende Form besitzen:

$$F_{ji} = \begin{bmatrix} 0 & 0 & 0 \\ 0 & 0 & 1 \\ 0 & -1 & 0 \end{bmatrix}, \tag{3.11}$$

d. h. eine der beiden Koordinaten korrespondierender Bildpunkte ist gleich.

Damit wird Gl. (3.5) für rektifizierte Bilder nach Einsetzen von Gl. (3.9) und (3.11) zu:

$$\tilde{u}_{\mathrm{h}j}^{\mathrm{T}} \tilde{F}_{ji} \tilde{u}_{\mathrm{h}i} = 0 \Leftrightarrow \tilde{u}_{\mathrm{h}j}^{\mathrm{T}} H_{j}^{\mathrm{T}} F_{ji} H_{i} \tilde{u}_{\mathrm{h}i} = 0 \Leftrightarrow u_{\mathrm{h}j}^{\mathrm{T}} F_{ji} u_{\mathrm{h}i} = 0. \tag{3.12}$$

Diese Bedingungen gelten für die horizontale Rektifizierung der Bilder; die vertikale Rektifizierung erfolgt analog dazu [Fau04, Har03]. Die notwendigen Homographien für beide Fälle werden bei bekannten Projektionsmatrizen aus den Bedingungen der Gl. (3.10)–(3.12) bestimmt [Loo99].

3.1.3 Disparität

Im Fall eines Stereopaars wird die Disparität benötigt, um die Tiefenwerte zu bestimmen. Die Disparität $(\alpha_{\mathrm{u}}, \alpha_{\mathrm{v}})^{\mathrm{T}}$ ist als der Differenzvektor zwischen den Koordinaten der Bildpunkte u_1 und u_2 eines Stereopaars definiert:

$$(\alpha_u, \alpha_v)^T := (u_1 - u_2, v_1 - v_2)^T . \qquad (3.13)$$

Im Folgenden werden rektifizierte Bilder eingesetzt; damit wird die Disparität zu einem Skalar, der die Differenz der Koordinaten in einer Richtung beschreibt.

Für bessere Ergebnisse der Tiefenbestimmung lassen sich Stereoserien mit mehr als nur zwei Bildern verwenden. Es ist daher günstig, eine allgemeine Funktion zu definieren, die den Begriff der Disparität auf Stereoserien erweitert. Die Funktion $s(u_i)$ weist jedem Bildpunkt u_i einen Bezeichner $\alpha \in \mathcal{L} \subseteq \mathbb{R}_0^+$ zu, der die Gegenstandsweite kodiert. Da die Bilder der Serie in dieser Arbeit rektifiziert sind, wird die Disparität und damit auch der Bezeichner eindimensional ($\alpha = \alpha_u$ oder $\alpha = \alpha_v$, je nachdem, ob die Bilder horizontal oder vertikal rektifiziert sind). Für den Fall der horizontalen Rektifizierung gilt [Har03, Fau04]:

$$s(u_i) : \mathcal{P} \to \mathcal{L}, \quad s(u_i) = \alpha, \text{ falls}$$
$$u_i \leftrightarrow u_1 \wedge u_1 \leftrightarrow u_2 \wedge (u_2, v_2)^T = (u_1 + \alpha, v_1)^T, \quad (3.14)$$

wobei $\mathcal{P} \subset \mathbb{R}^{2 \times n}$ und n die Anzahl der Bilder der Serie bezeichnet.

Alle korrespondierenden Bildpunkte, d. h. alle Bildpunkte, die Abbildungen desselben 3D-Punkts x der Szene sind, besitzen denselben Bezeichner. Als Bezeichner werden die Disparitäten zwischen einem ausgewählten Referenz-Bildpaar (z. B. den ersten beiden Bildern der Serie) festgelegt. Korrespondenzen zwischen Bildpunkten mehrerer Bilder lassen sich somit darstellen als:[2]

$$u_i \leftrightarrow u_j \leftrightarrow u_k \Rightarrow s(u_i) = s(u_j) = s(u_k) = \alpha . \qquad (3.15)$$

Die Wahl der Bezeichnermenge als Disparitäten zwischen zwei Bilder hat den Vorteil, dass deren funktionaler Zusammenhang zur Tiefe ausgenutzt werden kann: Je kleiner der Wert des Bezeichners ist, desto größer ist die Entfernung zum Szenenpunkt.[3]

Eine Bezeichnerkarte $B_T(u)$ wird im Folgenden als ein Bild definiert, das die Stereoinformation aus mehreren Bildern einer Serie aus der Sicht einer Kamera darstellt. Für jeden Bildpunkt gibt ein Bezeichner α die Entfernung zum abgebildeten Szenenpunkt an:

$$B_T : \mathbb{R}^2 \to \mathcal{L}, \quad B_T(u) = s(u) = \alpha . \qquad (3.16)$$

---

[2]Korrespondierende Bildpunkte bekommen denselben Bezeichner zugeordnet, welcher die Gegenstandsweite kodiert, so dass eine Injektion entsteht. Andererseits bedeuten gleiche Bezeichner (d. h. Gegenstandsweiten) von Bildpunkten nicht allgemein, dass diese auch korrespondieren, so dass keine Surjektion vorliegt.

[3]Der Zusammenhang zwischen der Gegenstandsweite und dem Bezeichner ist eine Bijektion.

Die Bezeichnerkarte lässt sich anschaulich als Grauwertbild darstellen. Mit der allgemeinen Definition der Bezeichner aus Gl. (3.14) kann für jede Kamerasicht mittels Bildtransfer jeweils eine Bezeichnerkarte erzeugt werden; siehe nächsten Abschnitt.

3.1.4 Bildtransfer (*image warping*)

Bei der Fusion von kombinierten Bildserien ist es wichtig, die Bilder in verschiedene Kamerasichten transferieren zu können. Dieses Prozess wird auch *image warping* oder Bildtransfer genannt [Ble04]. Er kann punkt-, kanten- oder regionenbasiert durchgeführt werden.

Abhängig vom verfügbaren Vorwissen gibt es zwei Möglichkeiten, den Bildtransfer durchzuführen:

- Bei bekannten Tiefenwerten werden für jeden Tiefenwert (d. h. bezüglich jeder zur Bildebene parallelen projektiven Ebene π) Homographien als Transfermatrizen berechnet. Eine Transfermatrix vom Bild i zum Bild j bezüglich der Ebene π ist gegeben durch:

$$T_{ji\pi} = P_{\mathrm{h}j} P_{\mathrm{h}i\pi}^{+} , \tag{3.17}$$

  wobei $P_{\mathrm{h}i\pi}^{+}$ die pseudoinverse Projektionsmatrix der Kamera i für die Ebene π ist: $P_{\mathrm{h}i\pi}^{+} u_{\mathrm{h}i} = x_{\mathrm{h}}$ mit $x_{\mathrm{h}} \in \pi$.

- Bei bekannten Fundamentalmatrizen werden die Koordinaten der Bildpunkte für eine dritte Kamerasicht k aus den bekannten Korrespondenzen zweier Bilder i und j berechnet:

$$u_{\mathrm{h}k} = F_{ki} u_{\mathrm{h}i} \times F_{kj} u_{\mathrm{h}j} . \tag{3.18}$$

Die zweite Variante ist nicht anwendbar, wenn einer der Bildpunkte $u_{\mathrm{h}i}$ oder $u_{\mathrm{h}j}$ auf einen Epipol abgebildet wird oder wenn die optischen Zentren der drei Kameras (beinah) kollinear sind [Fau04, Har03]. In der vorliegenden Arbeit wird die erste Methode eingesetzt, da die Kameras kalibriert sind und der Bildtransfer bei bekannten Tiefenwerten durchgeführt werden kann.

Bildtransferverfahren werden eingesetzt, um sowohl Grauwertbilder als auch Disparitäts- bzw. Bezeichnerkarten für andere Kamerasichten zu berechnen. Die Schritte des Algorithmus sind in Algorithmus 1 in Pseudocode dargestellt. Als Eingaben werden ein Bild $B_i(u_i)$ und seine entsprechende Bezeichnerkarte $B_{\mathrm{T}i}(u_i)$ benutzt. Als Ausgabe werden das Bild $B_j(u_j)$ aus der Sicht der Kamera j und die entsprechende Bezeichnerkarte $B_{\mathrm{T}j}(u_j)$ berechnet.

Algorithmus 1 Bildtransfer

Eingabe: $B_i(\boldsymbol{u}_i)$, $B_{\mathrm{T}i}(\boldsymbol{u}_i)$
Ausgabe: $B_j(\boldsymbol{u}_j)$, $B_{\mathrm{T}j}(\boldsymbol{u}_j)$
Initialisierung: $\forall\, \boldsymbol{u}_j :\ B_j(\boldsymbol{u}_j) := -1, B_{\mathrm{T}j}(\boldsymbol{u}_j) := \infty$

    für alle $\boldsymbol{u}_i$:
        berechne π aus $B_{\mathrm{T}i}(\boldsymbol{u}_i)$
        $(u_{\mathrm{h}j}, v_{\mathrm{h}j}, w_{\mathrm{h}j})^{\mathrm{T}} := \boldsymbol{T}_{ji\pi} \cdot (u_i, v_i, 1)^{\mathrm{T}}$
        $(u_j, v_j) := \left(\frac{u_{\mathrm{h}j}}{w_{\mathrm{h}j}}, \frac{v_{\mathrm{h}j}}{w_{\mathrm{h}j}} \right)$
        falls $\boldsymbol{u}_j$ im Bild $B_j(\boldsymbol{u}_j)$ liegt dann
            falls $B_{\mathrm{T}j}(\boldsymbol{u}_j) = \infty$ oder $B_{\mathrm{T}j}(\boldsymbol{u}_j) < B_{\mathrm{T}i}(\boldsymbol{u}_i)$ dann
                $B_j(\boldsymbol{u}_j) := B_i(\boldsymbol{u}_i)$
                $B_{\mathrm{T}j}(\boldsymbol{u}_j) := B_{\mathrm{T}i}(\boldsymbol{u}_i)$

Im Algorithmus werden die zwei Ergebnisbilder wie folgt initialisiert: Das Bild $B_j(\boldsymbol{u}_j)$ wird mit einem Wert initialisiert, der außerhalb des Grauwertebereichs des Bildes liegt, z. B. -1. In der Bezeichnerkarte werden zunächst alle Bildpunkte mit dem Wert ∞ initialisiert; dieser Wert kennzeichnet die Bildpunkte als verdeckt. Für alle Bildpunkte $\boldsymbol{u}_i$ wird die zur Bildebene parallele Ebene π des abgebildeten Szenenpunkts aus der Bezeichnerkarte $B_{\mathrm{T}i}(\boldsymbol{u}_i)$ ermittelt. Danach wird der Bildpunkt $\boldsymbol{u}_j$ mittels der entsprechenden Transfermatrix $\boldsymbol{T}_{ji\pi}$ und dem Kalkül der projektiven Geometrie bestimmt [Fau04, Har03]. Falls der Bildpunkt $\boldsymbol{u}_j$ noch keinen Bezeichner zugeordnet bekommen hat oder bereits einen Bezeichner besitzt, der eine Entfernung größer als die des Bildpunkts $\boldsymbol{u}_i$ beschreibt, werden die Werte des Bildpunkts $\boldsymbol{u}_j$ sowohl im Bild $B_j(\boldsymbol{u}_j)$ als auch in der Bezeichnerkarte $B_{\mathrm{T}j}(\boldsymbol{u}_j)$ überschrieben. Diese Vorgehensweise, die zu jedem Bildpunkt $\boldsymbol{u}_j$ den am wenigsten entfernten sichtbaren Szenenpunkt zuordnet, verhindert, dass Bildpunkte, für welche die entsprechenden Szenenpunkte in der Kamerasicht j verdeckt sind, fälschlicherweise Werte zugeordnet bekommen.

Die als Ergebnis eines Bildtransfers erhaltenen Bilder können „Löcher", d. h. Bildpunkte, für die kein Tiefenwert ermittelt werden kann, enthalten. Diese entstehen aus zwei Gründen: Für den im Bild i zu Bildpunkt $\boldsymbol{u}_j$ korrespondierenden Bildpunkt $\boldsymbol{u}_i$ ist kein Bezeichner bzw. Tiefenwert bekannt oder der in $\boldsymbol{u}_j$ abgebildete Szenenpunkt ist aus Sicht der Kamera i verdeckt.

3.1.5 Bildregistrierung für Stereoserien

Die Bildregistrierung kann als einer der wichtigsten Schritte bei der Fusion von Stereoserien zur Tiefenbestimmung betrachtet werden. Bei registrierten Bildern erfolgt die Berechnung der Disparität und damit der Tiefenwerte direkt mittels der Kameramatrizen; siehe Anhang A.1.

Die Registrierung zweier Bilder B_r (Referenz) und B_t (Template) ist definiert als die Suche nach einer geometrischen Transformation $F_{rt} : \mathbb{R}^2 \to \mathbb{R}^2$, die das Templatebild auf das Referenzbild abbildet [Mod04]. Die Funktion F_{rt} wird i. d. R. durch Optimierung eines Funktionals bestimmt, das die Ähnlichkeit oder die Distanz zwischen dem Referenz- und dem transformierten Templatebild bewertet. Mit einer Distanzfunktion $d(\cdot, \cdot)$ ergibt sich das Optimierungsproblem:

$$E_{d,rt}(F_{rt}, B) := d(B_r, B_t \circ F_{rt}) \to \min_{F_{rt}}, \qquad (3.19)$$

wobei $\circ$ die Verkettung zweier Funktionen bezeichnet. Eine exakte Angabe der Koordinatentransformation ist nur bei bekannter Szene möglich, da in realen Szenen Fehlzuordnungen durch z. B. Unstetigkeitsstellen oder Ausreißer vorkommen.

Aus diesem Grund wird i. d. R. zusätzliche Information zur Formulierung des Optimierungsproblems verwendet; siehe Abschnitt 2.5.1. Das Bildregistrierungsproblem für zwei Bilder wird dann mittels eines Energiefunktionals formuliert, in dem die Distanzfunktion als Energieterm eingebunden ist:

$$\begin{aligned}
E_{rt}(F_{rt}, B) :=\, & E_{d,rt}(F_{rt}, B) + \gamma E_{gs,rt}(F_{rt}, B) = \\
& d(B_r, B_t \circ F_{rt}) + \gamma E_{gs,rt}(F_{rt}, B) \to \min_{F_{rt}},
\end{aligned} \qquad (3.20)$$

wobei $E_{d,rt}(\cdot, \cdot)$ als Daten- und $E_{gs,rt}(\cdot, \cdot)$ als Regularisierungsterm bezeichnet werden.[4] Durch den Faktor $\gamma > 0$ wird der Einfluss der Terme auf das Optimierungsproblem gewichtet; siehe Abschnitt 3.1.7.

Die Rolle des Datenterms $E_{d,rt}(\cdot, \cdot)$ ist, als Optimierungsergebnis eine Funktion F_{rt} zu erhalten, die eine möglichst perfekte Koordinatentransformation der Bilder aufeinander modelliert und so für eine möglichst gute Kompatibilität der Bilder zueinander sorgt. Der Regularisierungsterm $E_{gs,rt}(\cdot, \cdot)$ definiert zusätzliche Bedingungen, die an das Registrierungsergebnis gestellt werden, z. B. Glattheitsbedingungen oder Sichtbarkeitseinschränkungen.

Für den Fall, dass Stereoserien registriert werden, wird statt der allgemeinen Koordinatentransformation F_{rt} die Zuordnungsfunktion s verwendet, die korrespondierenden Bildpunkten denselben Bezeichner zuordnet; siehe Abschnitt 3.1.3. Damit

---

[4] $E_{gs,rt}(\cdot, \cdot)$ besteht i. d. R. aus einer gewichteten Summe von Glattheits- und Sichtbarkeitstermen.

wird Gl. (3.20) zu:

$$E(s, B) := E_\mathrm{d}(s, B) + \gamma E_\mathrm{gs}(s, B) \to \min_s . \qquad (3.21)$$

Das Energiefunktional kann für beliebig große Stereoserien erweitert werden; siehe auch [Kol02]:

$$E(s, B) = \sum_{i \neq j} \sum_{\boldsymbol{u}_i \leftrightarrow \boldsymbol{u}_j} d_\mathrm{p}(B_i(\boldsymbol{u}_i), B_j(\boldsymbol{u}_j)) + \gamma E_\mathrm{gs}(s, B) \to \min_s , \qquad (3.22)$$

wobei der Datenterm implizit von der Funktion s abhängig ist, da nur über korrespondierende Bildpunkte summiert wird, für die gilt: $s(\boldsymbol{u}_i) = s(\boldsymbol{u}_j)$; siehe Gl. (3.14). Die Bilder der Serie werden paarweise betrachtet, über alle Paare der Bildserie wird summiert. Im Anhang A.2 werden Möglichkeiten diskutiert, simultan, d. h. ohne Betrachtung von Bildpaaren, mehr als zwei Bilder zu fusionieren.

3.1.6 Minimierung der Energiefunktionale

Für die Minimierung von Energiefunktionalen gibt es Standardverfahren (siehe z. B. den Überblick in [Sch02]); siehe auch Abschnitt 1.1.2. Als besonders erfolgreich gelten dabei Graph-Cuts-Verfahren. Sie wurden als Alternative zum *Simulated Annealing* entwickelt, das eine sehr rechenintensive Methode ist [Boy01]. Ähnlich wie dort wird mittels Graph-Cuts-Verfahren versucht, eine initiale Konfiguration iterativ so zu ändern, dass die globale Energie minimiert wird.

Bei der Fusion von Bildserien mittels Graph-Cuts-Verfahren ist die initiale Konfiguration eine zufällig gewählte Zuordnung von Bezeichnern zu Bildpunkten. Eine Konfiguration kann anhand zweier Methoden durch Änderung optimiert werden, dem α-β-Wechsel und der α-Expansion. Beim α-β-Wechsel kann eine Änderung stattfinden, indem Bildpunkte, die den Bezeichner α besitzen, den Bezeichner β bekommen und umgekehrt. Die Entscheidung wird so getroffen, dass die Energie bei einem Wechsel reduziert wird. Beim α-Expansionsschritt kann die Änderung stattfinden, indem Bildpunkte ihren Bezeichner behalten oder einen neuen Bezeichner α erhalten, der für eine Reduktion der Gesamtenergie sorgt. Die Bezeichner α und β können bei beiden Methoden in einer gegebenen festen Reihenfolge oder zufällig gewählt werden [Boy01]. Mittels einer iterativen Vorgehensweise nähert sich die Lösung schrittweise der optimalen Zuordnung der Bezeichner für alle Bildpunkte [Kol04]. Als Abbruchbedingung wird i. d. R. gewählt, dass sich die Gesamtenergie zwischen zwei aufeinander folgenden Iterationen nicht signifikant verringert.

In der vorliegende Arbeit wurde die α-Expansionsmethode angewendet, da dort die Anzahl der Iterationen kleiner ($|\mathcal{L}|$ gegenüber $|\mathcal{L}^2|$ [Boy99]) und die Konvergenzgeschwindigkeit zu einem „guten"[5] lokalen Minimum höher sind [Boy01].

Die Berechnung der Energie für jeden Schritt ist equivalent zur Ermittlung des Schnitts mit den minimalen Kosten durch einen Graph, der als Knoten die Menge der Bildpunkte $\mathcal{P}$ und als Kantengewichte die der Konfiguration entsprechenden Energiewerte hat; siehe nächsten Abschnitt.

3.1.7 Energieterme für die Fusion von Stereoserien

Für die Fusion von Stereoserien zur Tiefenbestimmung wird eine pixelbasierte Registrierung angewandt. Die hier betrachteten Stereoserien wurden simultan mit dem Kamera-Array aufgenommen. Die Aufnahmeparameter (mit Ausnahme der Kamerapositionen bei reinen Stereoserien und zusätzlich der Fokuseinstellungen bei kombinierten Bildserien) wurden für alle Kameras gleich gewählt. Zusätzlich zur geometrischen Kalibrierung wurden die Kameras photometrisch kalibriert; siehe Anhang A.1. Dadurch sind die im Folgenden getroffenen Annahmen bezüglich der Photokonsistenz in einer Bildserie gerechtfertigt.

Das eingesetzte Energiefunktional hat in Anlehnung an Gl. (3.21) die im Folgenden detailliert beschriebenen drei Terme [Kol02]:

$$E_{\text{stereo}}(s, B) := E_{\mathrm{d}}(s, B) + \gamma_{\mathrm{g}} E_{\mathrm{g}}(s, B) + \gamma_{\mathrm{s}} E_{\mathrm{s}}(s) \,. \tag{3.23}$$

Die Gewichtungsfaktoren γ_i werden in dieser Arbeit mit gleichen Werten festgelegt: $\gamma_{\mathrm{g}} = \gamma_{\mathrm{s}} = 1$. In Versuchen zeigte sich, dass kleine Änderungen der Gewichtungsfaktoren keine wesentliche Änderung des Ergebnisses bewirken, so dass weitere Untersuchungen über deren Festlegung nicht durchgeführt wurden. In dieser Arbeit werden der Datenterm $E_{\mathrm{d}}(s, B)$ und der Sichtbarkeitsterm $E_{\mathrm{s}}(s)$ wie in [Kol02] definiert. Der Glattheitsterm hingegen wird erweitert, um eine verbesserte Tiefenbestimmung an zur Kameraachse schrägen (d. h. nicht senkrecht zur optischen Achse stehenden) Flächen zu ermöglichen.

Der Datenterm $E_{\mathrm{d}}(s, B)$ sichert die Photokonsistenz, d. h. korrespondierende Bildpunkte haben ähnliche Grauwerte. Dafür wird eine Distanzfunktion verwendet, z. B. die quadratische Differenz der Grauwerte: $d_{\mathrm{p}}(\boldsymbol{u}_i, \boldsymbol{u}_j) = (B_i(\boldsymbol{u}_i) - B_j(\boldsymbol{u}_j))^2$ oder die Distanzfunktion von Birchfield und Tomasi [Bir99], die eine Subpixel-Genauigkeit ermöglicht. Der Datenterm wird damit:

$$E_{\mathrm{d}}(s, B) := \sum_{(B_i, B_j) \in \mathcal{I}} \sum_{\boldsymbol{u}_i \leftrightarrow \boldsymbol{u}_j} \min\{0, \, d_{\mathrm{p}}(\boldsymbol{u}_i, \boldsymbol{u}_j) - K\} \,, \tag{3.24}$$

---

[5]Eine Grenze dafür wurde in [Vek99] ermittelt.

wobei $\mathcal{I}$ die Menge aller betrachteten Bildpaare ist, z. B.:

$$\mathcal{I} := \{(B_i, B_j) : 1 \leq i < j \leq n\}. \tag{3.25}$$

$K > 0$ definiert zusammen mit der Bildung des Minimums die obere Grenze 0 für die Grauwertdifferenz von Bildpunkten, um den Einfluss von Ausreißern zu minimieren, und sorgt so für Robustheit.

Falls zwei betrachtete Bildpunkte korrespondieren und denselben Grauwert besitzen, ist die Distanzfunktion $d_{\mathrm{p}}(\boldsymbol{u}_i, \boldsymbol{u}_j) = 0$, d. h. korrekt identifizierte Bildpunktkorrespondenzen senken die Gesamtenergie. Damit ist dieser Datenterm immer kleiner oder gleich null. Die Variable K wird in dieser Arbeit als 0,25-Quantil der Verteilung aller Grauwertdifferenzen festgesetzt. Die genaue Wahl des Wertes für K ist unkritisch, kleinere Werte erlauben einen höheren Anteil von Ausreißern in der Verteilung der Grauwertdifferenzen und erhöhen somit die Robustheit.

Die Glattheits- und Sichtbarkeitsterme stellen zusätzliche regularisierende Bedingungen. Der Glattheitsterm $E_{\mathrm{g}}(s, B)$ modelliert die Annahme, dass die Disparität stückweise konstant ist und damit Diskontinuitäten nur an Bildkanten auftreten.[6] Dies wird über alle Bilder berechnet [Kol02]:

$$E_{\mathrm{g}}(s, B) := \sum_i \sum_k \sum_{\boldsymbol{u}_i^l \in \mathcal{N}_{\mathrm{P}}(\boldsymbol{u}_i^k)} a(\boldsymbol{u}_i^k, \boldsymbol{u}_i^l, s), \tag{3.26}$$

$$a(\boldsymbol{u}_i^k, \boldsymbol{u}_i^l, s) := \left(1 - \delta_{s(\boldsymbol{u}_i^l)}^{s(\boldsymbol{u}_i^k)}\right) \cdot \begin{cases} \mu_1, & |B_i(\boldsymbol{u}_i^k) - B_i(\boldsymbol{u}_i^l)| < S \\ \mu_2, & |B_i(\boldsymbol{u}_i^k) - B_i(\boldsymbol{u}_i^l)| \geq S, \end{cases} \tag{3.27}$$

wobei i die Bilder und k die Bildpunkte indizieren. δ_b^a ist das Kronecker-Delta:

$$\delta_b^a = \begin{cases} 1, & \text{falls } a = b \\ 0, & \text{sonst}. \end{cases} \tag{3.28}$$

Für die Strafkonstanten μ_1 und μ_2 gilt $\mu_1 > \mu_2 > 0$, mit $\mathcal{N}_{\mathrm{P}}(\boldsymbol{u}_i^k)$ wird die Nachbarschaft des Bildpunkts $\boldsymbol{u}_i^k$ im Bild B_i definiert. Die Berechnung der Beträge der Grauwertunterschiede $|B_i(\boldsymbol{u}_i^k) - B_i(\boldsymbol{u}_i^l)|$ der benachbarten Bildpunkte und der Vergleich mit dem Schwellwert S dient dazu, Kanten im Bild zu detektieren [Gon08].

Der Glattheitsterm verschwindet, falls die benachbarten Bildpunkte $\boldsymbol{u}_i^k$ und $\boldsymbol{u}_i^l$ denselben Bezeichner besitzen; in diesem Fall beeinflusst der Term nicht die Gesamtenergie.

---

[6]Theoretisch dürfen Diskontinuitäten der Disparitäten nur an Bildkanten, die durch Objektkanten verursacht worden sind, auftreten. Allerdings ist durch das fehlende A-priori-Wissen bezüglich der Szene die Unterscheidung, ob Bildkanten von Objektkanten oder von der Struktur der Szene verursacht worden sind, zunächst nicht möglich.

Falls die Bildpunkte hingegen unterschiedliche Bezeichner besitzen und sich nicht in der Nähe einer Kante befinden ($|B_i(\boldsymbol{u}_i^k) - B_i(\boldsymbol{u}_i^l)| < S$), wird die Gesamtenergie um μ_1 erhöht. Damit werden Bereiche mit ähnlichem Grauwert als „Ebenen konstanter Tiefe" modelliert. Die Grauwerte für Bildpunkte, die unterschiedliche Objekte abbilden, werden als unterschiedlich angenommen.

Falls die Bildpunkte nicht denselben Bezeichner haben, sich aber in der Nähe einer Kante befinden ($|B_i(\boldsymbol{u}_i^k) - B_i(\boldsymbol{u}_i^l)| \geq S$), wird die Energie mit einer kleineren Konstante μ_2 erhöht. Damit wird erreicht, dass nicht jede detektierte Bildkante als Objektkante interpretiert wird. Diese Bestrafung erfolgt, weil keine A-priori-Information über Objektkanten und Kanten, die durch die Textur der Szene hervorgerufen werden, vorhanden ist.

Der Nachteil der in Gl. (3.27) definierten Funktion $c(\boldsymbol{u}_i^k, \boldsymbol{u}_i^l, s)$ ist, dass schräge Flächen nur schlecht modelliert werden können und bevorzugt senkrecht zur optischen Achse der Kamera bestimmt werden. Um dem entgegenzuwirken, wird die Funktion in dieser Arbeit um weitere Fälle erweitert:

$$a(\boldsymbol{u}_i^k, \boldsymbol{u}_i^l, s) := \left(1 - \delta_{s(\boldsymbol{u}_i^l)}^{s(\boldsymbol{u}_i^k)}\right)$$

$$\cdot \begin{cases} \frac{1}{2}\mu_1, & |s(\boldsymbol{u}_i^k) - s(\boldsymbol{u}_i^l)| \leq K \text{ und } |B_i(\boldsymbol{u}_i^k) - B_i(\boldsymbol{u}_i^l)| < S \\ \frac{1}{2}\mu_2, & |s(\boldsymbol{u}_i^k) - s(\boldsymbol{u}_i^l)| \leq K \text{ und } |B_i(\boldsymbol{u}_i^k) - B_i(\boldsymbol{u}_i^l)| \geq S \\ \mu_1, & |s(\boldsymbol{u}_i^k) - s(\boldsymbol{u}_i^l)| > K \text{ und } |B_i(\boldsymbol{u}_i^k) - B_i(\boldsymbol{u}_i^l)| < S \\ \mu_2, & |s(\boldsymbol{u}_i^k) - s(\boldsymbol{u}_i^l)| > K \text{ und } |B_i(\boldsymbol{u}_i^k) - B_i(\boldsymbol{u}_i^l)| \geq S, \end{cases}$$

$$\boldsymbol{u}_i^l \in \mathcal{N}_{\mathrm{P}}(\boldsymbol{u}_i^k). \quad (3.29)$$

Damit werden kleine Unterschiede zwischen den Bezeichnern und damit zwischen den Tiefenwerten benachbarter Bildpunkte weniger stark bestraft, so dass die Tiefenbestimmung an schrägen Flächen im Raum verbessert wird.

Der Sichtbarkeitsterm $E_{\mathrm{s}}(s)$ schließt physikalisch unmögliche Aufnahmekonstellationen aus; siehe Bild 3.3. Die ersten zwei Fälle (siehe Bild 3.3(a) und 3.3(b)) sind physikalisch mögliche Konstellationen und werden durch den Sichtbarkeitsterm zugelassen. Bild 3.3(a) zeigt die gewünschte normale Stereo-Konstellation, bei der beide Kameras denselben Szenenpunkt x_1 erfassen. Dabei werden die korrespondierenden Bildpunkte richtig identifiziert, so dass $E_{\mathrm{d}}(s, B) < 0$ und $E_{\mathrm{s}}(s) = 0$. Im zweiten Fall werden zwei Bildpunkte als korrespondierend bestimmt, die jedoch Abbildungen unterschiedlicher Szenenpunkte der Szene sind. Infolgedessen ist $E_{\mathrm{d}}(s, B) \leq 0$ und auch $E_{\mathrm{s}}'(s) = 0$, da die Konfiguration physikalisch möglich ist. Der dritte Fall, der in Bild 3.3(c) dargestellt ist, zeigt die Erfassung des Szenenpunkts x_2 durch die zweite Kamera. Die Konfiguration ist nicht möglich, da der Szenenpunkt x_2 vom Szenenpunkt x_1 verdeckt ist, und wird mit $E_\mathrm{s}(s) = \infty$ bestraft.

Für die mathematische Definition des Sichtbarkeitsterms wird eine Menge $\mathcal{I}_{\mathrm{nv}}$ von Bildpunktpaaren konstruiert, die Abbildungen von Szenenpunkten in nicht zugelassenen geometrischen Konstellationen darstellen. Dafür wird zunächst für jeden Bildpunkt u_i aus einem Bild B_i anhand seines Bezeichners sein korrespondierender Bildpunkt u_j in Bild B_j mittels Rückprojektion ermittelt. Im nächsten Schritt werden die Bezeichner der beiden Bildpunkte u_i und u_j verglichen. Falls u_j einen Bezeichner besitzt, der auf eine höhere Gegenstandsweite als die entsprechende Gegenstandsweite von u_i zurückschließen lässt, wird das Bildpunktpaar (u_i, u_j) in die Menge $\mathcal{I}_{\mathrm{nv}}$ aufgenommen. Der Sichtbarkeitsterm wird somit zu:

$$E_\mathrm{s}(s) := \sum_{(B_i, B_j) \in \mathcal{I}} \ \sum_{(u_i, u_j) \in \mathcal{I}_{\mathrm{nv}}} \infty \,. \tag{3.30}$$

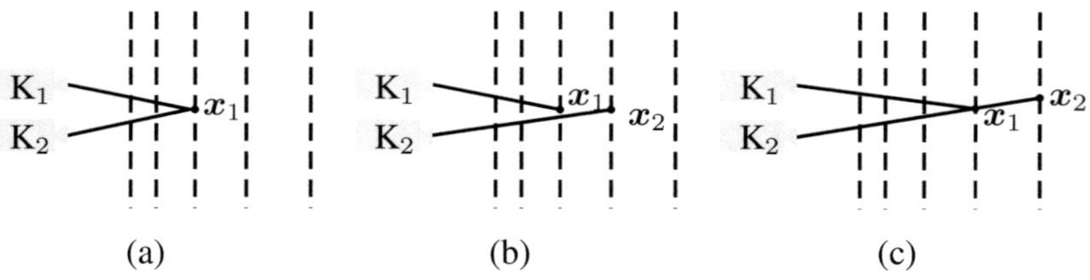

(a)   (b)   (c)

Bild 3.3: Aufnahmekonstellationen zur Visualisierung des Sichtbarkeitsterms: (a) und (b) Zugelassene Aufnahmekonstellationen; (c) Physikalisch unmöglich Aufnahmekonstellation, die durch den Sichtbarkeitsterm ausgeschlossen wird.

Die dargestellte Modellierung des Stereofusionsproblems mittels Energiefunktionalen hat folgende Vorteile:

- Durch die symmetrische Formulierung des Energiefunktionals beeinflusst die Wahl des Referenz-Kamerapaares für die Definition der Funktion in Gl. (3.14) das Fusionsergebnis nur unwesentlich.

- Die Methodik ist für Stereoserien (mit mehr als zwei Bildern) geeignet.

- A-priori- oder Zusatzinformation kann mit wenig Aufwand integriert werden, indem zusätzliche Energieterme formuliert werden.

- Die Energiefunktionale können mittels Graph-Cuts-Verfahren effizient minimiert werden [Kol04]; siehe Abschnitt 3.1.6.

3.1.8 Bayes'sche Fusion von Stereoserien

Das Problem der Stereofusion kann mittels Bayes'scher Verfahren der Informationsfusion modelliert werden. Sie erfüllen die Hauptprinzipien einer Fusionsmethodik, wie sie im Abschnitt 2.5.2 dargestellt wurden, und verfügen über eine große Menge von bewährten Werkzeugen [Bey08]. Die Wahrscheinlichkeitstheorie mit den Axiomen von Kolmogorov bilden dazu das Fundament [Kol33, Bey99].

Die Wahrscheinlichkeitstheorie findet zunächst Anwendung in der klassischen Statistik, wo eine Wahrscheinlichkeit als Grenzwert der relativen Häufigkeit eines Ereignisses betrachtet wird, falls ein Experiment unendlich oft wiederholt wird. Die Bayes'sche Statistik interpretiert eine Wahrscheinlichkeit hingegen als Degree-of-Belief (DoB, *Grad des Dafürhaltens*), der nicht auf ein physikalischen Experiment rückführbar sein muss. Der DoB ist vielmehr ein probabilistisches Maß für die Unsicherheit einer Information. Im Gegensatz zu anderen Methodiken wie z. B. Fuzzy- oder Dempster-Shafer-Theorie [Kli95] besitzen die Bayes'sche Verfahren in den DoBs ein knappes und einheitliches Konzept zur Unsicherheitsbeschreibung. Theoretisch kann als Begründung dafür das Prinzip von Ockhams Rasiermesser (*Occam's razor*) herangezogen werden: „The simplest explanation is best" [Cov91]. Diese Interpretation von Wahrscheinlichkeiten als DoBs wird im Folgenden verwendet, um die Fusion von Stereoserien zu beschreiben.

Formal wird mittels der Bayes'schen Fusion ein Zusammenhang zwischen der gewünschten Zielgröße (dem Fusionsergebnis s) und den beobachtbaren Daten B erhalten:

$$p(s|B) = \frac{p(B|s)p(s)}{p(B)}, \tag{3.31}$$

wobei $p(s|B)$ die A-posteriori-Wahrscheinlichkeit für die Zielgröße s, $p(s)$ die A-priori-Wahrscheinlichkeit und $p(B|s)$ die bedingte Wahrscheinlichkeit für das Auftreten von Daten B bei gegebener Zielgröße s bedeuten. Die Wahrscheinlichkeit für das Auftreten der Daten $p(B)$ ist nicht von der Zielgröße abhängig, spielt somit die Rolle eines Normierungsterms und wird daher im Folgenden vernachlässigt. In dieser Arbeit sind die Daten B die Grauwerte der Bildserie. Das Fusionsergebnis ist die Bezeichnerfunktion s.

Durch die Interpretation von Wahrscheinlichkeiten als DoBs kann das Fusionsergebnis s als „Modellierungsakt" und nicht nur als „reale" Ursache für die Daten B aufgefasst werden. Somit lässt sich mittels $p(s)$ nicht nur das A-priori-Wissen über s, sondern auch Designwünsche an das Fusionsergebnis mathematisch verkörpern. Ähnlich beschreibt $p(B|s)$ beabsichtigte Abhängigkeiten zwischen den Daten B und dem Fusionsergebnis s.

Im Fall von Bildserien lassen sich die Informationen aus jedem Bild mittels des Bayes'schen Theorems fusionieren. Die Bilder der Serie werden mit unterschiedlichen Kameras aufgenommen und im Weiteren als bedingt unabhängig bezüglich der gewünschten Eigenschaft s modelliert. Damit können naive Bayes'sche Verfahren angewendet werden [Dom97]. Die A-posteriori-Wahrscheinlichkeit bei gegebener Bildserie $B_1, \ldots, B_n$ wird dann erhalten aus:

$$p(s|B_1, \ldots, B_n) \propto p(B_1|s) \cdots p(B_n|s) \cdot p(s) \,. \tag{3.32}$$

Bei der rekursiven Anwendung der Bayes'schen Fusion wird die A-posteriori-Wahrscheinlichkeit eines Schritts als A-priori-Wahrscheinlichkeit für den nächsten Schritt eingesetzt:

$$\begin{aligned} p(s|B_1) &\propto p(B_1|s)p(s) \,, \\ p(s|B_1, B_2) &\propto p(B_2|s)p(s|B_1) \,, \\ &\vdots \\ p(s|B_1, \ldots, B_n) &\propto p(B_n|s)p(s|B_1, \ldots, B_{n-1}) \,. \end{aligned} \tag{3.33}$$

Ein Zusammenhang zwischen den Energiefunktionalen aus Gl. (3.23) und dem Bayes'schen Formalismus wird mittels des Übergangs auf Gibbs'sche Dichten erhalten [Pue97, Pue99]:

$$\begin{aligned} \pi(s, B) &:= \frac{1}{Z} e^{-\epsilon E(s,B)} \\ &= \frac{1}{Z} \prod_i e^{-\epsilon \gamma_i E_i(s,B)} \,, \quad \epsilon, \gamma_i > 0 \,, \end{aligned} \tag{3.34}$$

wobei Z ein Normierungsfaktor ist,[7] so dass $\pi(s, B)$ formal eine Wahrscheinlichkeitsverteilung ist. Durch die Exponentialfunktion der Gibbs'schen Dichten wird die Summation der Energieterme in eine Multiplikation der entsprechenden Terme umgewandelt. Da die Exponentialfunktion streng monoton (in diesem Fall durch das negative Argument fallend) ist, wird die Minimierung von $E(s, B)$ zu einer Maximierung der Wahrscheinlichkeit $\pi(s, B)$.

Um die Verbindung zum Bayes'schen Formalismus zu schaffen, wird die Gibbs'sche Dichte aus Gl. (3.34) als proportional zur A-posteriori-Verteilung von s bei gegebenen Eingangsdaten B interpretiert:

$$\pi(s, B) \propto p(s|B) \,.$$

---

[7]Für jeden Wert von ϵ lässt sich ein passender Wert für Z angeben.

Damit ist das Ergebnis, das durch die Minimierung des Energiefunktionals aus Gl. (3.23) erzielt wird, nichts anderes als die Maximum-a-posteriori-Lösung [Pue97].

Die Energieterme von Gl. (3.23) lassen sich gemäß ihrer Bedeutung entweder als bedingte DoB-Verteilungen $p(B|s)$ oder als A-priori-DoB-Verteilungen $p(s)$ auffassen. Damit wird Gl. (3.34) zu:

$$p(s|B) \propto p(B|s) \qquad \cdot \quad p(s)$$
$$\propto \underbrace{\prod_j e^{-\epsilon \gamma_j E_j(s,B)}}_{\propto\, p(B|s)} \cdot \underbrace{\prod_k e^{-\epsilon \gamma_k E_k(s)}}_{\propto\, p(s)} , \tag{3.35}$$

wobei $\epsilon, \gamma_j, \gamma_k > 0$. Dabei indiziert j die Energieterme, die einen Zusammenhang zwischen den Daten B und dem Resultat s herstellen und k indiziert die Energieterme, die zusätzliche oder A-priori-Information beschreiben. Die Normalisierungskonstante Z entspricht $p(B)$ und wird aufgrund ihrer Unabhängigkeit von s vernachlässigt.

Die Entscheidung, ob ein Energieterm der bedingten DoB-Verteilung oder der A-priori-Verteilung zugeordnet wird, ist von seiner Bedeutung und somit von der mathematischen Formulierung des Energieterms und seiner Argumente abhängig. Der Datenterm $E_d(s, B)$ und der Glattheitsterm $E_g(s, B)$ beschreiben immer die Verknüpfung zwischen dem Ergebnis s und den Eingangsdaten B und werden damit der bedingten DoB-Verteilung zugeordnet. Andere Energieterme wie z. B. der Sichtbarkeitsterm $E_s(s)$ schränken den Lösungsraum ein, indem sie A-priori- oder Zusatzinformation modellieren, und werden somit der A-priori-Verteilung zugeordnet.

Es muss darauf hingewiesen werden, dass der Übergang von (subjektiv) definierten Energiefunktionalen zu Gibbs'schen Dichten willkürlich ist. Die Problemmodellierung mittels Gibbs'scher Dichten aus Gl. (3.35) besteht formal aus Wahrscheinlichkeitsverteilungen, die mit Hilfe der Energieterme des Energiefunktionals aus Gl. (3.23) definiert sind. Dieser Übergang besitzt den wesentlichen Vorteil, dass dadurch der Zugang zu zahlreichen Methoden aus der Statistik (inklusive Bayes'sche Methoden) zur Lösung des Optimierungsproblems offen steht.

Damit wird das allgemeine Energiefunktional aus Gl. (3.23) zu:

$$p(s|B) \propto e^{-\gamma E_{\text{stereo}}(s,B)} = e^{-\gamma_d E_d(s,B)} \cdot e^{-\gamma_g E_g(s,B)} \cdot e^{-\gamma_s E_s(s)} . \tag{3.36}$$

Die drei Energieterme aus Gl. (3.23) werden zu drei Faktoren in Gl. (3.36). Die ersten beiden Faktoren $e^{-\gamma_d E_d(s,B)}$ und $e^{-\gamma_g E_g(s,B)}$ bilden die bedingte Wahrscheinlichkeitsverteilung $p(B|s)$, der letzte Faktor $e^{-\gamma_s E_s(s)}$ stellt die A-priori-Verteilung $p(s)$ dar.

Die Energiefunktionale und deren Erweiterungen, die in den nächsten Abschnitten dargestellt werden, können in gleicher Weise in die Bayes'sche Fusionsmethodik integriert werden. Bei der Fusion von kombinierten Stereo- und Fokusserien (siehe Abschnitt 3.3) wird ein zusätzlicher Energieterm definiert, der als bedingte Wahrscheinlichkeitsverteilung auftritt. Im Fall der flächenbasierte Fusion (siehe Abschnitt 4.1) treten ebenfalls Energieterme auf, die bedingten Wahrscheinlichkeitsverteilungen zugeordnet werden können.

3.1.9 Beispiel zur Fusion von Stereoserien

In Bild 3.5 ist eine Stereoserie dargestellt, wobei die Bilder paarweise rektifiziert sind. Die Bildserie wurde von einem Landschaftsmodell (siehe Bild 3.4) im Maßstab 1:87 mit Hilfe eines Industrieroboters erzeugt, wodurch ein geradliniger Flug über eine Landschaft simuliert wurde. Dabei wird angenommen, dass die Szene statisch ist. Die verwendete Kamera wurde mit einer Bildfrequenz von 8 fps betrieben und der Roboter bewegte sich mit einer Geschwindigkeit von 0,2 m/s. Um eine sinnvolle Stereobasis zu erzielen, wurde nur jedes vierzigste Bild ausgewertet. Eine Diskussion bezüglich der Breite der Stereobasis ist in Kapitel 5 zu finden.

Bild 3.4: Landschaftsmodell in RGB-Darstellung.

Als Ansatz für die Rekonstruktion wurde das in Gl. (3.23) dargestellte Energiefunktional verwendet und mittels Graph-Cuts-Verfahren minimiert [Ghe07b, Bey08].

Das Ergebnis sind Bezeichnerkarten für jede Kameraperspektive.[8] Bild 3.6 zeigt das Beispiel einer Bezeichnerkarte für eine bestimmte Kameraperspektive als Ergebnis der Fusion von fünf Flugbildern. Niedrige Grauwerte kennzeichnen Szenenpunkte, die nah zur Kamera liegen; hohe Grauwerte kennzeichnen Szenenpunkte, die entfernt von der Kamera liegen. In Bild 3.7 ist eine texturierte $2\frac{1}{2}$D-Rekonstruktion des Landschaftsmodells dargestellt. Die Ergebnisse werden in Kapitel 5 im Detail diskutiert.

---

[8]Tiefenkarten werden aus den Bezeichnerkarten mittels gegebener Kalibrierungsdaten berechnet.

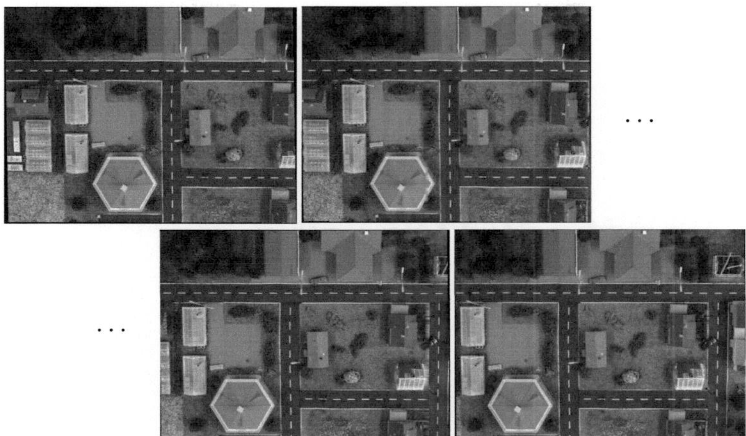

Bild 3.5: Rektifizierte Bilder einer Stereoserie. Die Bilder wurden mit Hilfe eines Industrieroboters, der einen Flug über eine Landschaft simuliert, aufgenommen.

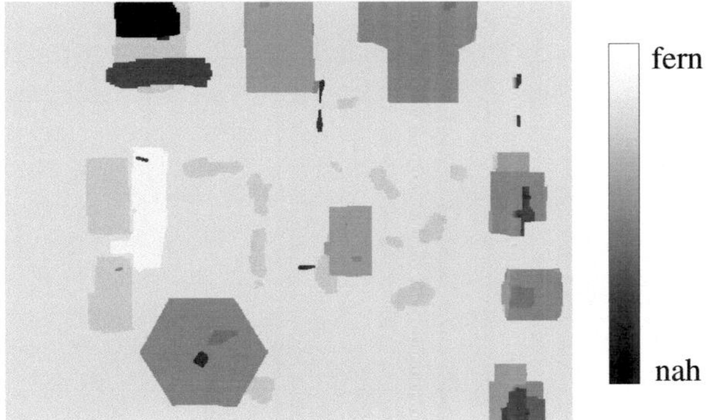

Bild 3.6: Bezeichnerkarte mit relativen Abständen für das Landschaftsmodell der Bildserie von Bild 3.5. Die hier verwendeten Bezeichner sind mit den zugehörigen Tiefenwerten über eine streng monoton steigende Bijektion verknüpft.

3.2 Fusion von Fokusserien

Durch Auswertung der Fokusinformation einer Fokusserie lässt sich Tiefeninformation gewinnen, sofern bestimmte Voraussetzungen erfüllt sind; siehe Abschnitt 2.5.1.

Bild 3.7: Texturierte $2\frac{1}{2}$D-Rekonstruktion des in der Bildserie von Bild 3.5 dargestellten Landschaftsmodells in einer aus den Daten künstlich generierten Perspek-
tive.

Eine unscharfe Abbildung lässt sich durch die Übertragungsfunktion $H(f, \Delta g)$
modellieren, wobei Δg der Abstand der Szene von der Schärfenebene ist; siehe
Abschnitt 2.3. Befindet sich die Szene in der Schärfenebene, so verschwindet der
Abstand Δg, und die Übertragungsfunktion $H(f, \Delta g)$ nach Gl. (2.23) wird zu
einer Konstanten für alle Frequenzen: $H(f, \Delta g = 0) = \text{const.}_f$. Befindet sich
die Szene dagegen nicht in der Schärfenebene, so sorgt die Übertragungsfunktion
$H(f, \Delta g)$ für eine Tiefpassfilterung.

Mittels dieses Modells kann die Gegenstandsweite auf zwei prinzipielle Arten bestimmt werden, die im Folgenden dargestellt werden: *depth from focus* und *depth
from defocus*.

Die in der Literatur dargestellten Verfahren der Fusion von Fokusserien zur Tie-
fengewinnung werten solche Fokusserien aus, bei denen lediglich einer der Parameter Bildweite oder Gegenstandsweite variiert worden ist;[9] siehe Abschnitt 1.1.2.

---

[9]Eine weitere prinzipielle Möglichkeit zur Variation der Unschärfe bietet sich bei Änderung der
Blende. Dadurch wird der Durchmesser des Unschärfescheibchens ε bei der unscharfen Abbildung
eines Szenenpunkts linear verändert; siehe Gl. (2.27). Die Schärfenebene ändert sich bei Variation
der Blende nicht, so dass die Kombination einer Blendenserie mit dem Ansatz *depth from focus* mit
Ausnahme einer evtl. einfacheren Bestimmung des Maximums des Fokusmaßes nicht sinnvoll ist. Die
Auswertung einer Blendenserie ist somit nur bei Anwendung von *depth from defocus* vorteilhaft, wo
aufgrund unterschiedlicher Durchmesser der Unschärfescheibchen bei gleicher Gegenstandsweite eine erhöhte Genauigkeit möglich wird. Ein zusätzlicher Effekt bei Blendenserien ist die Änderung der

Bei solchen Fokusserien, die zur Tiefenschätzung mittels *depth from focus* eingesetzt werden, ist die Parameteränderung von einem Bild zum anderen minimal. Als Vorwissen ist die Kenntnis des Abstands zur Schärfenebene, also die Gegenstandsweite der scharfen Abbildung g_0 z. B. aus einer Kalibrierung, vorteilhaft; siehe Abschnitt 2.5.1. Ist dies nicht der Fall, können nur die relativen Tiefenwerte der Szenenpunkte zueinander bestimmt werden.

In den folgenden Abschnitten werden beide Verfahren detailliert dargestellt, wobei der Schwerpunkt auf der Modellierung von Energietermen liegt. Diese werden anschließend mit der Energieformulierung für Stereoserien kombiniert, so dass eine geschlossene Formulierung für die Fusion von kombinierten Stereo- und Fokusserien erhalten wird.

3.2.1 Auswertung der Fokusinformation

Beim Ansatz *depth from focus* wird die unscharfe Abbildung mittels Merkmalen ausgewertet, welche die lokalen Ortsfrequenzspektren bewerten und für jeden Bildpunkt dasjenige Bild mit der höchsten Signalenergie bei hohen Frequenzen bestimmen. Durch Maximierung eines solchen Fokusmaßes wird für jeden Bildpunkt die zugehörige Gegenstandsweite bestimmt.

Bei diesem Ansatz spielt das Ortsfrequenzspektrum der sichtbaren Textur der Szene eine entscheidende Rolle. Je hochfrequenter eine Textur ist, desto genauer kann die Auswertung des Fokusmaßes erfolgen. Für eine gute Tiefenauflösung werden außerdem Bildserien mit kleinen Abständen zwischen den jeweiligen Schärfenebenen benötigt. Von Vorteil ist, dass dichte Tiefenkarten erhalten werden, d. h. für jeden Bildpunkt wird ein Tiefenwert bestimmt.

Um das lokal schärfste Bild zu bestimmen, muss ein Fokusmaß berechnet werden. Da die unscharfe Abbildung mittels einer Tiefpassfilterung modelliert werden kann (z. B. mittels der Impulsantwort aus Gl. (2.26)), ist das lokal schärfste Bild einer Fokusserie dasjenige Bild, das ein Maximum an hochfrequenter Signalenergie beinhaltet. Zur Bestimmung des Fokusmaßes kann daher ein Hochpassfilter eingesetzt werden, z. B. ein Gradientenfilter wie der Sobel-Operator [Sch97]:

$$m(\boldsymbol{u}) = \sqrt{G_\mathrm{u}(\boldsymbol{u})^2 + G_\mathrm{v}(\boldsymbol{u})^2}\,, \tag{3.37}$$

wobei $G_\mathrm{u}(\boldsymbol{u})$ und $G_\mathrm{v}(\boldsymbol{u})$ die Filterantworten in u- und v-Richtung sind [Gon08]. Ein Überblick und ein Vergleich von Fokusmaßen werden in [Fre06a, Sub98] gegeben. Das Fokusmaß $m(\boldsymbol{u})$ wird für jeden Bildpunkt berechnet, anschließend

---

Grauwerte, die aus der geänderten Bestrahlung der Bildebene resultiert, was sich bei unbewegter Szene durch zusätzliche Variation der Belichtungszeit ausgleichen lässt. In dieser Arbeit werden Blendenserien nicht betrachtet.

wird das Maximum über die Bildserie (siehe Gl. (2.2)) bestimmt:

$$m_{\max}(\boldsymbol{u}) = \max_{i \in \{1,\dots,n\}} \{m(\boldsymbol{u}_i)\}\,, \tag{3.38}$$

wobei n die Anzahl der Bilder der Serie ist. Das Bild, bei dem das Maximum auftritt, bestimmt die Tiefe g_0 des Szenenpunkts:

$$z(\boldsymbol{u}) = g_{0i_{\max}} \quad \text{mit} \quad i_{\max} = \arg\max_{i \in \{1,\dots,n\}} \{m(\boldsymbol{u}_i)\}\,. \tag{3.39}$$

Eine Formulierung des Fusionsproblems als Energiefunktional und dessen Minimierung ist in diesem Fall einer reinen Fokusserie nicht notwendig [Hei08].

Bei der Aufnahme von Fokusserien mit Kamera-Arrays treten bei der ausschließlichen Auswertung der Fokusinformation zwei wesentliche Probleme auf:

- Durch die unterschiedlichen Positionen der Kameras ist die gleichzeitige Aufnahme einer reinen Fokusserie nicht möglich. Falls die Szene statisch ist, kann die Aufnahme einer reinen Fokusserie sequenziell mittels einer einzigen Kamera erfolgen; siehe Abschnitt 3.3. Beim Einsatz des Kamera-Arrays werden bei simultaner Triggerung immer kombinierte Stereo- und Fokusserien aufgenommen. Bei einer solchen Bildserie muss zur Gewinnung eines hochwertigen Fusionsresultats eine Vorgehensweise gewählt werden, die eine simultane Auswertung der enthaltenen Stereo- und Fokusinformation ermöglicht. Dazu kann basierend auf dem Energiefunktional aus Gl. (3.23) ein erweitertes Energiefunktional formuliert werden, das neben der dort berücksichtigten Stereoinformation auch Terme beinhaltet, welche die Fokusinformation auswerten; siehe Abschnitt 3.3.

- Die Tiefenauflösung ist von der Anzahl der Bilder in der Serie abhängig: Je mehr Bilder zur Verfügung stehen, desto genauer kann die Tiefe bestimmt werden.[10] Bei Kamera-Arrays ist die Anzahl der Kameras praktisch begrenzt und somit auch die Tiefenauflösung, die beim Einsatz von *depth from focus* erzielt werden kann.[11]

---

[10] Es ist denkbar, eine „Subebenen-Genauigkeit" zu erzielen, bei der auch Tiefenwerte zwischen den Schärfenebenen der Einzelkameras bestimmt werden. Dazu werden die für die einzelnen Kameras erhaltenen Werte des Fokusmaßes als Abtastwerte einer kontinuierlichen Fokusfunktion interpretiert. Das Maximum dieser Fokusfunktion kann dann modellbasiert bestimmt werden. Die Vorgehensweise entspricht derjenigen zur Erzielung einer Subpixel-Genauigkeit bei der Registrierung von Stereoserien; siehe Abschnitt 3.1.7.

[11] Bei der Auswertung von kombinierten Stereo- und Fokusserien lässt sich durch Einbeziehung der Stereoinformation eine höhere Tiefenauflösung als bei der Auswertung reiner Fokusserien erreichen.

3.2.2 Auswertung der Defokusinformation

Beim Ansatz *depth from defocus* wird zur Tiefenbestimmung die „Verschmierung" von Szenenstrukturen durch die Faltung mit der Impulsantwort $h_{\mathrm{B}}(\tilde{u}, \Delta g)$ von Gl. (2.26) im Fall der defokussierten Abbildung genutzt; siehe Abschnitt 2.3. Der größte Vorteil bei der Auswertung der Defokusinformation liegt darin, dass unter bestimmten Voraussetzungen ein einziges Bild hinreichend für die Tiefenbestimmung ist; siehe Abschnitt 2.5.1. Um aus der defokussierten Abbildung die Tiefe zu bestimmen, muss das Spektrum der betrachteten Szenenstrukturen bekannt sein.

Szenenstrukturen, die im Folgenden als Beispiel verwendet werden, sind sichtbare Kanten[12] in der Szene (Objekt- oder Reflektanzkanten), die als Intensitätsübergänge im Bild erfasst werden. Da hier nur an Objekt- bzw. Reflektanzkanten Tiefenwerte bestimmt werden können, sind die resultierenden Tiefenkarten nicht dicht. Die Beschränkung der Auswertung auf sichtbare Kanten ist vorteilhaft, da Kanten sehr einfach mit bereits bestehenden Verfahren zu modellieren sind [Gon08] und ein bekanntes, breitbandiges Spektrum besitzen.

Sind die Gegenstandsweite der fokussierten Abbildung g_0, die Kameraparameter f, D und der Halbraum relativ zur Schärfenebene, in der sich die Szene befindet, bekannt, lässt sich der Abstand zur Schärfenebene Δg bei bekanntem Durchmesser des Unschärfescheibchens ε berechnen:

$$\Delta g(\varepsilon) = \frac{\varepsilon g_0}{\frac{Df}{g_0 - f} - \varepsilon} \, . \tag{3.40}$$

Die Bestimmung des Durchmessers des Unschärfescheibchens ist im Fall der Auswertung von sichtbaren Kanten besonders einfach, da hier direkt die Breite der Intensitätsübergänge verwendet werden kann. Dazu wird die Impulsantwort $h_{\mathrm{B}}(\tilde{u}, \Delta g)$ ähnlich einer Gauß'schen Funktion approximiert:

$$h_{\mathrm{B}}(\tilde{u}, \varepsilon) := \frac{1}{2\pi\varepsilon^2} \mathrm{e}^{-\frac{u^2 + v^2}{2\varepsilon^2}} \, , \tag{3.41}$$

wobei die Standardabweichung der Gauß'schen Funktion den Durchmesser des Unschärfescheibchens ε modelliert. Die Approximation der Impulsantwort durch eine Gauß'sche Funktion lässt sich mit dem Zentralen Grenzwertsatz der Wahrscheinlichkeitstheorie begründen [Hüb03], wenn bei der Modellierung der Unschärfe zusätzlich unterschiedliche Abbildungsfehler durch Linsenaberrationen und Beugung berücksichtigt werden [Pen87, Sub87, Sub88, Bor06].

---

[12]Kanten sind lokale Grenzen zwischen zwei Bildregionen mit unterschiedlichen Eigenschaften [VDI10] und können durch Objektkanten (zwischen unterschiedlichen Objekten) oder Reflektanzkanten (zwischen Bereichen auf einem Objekt mit unterschiedlichen Strahldichten) verursacht sein.

Mit diesem Modell kann die Defokussierung an sichtbaren Kanten in der Szene bestimmt werden. Dafür werden unscharf abgebildete Kanten als Faltung der hypothetisch scharf abgebildeten Kante mit der Gauß'schen Funktion aus Gl. (3.41) modelliert [Lai92]:

$$g_{\mathrm{M}}(\tilde{\boldsymbol{u}}) := B_{\mathrm{M}}(\tilde{\boldsymbol{u}}) \overset{u,v}{**} h_{\mathrm{B}}(\tilde{\boldsymbol{u}}, \varepsilon) =$$

$$g_1 \iint_{\mathcal{E}_1} h_{\mathrm{B}}((\tilde{u}-k, \tilde{v}-l)^{\mathrm{T}}, \varepsilon)\, \mathrm{d}\,k\,\mathrm{d}\,l \; + g_2 \iint_{\mathcal{E}_2} h_{\mathrm{B}}((\tilde{u}-k, \tilde{v}-l)^{\mathrm{T}}, \varepsilon)\, \mathrm{d}\,k\,\mathrm{d}\,l\,,$$

$$(3.42)$$

wobei

$$B_{\mathrm{M}}(\tilde{\boldsymbol{u}}) := \begin{cases} g_1, & \tilde{\boldsymbol{u}} \in \mathcal{E}_1 \\ g_2, & \tilde{\boldsymbol{u}} \in \mathcal{E}_2 \end{cases} \tag{3.43}$$

die hypothetisch scharf abgebildete Kante mit den idealisierten Grauwerten innerhalb der benachbarten Regionen $\mathcal{E}_1$ und $\mathcal{E}_2$ auf beiden Seiten der Kante modelliert; siehe Bild 3.8.

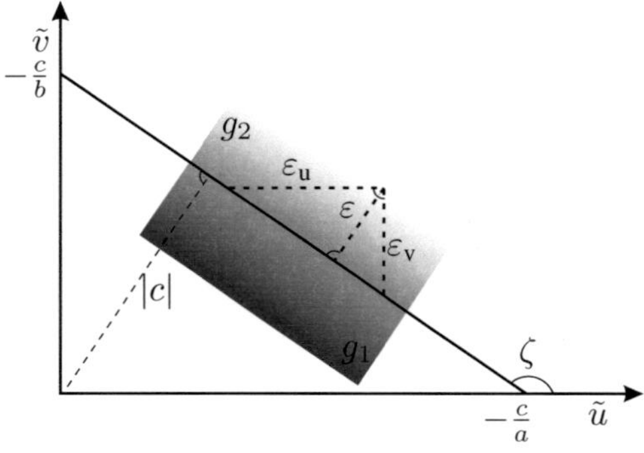

Bild 3.8: Bestimmung der Unschärfe für eine Bildkante mit der normierten Geradengleichung $a\tilde{u} + b\tilde{v} + c = 0$; $\tan \zeta = \frac{a}{b}$.

Um die Bildkanten zu identifizieren, kann z. B. der Canny-Operator und eine nachfolgende Binarisierung eingesetzt werden [Gon08]. Der Canny-Operator wird hier mit mehreren Gauß'schen Glättungsfiltern in unterschiedlichen Größen verwendet, um alle relevanten Objektkanten auch bei unscharfer Abbildung sicher als Bildkanten zu detektieren. Die Ergebnisse dieser Kantenoperatoren werden dann zu einem einzigen Kantenbild mittels Disjunktion (Oder-Funktion) verknüpft. Anschließend wird ein Contour-Chaining-Algorithmus auf das Binärbild

angewandt [Teh89], der zusammengehörende auf einer Geraden liegende Kanten
(d. h. lokal kollineare Kanten) vereinigt. Der Hueckel-Operator wird anschließend
zur Bestimmung der Geradengleichungen in der Hesse'schen Normalform angewandt [Hue73, Lyv88]. Um eine zuverlässige Bestimmung der Geradenparameter
der Hesse'schen Normalform zu gewährleisten, wird er am Mittelpunkt einer Kon-
turkette eingesetzt.

Die Nachbarschaften der Geraden $\mathcal{E}_1$ und $\mathcal{E}_2$ sind in dieser Modellierung zunächst
nur dadurch definiert, dass sie lokal durch die Gerade getrennt werden. Die genaue
Ausdehnung der Nachbarschaften wird durch die Minimierung der Kostenfunktion in Gl. (3.48) bewerkstelligt. Eine detaillierte Diskussion wird im Anhang A.3
durchgeführt.

Unter der Annahme, dass die Kante zumindest stückweise lokal gerade ist, kann
die Kante mittels der Hesse'schen Normalform dargestellt werden:

$$a\tilde{u} + b\tilde{v} + c = 0 \tag{3.44}$$

mit $a^2 + b^2 = 1$ und $c < 0$. Damit wird Gl. (3.42) zu:

$$g_{\mathrm{M}}(\tilde{\boldsymbol{u}}) = g_1 \mathrm{N}\left(\frac{|a\tilde{u} + b\tilde{v} + c|}{\varepsilon}\right) + g_2 \mathrm{N}\left(\frac{-|a\tilde{u} + b\tilde{v} + c|}{\varepsilon}\right), \tag{3.45}$$

wobei $\mathrm{N}(\cdot)$ die kumulative Normalverteilung mit ε als Varianz ist.

Da die Gauß'sche Funktion getrennt auf beiden Seiten der Kante ausgewertet
wird, können für die beiden Richtungen $\tilde{u}$ und $\tilde{v}$ getrennte Modelle erstellt werden [Lai92, Fre06a].[13] Dadurch lässt sich der Rechenaufwand für die weitere Berechnung senken. Im Folgenden wird der Fall für die $\tilde{u}$-Richtung erklärt, der Fall
für die $\tilde{v}$-Richtung lässt sich in gleicher Weise lösen.

Dafür wird die Geradengleichung aus Gl. (3.44) umformuliert zu:

$$\tilde{u} = a_{\mathrm{u}}\tilde{v} + c_{\mathrm{u}} \tag{3.46}$$

mit

$$a_{\mathrm{u}} = -\frac{b}{a} \quad \text{und} \quad c_{\mathrm{u}} = -\frac{c}{a}.$$

Das Modell aus Gl. (3.45) wird mit Gl. (3.46) für einen beliebigen konstanten Wert
$\tilde{v}$ in der Umgebung der Kante zu:

---

[13]Die Betragsfunktion in den Exponenten stört dabei die weitere Auswertung nicht [Lai92, Fre06a].

$$g_{\mathrm{Mu}}(\tilde{u}, \tilde{v} = \text{const.}) = g_1 \mathrm{N}\left(\frac{|a_\mathrm{u}\tilde{v} + c_\mathrm{u} - \tilde{u}|}{\varepsilon_\mathrm{u}}\right) + g_2 \mathrm{N}\left(-\frac{|a_\mathrm{u}\tilde{v} + c_\mathrm{u} - \tilde{u}|}{\varepsilon_\mathrm{u}}\right).$$

$$(3.47)$$

Die unbekannten Parameter des Modells ε_u, a_u, c_u, g_1 und g_2 werden durch Anpassung des Modells an die Bilddaten bestimmt. Dafür wird eine Kostenfunktion basierend auf dem minimalen quadratischen Fehler formuliert:

$$C(\varepsilon_\mathrm{u}, a_\mathrm{u}, c_\mathrm{u}, g_1, g_2) :=$$

$$\sum_{(\tilde{u}, \tilde{v}=\text{const.}) \in \mathcal{E}_1 \cup \mathcal{E}_2} (g_{\mathrm{Mu}}(\tilde{u}, \tilde{v} = \text{const.}) - B(\tilde{u}, \tilde{v} = \text{const.}))^2. \quad (3.48)$$

Für die nichtlineare Minimierung der Kostenfunktion wird der Levenberg-Marquardt-Algorithmus eingesetzt [Har03]. Die Bestimmung der Anfangswerte wird im Anhang A.3 diskutiert.

Sind die Unschärfen für beide Richtungen ε_u und ε_v bestimmt worden, kann die Unschärfe ε mit Hilfe des Höhensatzes des Euklid und des Satzes des Pythagoras bestimmt werden [Lai92]; siehe Bild 3.8:

$$\varepsilon = \frac{\varepsilon_\mathrm{u}\varepsilon_\mathrm{v}}{\sqrt{\varepsilon_\mathrm{u}^2 + \varepsilon_\mathrm{v}^2}}. \quad (3.49)$$

Falls eine Gerade parallel oder fast parallel zu einer der Koordinatenrichtungen ist, kann nur eine der beiden Unschärfen ε_u oder ε_v bestimmt werden. Dazu werden statt Gl. (3.49) folgende Gleichungen eingesetzt [Fre06a]:

$$\varepsilon = \varepsilon_\mathrm{u} \sin\zeta, \quad \text{für } \zeta \approx \frac{\pi}{2} \vee \zeta \approx \frac{3\pi}{2},$$

$$\varepsilon = \varepsilon_\mathrm{v} \cos\zeta, \quad \text{für } \zeta \approx 0 \vee \zeta \approx \pi, \quad (3.50)$$

wobei ζ der Winkel zwischen der Geraden und der $\tilde{u}$-Achse ist.

Bei bekannter Unschärfe ε folgt die Bestimmung der Tiefe mit den z. B. aus der Kalibrierung bekannten Kameraparametern g_0, f und D bzw. O direkt aus Gl. (3.40). In der Praxis werden diese Größen zu zwei Parametern k_1 und k_2 zusammengefasst [Lai92]:

$$z = \frac{k_1}{k_2 - \varepsilon}. \quad (3.51)$$

Für die Bestimmung von k_1 und k_2 wird eine Serie von Bildern eines Kalibrierungsmusters aufgenommen, bei welcher die Abstände zum Muster bekannt sind und das Muster sich immer auf derselben Seite der Schärfenebene befindet [Lai92, Fre06a].

Die dargestellten Verfahren benötigen keine rektifizierten Bilder, können aber in ähnlicher Weise auf rektifizierte Bilder angewendet werden. Da in dieser Arbeit kombinierte Stereo- und Fokusserien fusioniert werden, wobei für die Auswertung der Stereoinformation die Rektifizierung der Bildserien erforderlich ist, werden die Verfahren zur Auswertung der Defokusinformation für diese rektifizierten Bilder eingesetzt.

Für den Fall, dass eine Fokusserie vorliegt, kann eine Fusion der Bilder mit dem Ziel einer verbesserten Tiefenbestimmung durchgeführt werden. In diesem Fall liegt eine Bildserie mit kollokierten Sensoren vor, so dass Bildkanten dieselben Positionen in allen Bildern der Serie besitzen. Damit ist eine Fusion auf der Abstraktionsebene des Merkmals Tiefe einfach möglich: Die aus den unterschiedlichen Bildern bestimmten Tiefenwerten werden mittels eines Operators verglichen bzw. kombiniert, z. B. durch Mittelwert- oder Medianbildung. Diese einfache Fusion der Tiefenwerte ist möglich, da diese mittels desselben Verfahrens (*depth from defocus*) gewonnen worden sind.

Liegt eine kombinierte Stereo- und Fokusserie vor, kann die Defokusinformation mittels eines Energieterms modelliert werden. In diesem Fall wird die dichte Tiefeninformation, die durch Auswertung des Stereoeffekts gewonnen wird, durch Hinzufügung der Defokusinformation an den Kanten und in deren Nähe verbessert, etwa bei periodischen Strukturen der Szene, wo die Fusion von reinen Stereoserien versagen kann; siehe Abschnitt 3.1.

Im Folgenden werden die Möglichkeiten der Integration von *depth from focus* und *depth from defocus* als regularisierende Bedingungen bei der Fusion zur Tiefenbestimmung dargestellt.

3.3 Fusion von Stereo- und Fokusserien

Die in diesem Abschnitt vorgeschlagenen Vorgehensweisen vereinigen die Vorteile der einzelnen Ansätze zur Tiefenbestimmung und kompensieren deren Nachteile; siehe Tabelle 3.1. Im Wesentlichen gibt es drei Möglichkeiten, um kombinierte Stereo- und Fokusserien zum Zweck der Tiefenbestimmung zu fusionieren [Fre06a]:

(1) Zunächst besteht die Möglichkeit, Tiefenwerte mittels Stereofusion und (De)Fokusfusion getrennt zu bestimmen und diese danach auf der Merkmals-

Ansatz	Vorteile	Nachteile
Stereo	+ liefert dichte Tiefenkarten + mehrere Bilder verbessern das Ergebnis	− erzeugt Fehler bei periodisch oder schwach strukturierten Szenenbereichen
Fokus	+ liefert gute Ergebnisse auch bei schwach strukturierten Szenenbereichen + liefert dichte Tiefenkarten	− kann Fehler bei der Tiefenbestimmung in der Nähe von Bildkanten erzeugen − Genauigkeit der Tiefenbestimmung ist von der Anzahl der Bilder abhängig
Defokus	+ liefert gute Ergebnisse an Bildkanten (auch bei periodisch strukturierten Szenenbereichen) + wenige Bilder notwendig	− kann Fehler bei der Tiefenbestimmung in der Nähe von Objektkanten erzeugen − Tiefenbestimmung nur an Bildkanten möglich

Tabelle 3.1: Vor- und Nachteile der Ansätze zur Tiefenbestimmung.

ebene der Tiefenwerte zu fusionieren, z. B. mittels Methoden der statistischen Fusion [Kro89].

Soll die Fokusinformation ausgewertet werden, ist innerhalb der kombinierten Serie eine reine Fokusserie notwendig, d. h. für eine Kameraposition sind mehrere Fokuseinstellungen erforderlich. Dieser Ansatz der Bildfusion setzt dann voraus, dass in der kombinierten Bildserie Teilmengen von Bildern enthalten sind, die Bildserien mit nur einem variierten Parameter (Kameraposition oder Fokuseinstellung) bilden. Die Bilderfassung muss somit sequenziell erfolgen.

Soll die Defokusinformation ausgewertet werden, ist theoretisch eine reine Stereoserie ausreichend: Die gesamte Serie wird mittels ihrer Stereoinformation fusioniert, (mindestens) ein Bild wird zusätzlich auf seine Defokusinformation ausgewertet. Die Auswertung der Defokusinformation erfordert eine Unschärfe im Bild, so dass dann auch die gesamte Stereoserie unscharf sein müsste, was in der Praxis zu Schwierigkeiten bei der Stereofusion führt. Eine Alternative ist, die kombinierte Bildserie in eine reine Stereoserie (mit möglichst unendlicher Schärfentiefe) und ein oder mehrere unscharfe Bilder zu unterteilen, so dass die Auswertung der beiden Effekte in besserer Qualität getrennt erfolgen kann.

(2) Die zweite Möglichkeit besteht darin, die Tiefenbestimmungen aus Stereo- und (De)Fokusinformation sequenziell durchzuführen, wobei z. B. die Tiefenbestimmung aus der Stereoinformation mittels zuvor ausgewerteter

(De)Fokusinformation eingeschränkt wird [Sub97].

Bezüglich der Bilderfassung geeigneter kombinierter Bildserien gelten die Überlegungen zum Ansatz (1) in gleicher Weise.

(3) Eine dritte Möglichkeit bietet sich in der simultanen Auswertung der Stereo- und (De)Fokusinformation. Dies geschieht, indem die Bestimmung der Tiefeninformation mittels der einen Informationsquelle (z. B. Stereoinformation) durch die Einbeziehung der anderen Quelle (z. B. (De)Fokusinformation) verifiziert bzw. verbessert wird. Beide Informationsquellen fließen somit in eine stark gekoppelte Fusion[14] (z. B. von Stereo- und Fokusinformation) ein [Cla90]. Diese Vorgehensweise kann vorteilhaft durch Formulierung von Energietermen umgesetzt werden.

Im Gegensatz zu den beiden ersten Ansätzen ist hier die Notwendigkeit für Teilmengen der Bildserien, die reine Stereo- oder Fokusserien bilden, nicht gegeben. Dies ist besonders für die in dieser Arbeit betrachteten Bildserien von Bedeutung: Diese werden simultan erfasst, so dass keine reine Fokusserie in der kombinierten Bildserie enthalten sein kann.

Der sinnvollste Ansatz für die Fusion der in dieser Arbeit betrachteten Bildserien, die mittels eines Kamera-Arrays aufgenommen worden sind, ist damit der Ansatz (3). Im Folgenden werden daher Methoden der stark gekoppelten Fusion von Stereo- und Fokusserien dargestellt.

Im Abschnitt 3.1 wurde bereits eine in den meisten Fällen erfolgreiche und effiziente Methode zur Fusion von reinen Stereoserien zur Tiefenbestimmung dargestellt. Diese lässt sich für kombinierte Stereo- und Fokusserien auf sinnvolle Weise erweitern, indem Fokus- oder Defokusinformation in den Fusionsprozess integriert wird. Dadurch lässt sich auch bei solchen Szenen die Tiefe bestimmen, bei denen der reine Stereoansatz versagt. In den nachfolgenden Abschnitten wird gezeigt, wie das Fusionsproblem der kombinierten Bildserie auf der Grundlage der Energiemodellierung aus Gl. (3.23) durch Hinzufügung jeweils eines zusätzlichen Energieterms modelliert und gelöst werden kann.

3.3.1 Auswertung von Stereo- und Fokusinformation

Bei der Auswertung der Stereo- und der Fokusinformation aus kombinierten Bildserien, die simultan mit dem Kamera-Array aufgenommen worden sind, gibt es vier wesentliche Herausforderungen:

---

[14]Bei einer stark gekoppelten Fusion beeinflussen sich deren einzelne Verarbeitungsmodule gegenseitig [Cla90]. Eine schwach gekoppelte Fusion besitzt hingegen unabhängige Verarbeitungsmodule, deren Ergebnisse am Ende kombiniert werden.

- Die Anzahl der möglichen Fokuseinstellungen kann höchstens gleich der Anzahl der Kameras sein. Die Tiefenbestimmung aus der Fokusinformation besitzt damit eine geringe Tiefenauflösung, die durch die Anzahl der Fokuseinstellungen begrenzt ist; siehe Abschnitt 3.2.1.

- Die mit unterschiedlichen Fokuseinstellungen erfassten Bilder sind mit mehreren Kameras und somit aus unterschiedlichen Positionen aufgenommen, so dass zwangsläufig immer ein Stereoeffekt vorhanden ist. Diese Herausforderung kann gelöst werden, indem die Bilder der Serie, welche der Auswertung des Fokuseffekts dienen, in eine gemeinsame Sicht transferiert werden; siehe Abschnitt 3.1.4. Damit wird eine reine Fokusserie simuliert.

- Durch den Stereoeffekt tritt das Problem auf, dass bei nicht ebenen Szenen Verdeckungen von Szenenpunkten in einzelnen Bildern auftreten können. Für solche Szenenpunkte stehen dann nicht alle Bilder zur Tiefenbestimmung aus der Fokusinformation zur Verfügung.

- Eine zusätzliche Herausforderung tritt auf, wenn die zur Stereoauswertung verwendeten Bilder mit unterschiedlicher Fokuseinstellung aufgenommen worden sind. In diesem Fall ist die Tiefenbestimmung aus der Stereoinformation nur schwer möglich, da zur Stereofusion lokale Merkmale erforderlich sind, die in allen zu fusionierenden Bildern möglichst ähnlich vorliegen sollten. Die unterschiedliche Unschärfe bei variierter Fokuseinstellung sorgt durch ihre „Glättung" jedoch für ein unterschiedliches Erscheinungsbild der Merkmale, so dass die Korrespondenzfindung erschwert ist. Eine praktikable Lösung besteht darin, auf Kosten der möglichen Fokusauflösung einen Teil der Kameras mit identischer Fokuseinstellung zu betreiben und nur diese Bilder für die Stereofusion zu verwenden. Diese Vorgehensweise wird in der vorliegenden Arbeit verwendet und am Ende dieses Abschnitts näher dargestellt.

Aus diesen Herausforderungen folgt, dass die in kombinierten Bildserien enthaltene Fokusinformation weniger gut zur Tiefenbestimmung geeignet ist als die üblicherweise bei der Fusion von (dichten) Fokusserien vorhandene Information. Sie kann aber zur Verifizierung und zur Verbesserung der Tiefeninformation aus der Stereoauswertung eingesetzt werden.

Konkret kann das Problem gelöst werden, indem für jeden Bildpunkt der zunächst nur aus der Stereoinformation bestimmte Bezeichner (zur Kodierung der Entfernung; siehe Abschnitt 3.1.3) mittels des aus der Fokusinformation berechneten Bezeichners und einem abgeleiteten Konfidenzmaß verifiziert wird. Für die Fusion der Stereoinformation werden dazu die in Abschnitt 3.1 dargestellten Verfahren angewandt, die für jeden Bildpunkt einen Bezeichner $s(u)$ liefern. Die Auswertung der beiden Informationsquellen erfolgt iterativ, so dass sich die Informationsbeiträge im Ergebnis ergänzen.

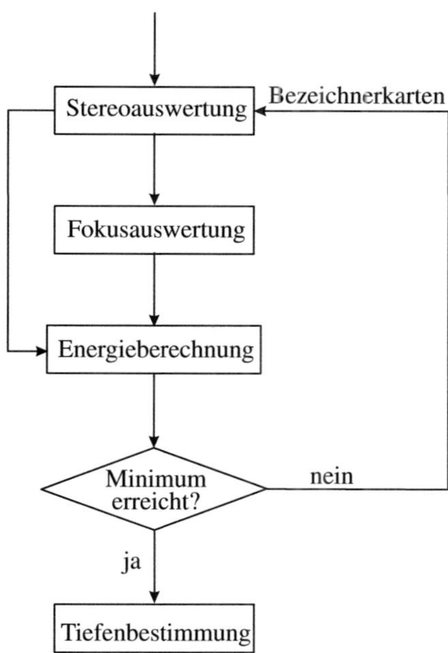

Bild 3.9: Tiefenbestimmung aus einer kombinierten Stereo- und Fokusserie durch Auswertung der Stereo- und der Fokusinformation. Die Ergebnisse der Stereoauswertung fließen sowohl in die Auswertung des Fokuseffekts als auch in die Berechnung der Gesamtenergie ein.

Bei der Auswertung der Fokusinformation werden die Bilder im ersten Schritt auf der Grundlage der Bezeichnerkarten aus der Stereofusion in eine gemeinsame Sicht (siehe Abschnitt 3.1.4) transferiert. Bei diesem Prozess lassen sich zusätzlich Verdeckungen feststellen: In diesem Fall wird ein Szenenpunkt in einem oder mehreren Bildern nicht abgebildet; das Bild weist an der entsprechenden Stelle ein „Loch" auf. Da an solchen Szenenpunkten die Bestimmung des Bezeichners zu ungenau wäre, wird für diese Szenenpunkte keine Tiefenbestimmung aus der Fokusinformation durchgeführt.

Der zweite Schritt besteht in der Anwendung des in Abschnitt 3.2.1 dargestellten Verfahrens, bei dem für jeden Szenenpunkt das Bild mit dem maximalen Fokusmaß $m_{\max}(u)$ (siehe Gl. (3.38)) und somit die Schärfenebene bestimmt werden.

Aus den bekannten Einstellungen der Kamera kann nach vorheriger Kalibrierung der entsprechende Bezeichner für die Schärfenebene berechnet werden. Die nachfolgende Fusion findet mittels der Bezeichner und nicht mittels der tatsächlichen Tiefenwerte statt, da dies der Energieformulierung für die Stereofusion entspricht; siehe Abschnitt 3.1. Die Schritte sind im Bild 3.9 zusammengefasst.

Falls der Unterschied zwischen den Bezeichnern aus der Stereo- und aus der Fokusauswertung groß ist, wird der zugehörige Bezeichner $s(u)$ aus der Stereoinformation mit einer niedrigen Konfidenz gekennzeichnet. Entsprechend wird dem Bezeichner eine hohe Konfidenz zugeordnet, falls der Unterschied klein ist. Damit bildet die Stereoinformation die Grundlage einer Bezeichnerkarte, die mittels der Fokusinformation verifiziert und verbessert wird.

Die oben dargestellten Schritte werden entsprechend dem Graph-Cuts-Verfahren iterativ wiederholt, bis eine minimale Gesamtenergie (siehe Gl. (3.52)) erhalten wird. Der Prozess entspricht damit einer stark gekoppelten Fusion, da in jedem Schritt eine abwechselnde Bestimmung der Bezeichner aus beiden Informationsquellen stattfindet.

Für die Fusion der beiden Informationsquellen wird ein zusätzlicher Energieterm definiert, Gl. (3.23) wird damit zu:

$$E_{\text{fusion1}}(s) := E_{\text{d}}(s) + \gamma_{\text{g}} E_{\text{g}}(s, B) + \gamma_{\text{s}} E_{\text{s}}(s) + \gamma_{\text{f}} E_{\text{fokus}}(s) \,. \tag{3.52}$$

Der in dieser Arbeit dargestellte Energieterm $E_{\text{fokus}}(s)$ bewertet den Bezeichner $s(u)$ aus der Stereoinformation mittels der Fokusinformation, indem der Bezeichner entsprechend seinem Konfidenzniveau bestraft wird:

$$E_{\text{fokus}}(s) := \sum_{u \in \mathcal{P}} \begin{cases} 0, & s(u) \text{ hat hohe Konfidenz} \\ \lambda_1, & s(u) \text{ hat mittlere Konfidenz} \\ \lambda_2, & s(u) \text{ hat geringe Konfidenz,} \end{cases} \tag{3.53}$$

wobei $0 < \lambda_1 < \lambda_2$ und $\mathcal{P}$ die Menge aller Bildpunkte der Bildserie ist.

Die Definition der Konfidenzniveaus wird in Bild 3.10(a) beispielhaft dargestellt. Die Kameras 3 bis 5 bilden jeweils die Ebenen π_3, π_2 bzw. π_1 scharf ab. Die Punkte x_i sind im Bild 3.10(a) an den Orten eingezeichnet, deren Abstände von der Bildebene durch Auswertung des Stereoeffekts berechnet wurden. Aus der Auswertung der Fokusinformation wird nun festgestellt, dass alle Punkte x_i von der dritten Kamera scharf abgebildet werden, d. h. das Maximum des Fokusmaßes tritt für alle Punkte x_i im Bild von Kamera 3 auf. Daraus folgt, dass die beiden Informationsquellen nur im Fall des Punkts x_3 übereinstimmen; d. h. nur dem zugehörigen Bezeichner wird eine hohe Konfidenz zugeordnet; siehe Bild 3.10(b). Die Bezeichner für die Abbildungen der Punkte x_2 und x_4 bekommen eine mittlere Konfidenz

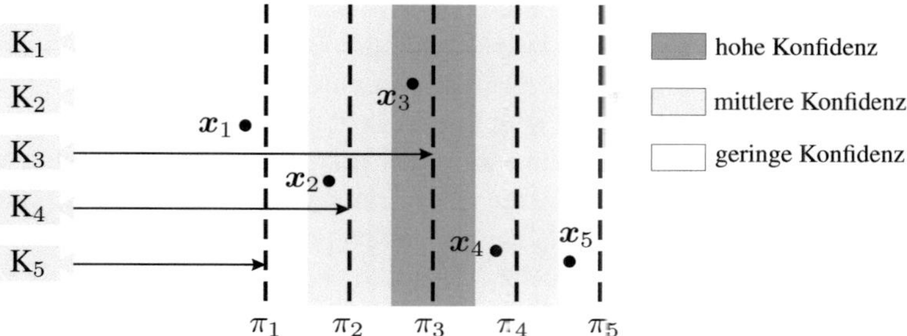

(a) Szenenbereiche, die zur Definition der Konfidenzniveaus verwendet
werden;

(b) Punkt, dessen Bezeichner hohe
Konfidenz erhält;

(c) Punkte, deren Bezeichner mittlere
Konfidenz erhalten;

(d) Punkte, deren Bezeichner niedrige
Konfidenz erhalten.

Bild 3.10: Bestimmung der Konfidenz bei der Tiefenbestimmung aus einer kombinierten Stereo- und Fokusserie.

zugeordnet; siehe Bild 3.10(c). Die Bezeichner für die Abbildungen der Punkte x_1 und x_5 erhalten dagegen eine geringe Konfidenz; siehe Bild 3.10(d). Die Entscheidungsgrenzen zwischen den Konfidenzniveaus werden anhand der Anzahl und Abstände der Schärfenebenen in der Fokusserie bestimmt.

In der vorliegenden Arbeit werden die kombinierten Stereo- und Fokusserien mit dem Kamera-Array so aufgenommen, dass ein Teil der Bilder eine reine Stereoserie bildet. Dazu werden drei bis vier Kameras mit großer Blendenzahl (d. h. großer Schärfentiefe) und gleicher Fokuseinstellung betrieben; im nachfolgenden Beispiel aus Bild 3.12 sind dies die Kameras 1, 2 und 4. Diese Bilder werden benutzt, um mittels einer Stereofusion eine initiale Bezeichnerkarte zu berechnen.

Die restlichen Kameras werden mit kleiner Blendenzahl (d. h. geringer Schärfentiefe) und unterschiedlichen Fokuseinstellungen betrieben, so dass ein deutlicher Fokuseffekt auftritt. Da sich die Kameras an unterschiedlichen Positionen befinden, weisen diese Bilder neben dem Fokuseffekt auch einen Stereoeffekt auf. Zur Auswertung der Fokusinformation in diesen Bildern wird der Stereoeffekt durch Bildtransfer zuvor eliminiert. Da die Auswertung der Stereo- und der Fokusinformation gemeinsam erfolgt, liegt eine stark gekoppelte Fusion vor. Die kombinierte Auswertung der Informationsquellen erfolgt iterativ.

Beispiel zur Auswertung der Stereo- und der Fokusinformation   Im Folgenden wird ein Beispiel für die stark gekoppelte Fusion von Stereo- und Fokusserien, die mit dem Kamera-Array aufgenommen worden sind, zur Tiefenbestimmung dargestellt. Wie in den vorherigen Abschnitten ausgeführt wurde, kann die Auswertung der Fokusinformation zu einer Verbesserung der Tiefenbestimmung aus der Stereoinformation eingesetzt werden. Die Fokusinformation einzubeziehen ist vor allem dann sinnvoll, wenn die Stereofusion falsche Tiefenwerte liefert. Dies kann vorkommen, wenn beispielsweise Objekte oder Hintergrund der Szene schwach strukturiert sind [Fre06b, Ghe06a, Ghe06b]; siehe Bild 3.11. Im Gegensatz dazu liefert die Aus-

Bild 3.11: Mit einer RGB-Kamera aufgenommene Szene.

wertung der Fokusinformation aufgrund der schwachen, aber vorhandenen Struktur auch für solche Bereiche gute Tiefenwerte.[15]

Die in Bild 3.11 dargestellte Szene weist einen strukturlosen Hintergrund auf. Bild 3.12 zeigt die mit dem Kamera-Array aufgenommene Bildserie. Zur besseren Verdeutlichung werden im Folgenden die Vorgehensweise und die Ergebnisse für einen Ausschnitt der Szene diskutiert; siehe Bild 3.13(a). Die alleinige Auswertung des Stereoeffekts führt zu einer falschen Tiefenbestimmung des Hintergrunds (siehe Bild 3.13(b)) gegenüber der *ground truth*; siehe Bild 3.13(c). Diese Beobachtung wird durch die Konfidenzkarte bestätigt; siehe Bild 3.13(d). Die Konfidenzkarte zeigt für jeden Bildpunkt in einer Grauwertkodierung das entsprechende Konfidenzniveau, das sich aus dem Vergleich der jeweiligen Tiefenbestimmungen

---

[15]„Gute" Tiefenwerte sind solche Tiefenwerte, die keine oder nur eine geringe Abweichung zur Referenz aufweisen. Mit „falschen" Tiefenwerten sind hingegen solche Tiefenwerte gemeint, die eine sehr große Abweichung gegenüber der Referenz besitzen. Eine Quantifizierung dieser Bewertung findet in Kapitel 5 statt.

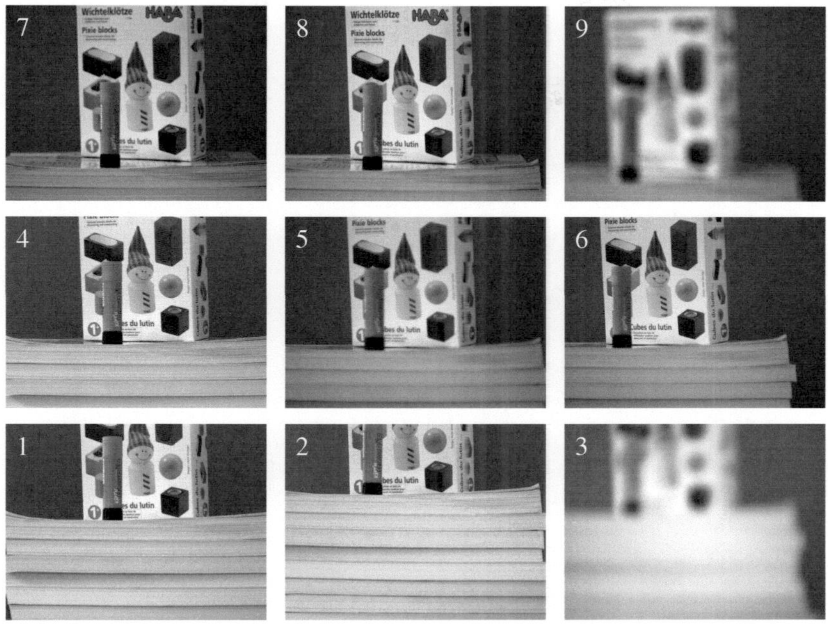

Bild 3.12: Mit dem Kamera-Array aufgenommene kombinierte Stereo- und Fokusserie.

aus der Stereo- und der Fokusinformation ergibt. In denjenigen Bereichen, die in der in Bild 3.13(e) dargestellten modifizierten Tiefenkarte weiß markiert sind, ist eine geringe Konfidenz vorhanden, so dass dort die Tiefenbestimmung mittels der Fokusinformation (durch Ausnutzung der schwach vorhandenen lokalen Struktur) verbessert werden kann. Das Ergebnis der Fusion ist in Bild 3.13(f) dargestellt. Die Tiefenbestimmung des Hintergrunds wurde durch die hinzugefügte Fokusinformation sichtlich verbessert. Allerdings treten bei den Objekten im Vordergrund kleinere Fehler auf, die auf die geringe Tiefenauflösung der Fokusauswertung zurückzuführen sind. Eine detaillierte Diskussion der Ergebnisse wird im Kapitel 5 durchgeführt.

Im nachfolgenden Abschnitt wird ein Fusionsverfahren für Stereo- und Defokusinformation vorgestellt, das eine Verbesserung der Tiefenbestimmung für Szenenbereiche mit periodischen Mustern bewirkt, wo die reine Stereofusion ebenfalls nicht zuverlässig ist.

(a) Teil der beobachteten Szene mit schwach strukturiertem Hintergrund;

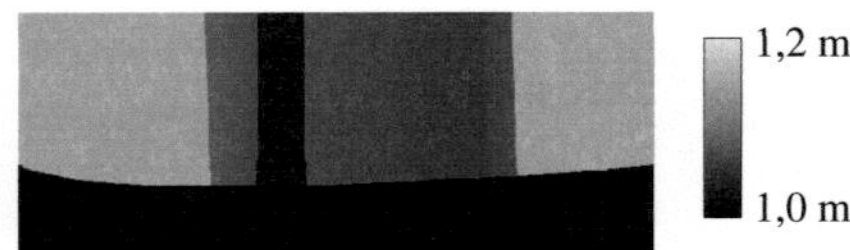

(b) Tiefenkarte aus der Stereofusion mit falsch bestimmtem Hintergrund;

(c) *Ground truth* für den Szenenausschnitt aus Bild 3.13(a);

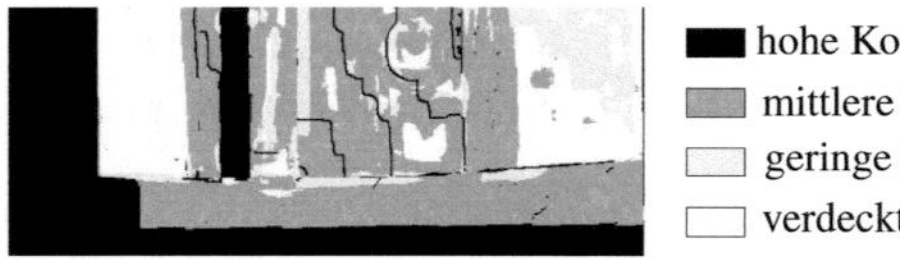

(d) Konfidenzkarte der Tiefenbestimmungen aus Bild 3.13(b);

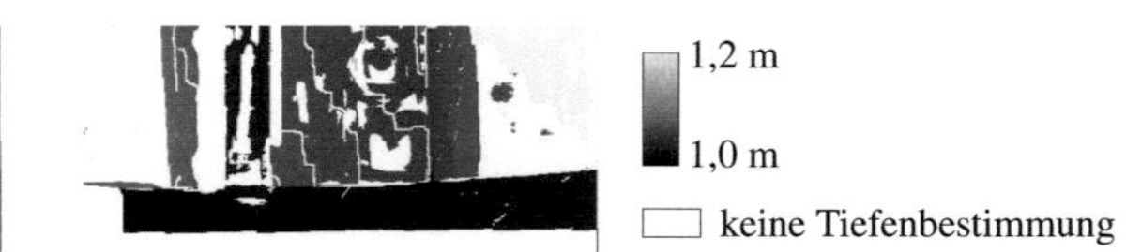

(e) Tiefenkarte ohne die Anteile geringer Konfidenz;

(f) Tiefenkarte aus der Fusion der Stereo- und der Fokusinformation.

Bild 3.13: Fusion der Bildserie aus Bild 3.12.

3.3.2 Auswertung von Stereo- und Defokusinformation

Wie im Abschnitt 3.2.2 dargestellt wurde, besitzt die Auswertung der Defokusinformation den Vorteil, dass die Tiefenbestimmung aus einem einzigen Bild erfolgen kann. Der Nachteil dabei ist allerdings, dass diese Tiefenbestimmung nur an Bildkanten möglich ist;[16] siehe Abschnitt 3.2.2. Das Verfahren, das in diesem Abschnitt dargestellt wird, ermöglicht eine Verbesserung der Tiefenbestimmung aus Stereoinformation, indem eine Fusion mit der Tiefenbestimmung an Bildkanten auf Grundlage der Defokusinformation durchgeführt wird. Dazu wird das Verfahren zur Auswertung der Defokusinformation auf mehrere mit unterschiedlichen Fokuseinstellungen aufgenommene Bilder der Serie angewendet. In diesen Bildern werden an den Bildkanten der Durchmesser des Unschärfescheibchens ε und daraus die Tiefe z und der entsprechende Bezeichner $s(\cdot)$ bestimmt.

Ähnlich wie im Fall der Fusion der Stereo- und der Fokusinformation wird die Defokusauswertung mittels eines Energieterms in das Fusionsmodell aus Gl. (3.23) integriert:

$$E_{\text{fusion2}}(s) := E_{\text{d}}(s) + \gamma_{\text{g}} E_{\text{g}}(s, B) + \gamma_{\text{s}} E_{\text{s}}(s) + \gamma_{\text{d}} E_{\text{defokus}}(s) \,. \qquad (3.54)$$

Der in dieser Arbeit eingeführte Defokusenergieterm $E_{\text{defokus}}(s)$ berücksichtigt, dass die Bezeichner (bzw. die Tiefenwerte) der Bildpunkte in der Nähe einer Kante mit den Bezeichner- bzw. Tiefenwerten der Bildpunkte auf der Kante ähnlich sein sollen. Der Einfluss einer Kante auf die benachbarten Bildpunkte nimmt mit der Entfernung zur Kante ab:

$$E_{\text{defokus}}(s) := \sum_i \sum_{\mathcal{S}_i} \sum_{u_i \in \mathcal{E}_{l_i}} \frac{|s(u_i) - s(v_i)|}{d(u_i, l_i) + 1} + \begin{cases} 0, & |s(u_i) - s(v_i)| \leq S \\ K, & |s(u_i) - s(v_i)| > S \,, \end{cases}$$
$$(3.55)$$

wobei K eine Strafkonstante für Bildpunkte mit sehr unterschiedlichen Bezeichnern im Vergleich zur benachbarten Bildkante ist (definiert mittels der Schwelle S). i indiziert die Bilder der Serie. $\mathcal{S}_i$ bezeichnet die Menge der Bildpunkte, welche die Kante l_i ausmachen. Allen Bildpunkten der Menge $\mathcal{S}_i$ wird derselben Bezeichner (der Bezeichner der Bildkante) zugeordnet, so dass aus dieser Menge nur ein Bildpunkt $v_i \in \mathcal{S}_i$ betrachtet werden muss. Bildkanten werden mittels eines Parametervektors beschrieben: $l_i := (u_{\text{ai}}, v_{\text{ai}}, u_{\text{ei}}, v_{\text{ei}}, z_i)^{\text{T}}$, wobei $u_{\text{ai}} = (u_{\text{ai}}, v_{\text{ai}})^{\text{T}}$ und $u_{\text{ei}} = (u_{\text{ei}}, v_{\text{ei}})^{\text{T}}$ die Endpunkte und z_i die bestimmte Tiefe

---

[16]Falls die Bildkante durch eine Objektkante verursacht worden ist, bezieht sich der hier bestimmte Tiefenwert auf das Vordergrundobjekt [Pen87].

der Kante sind. Aus den Kantenendpunkten lassen sich die Parameter a_i, b_i, c_i der zugehörigen Geraden in der Hesse'schen Normalform $a_i u + b_i v + c_i = 0$ berechnen. $d(\boldsymbol{u}_i, \boldsymbol{l}_i)$ ist die euklidische Distanz zwischen einem Bildpunkt $\boldsymbol{u}_i$ und der in der Hesse'schen Normalform gegebenen Kante $\boldsymbol{l}_i$: $d(\boldsymbol{u}_i, \boldsymbol{l}_i) = |a_i u + b_i v + c_i|$. $\mathcal{E}_{\boldsymbol{l}_i}$ ist die Menge der zur Bildkante $\boldsymbol{l}_i$ benachbarten Bildpunkte.

Der Energieterm nimmt kleine Werte an, falls die Bezeichner $s(\boldsymbol{u}_i)$ und $s(\boldsymbol{v}_i)$ ähnliche Werte besitzen oder falls der Abstand des Bildpunkts zur Kante sehr groß ist. Die Werte von K und S wurden anhand einiger beispielhafter Bildserien optimiert.[17] Bei der Anwendung dieser Werte auf andere Szenen zeigte sich, dass die Ergebnisse des Algorithmus unempfindlich gegenüber dieser Wahl sind.

Zur Fusion der Stereo- und der Defokusinformation aus mehreren Bildern müssen zunächst korrespondierende Kanten festgestellt werden. Die Kanten werden dann in eine gemeinsame Sicht transferiert; siehe Abschnitt 3.1.4. Dafür werden die Kantenendpunkte und die für die Kante bestimmte Tiefe verwendet. In der Literatur wird ein solches Verfahren des Vergleichs zweier Merkmalsvektoren zur Feststellung der „Gleichheit" zweier Instanzen *figure of merit* genannt [Hal04, Mül06]. In vorliegenden Fall wird dieses Verfahren zur Feststellung der Übereinstimmung von Bildkanten verwendet, welche dieselbe Textur- oder Objektkante abbilden.

Für die Identifizierung korrespondierender Kanten wird in dieser Arbeit eine Funktion zum Vergleich zweier Kanten definiert:

$$d_{\mathrm{k}}(\boldsymbol{l}_i, \boldsymbol{l}_j) := \sum_{q=1}^{5} \gamma_q d_{\mathrm{k}q}(\boldsymbol{l}_i, \boldsymbol{l}_j) \tag{3.56}$$

mit $\gamma_q > 0$.

Die Summanden sind wie folgt definiert:

- Der erste Term vergleicht die Orientierung der Kanten mittels ihrer Winkel zur u-Achse; siehe Bild 3.8. Es wird hierbei berücksichtigt, dass die Zuordnung von Anfangs- und Endpunkten nicht eindeutig ist und dass der Arkustangens periodisch mit π ist:

$$d_{\mathrm{k}1}(\boldsymbol{l}_i, \boldsymbol{l}_j) :=$$
$$\min\left\{ \left| \arctan \frac{a_i}{b_i} - \arctan \frac{a_j}{b_j} \right|, \left| \arctan \frac{a_i}{b_i} - \arctan \frac{a_j}{b_j} \right| - \pi \right\}. \tag{3.57}$$

---

[17]Dazu wurden die beiden Parameter systematisch variiert. Diejenigen Parameterkombinationen wurden ausgewählt, die einerseits gute Gesamtergebnisse erzielten und sich andererseits robust bei den zum Lernen verwendeten Szenen erwiesen.

- Der zweite Term bewertet den Abstand der Endpunkte von den jeweils anderen Kanten l_i und l_j mit:

$$d_{k2}(l_i, l_j) := \min \left\{ |a_j u_{ai} + b_j v_{ai} + c_j|, |a_j u_{ei} + b_j v_{ei} + c_j|, \right.$$
$$|a_i u_{aj} + b_i v_{aj} + c_i|, |a_i u_{ej} + b_i v_{ej} + c_i|$$
$$\left. | \perp_{l_j} u_{ai}, \perp_{l_j} u_{ei} \in l_j, \perp_{l_i} u_{aj}, \perp_{l_i} u_{ej} \in l_i \right\},$$

$$(3.58)$$

wobei $\perp_l u$ die Projektion des Bildpunkts u auf die durch die Kante l verlaufende Gerade ist. Der Abstand wird nur dann gewertet, wenn die Projektion des Bildpunkts auf der Kante liegt.

- Der dritte Term vergleicht die Grauwerte der Regionen, welche der Kante benachbart sind; siehe Abschnitt 3.2.2:

$$d_{k3}(l_i, l_j) := \min\{|g_{1i} - g_{1j}|, |g_{2i} - g_{2j}|\}, \qquad (3.59)$$

wobei g_1 und g_2 die Grauwerte auf der dem Ursprung zu- bzw. abgewandten Seite sind; siehe Anhang A.3.

- Der vierte Term vergleicht die Länge der Kanten auf Basis der euklidischen Norm:

$$d_{k4}(l_i, l_j) :=$$
$$\left| \sqrt{(u_{ai} - u_{ei})^2 + (v_{ai} - v_{ei})^2} - \sqrt{(u_{aj} - u_{ej})^2 + (v_{aj} - v_{ej})^2} \right|.$$

$$(3.60)$$

- Der fünfte Term vergleicht die Tiefenwerte an den Kanten:

$$d_{k5}(l_i, l_j) := |z_i - z_j|. \qquad (3.61)$$

Die unterschiedlichen Terme können mittels γ_q gewichtet werden, um Anteile, die weniger wichtig sind, auch weniger zu berücksichtigen. Der Vergleich der Kantenlängen wird beispielsweise als relativ unsichere Information betrachtet, da diese durch den Unschärfeneffekt nicht genau bestimmt werden kann. Der Vergleich der Tiefeninformation wird nur dann berücksichtigt, falls eine Tiefenschätzung für beide Kanten vorhanden ist.

Die Suche nach einer korrespondierenden Kante findet nur in einem zur Tiefe passenden Fenster in den Bildern statt. Eine Korrespondenz wird als gültig betrachtet, wenn die Distanzfunktion im Gl. (3.56) einen bestimmten Schwellwert nicht

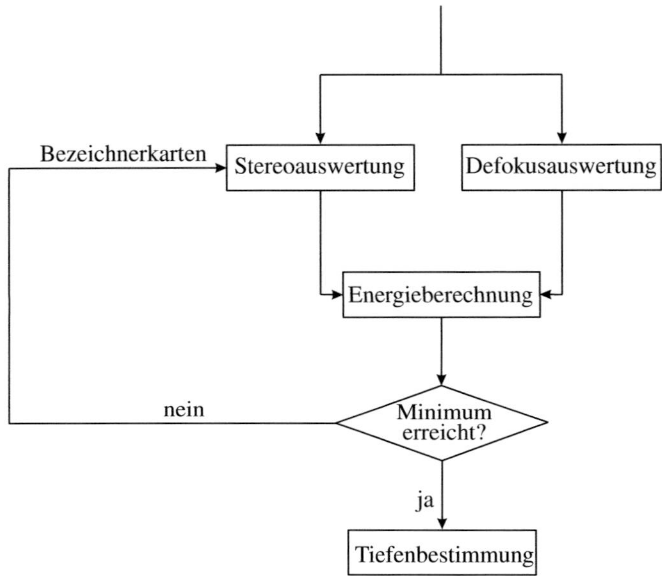

Bild 3.14: Tiefenbestimmung aus einer kombinierten Stereo- und Fokusserie durch Auswertung der Stereo- und der Defokusinformation.

überschreitet. Ansonsten wird angenommen, dass es sich um eine verdeckte Kante handelt. Bei bekannten Kantenkorrespondenzen werden die Tiefenwerte an den Kanten und in ihren Nachbarschaften mittels Gl. (3.54) und (3.55) fusioniert.

Auch im Fall der Kombination der Stereo- und der Defokusinformation wird eine iterative Vorgehensweise (Minimierung mittels Graph-Cuts-Verfahren; siehe Abschnitt 3.1.6) angewandt, um das Funktional (3.54) zu minimieren; siehe Bild 3.14.

Die in der vorliegenden Arbeit verwendeten Stereo- und Fokusserien haben die Besonderheit, dass einige Bilder mit hoher Blendenzahl aufgenommen worden sind und damit praktisch überall scharf sind. Diese Bilder werden mittels Stereoauswertung zu einer initialen Bezeichnerkarte fusioniert.

Die restlichen Bilder werden mit kleiner Blendenzahl und unterschiedlichen Bildweiten aufgenommen, so dass sowohl ein Stereo- als auch ein Fokuseffekt auftritt. In jedem dieser Bilder wird die Defokusinformation an Kanten ausgewertet. Durch die unterschiedlichen Aufnahmeparameter ist nicht in jedem Bild eine Tiefenbestimmung für eine Kante möglich. Für den Fall, dass mehrere Tiefenwerte aus der Defokusauswertung vorliegen, fließen diese in das Energiefunktional Gl. (3.54) ein.

Auch im Fall der Fusion von Stereo- und Defokusinformation findet eine stark gekoppelte Fusion statt, da die nicht dichten Tiefenwerte aus der Defokusauswertung die Tiefenwerte aus der Stereoinformation verbessern. Zur Veranschaulichung der Vorgehensweise wird im Folgenden ein Beispiel für die Fusion von Stereo- und Defokusinformation dargestellt.

Bild 3.15: Mit einer RGB-Kamera aufgenommene Szene.

Bild 3.16: Mit dem Kamera-Array aufgenommene kombinierte Stereo- und Fokusserie.

Beispiel zur Fusion der Stereo- und der Defokusinformation Die Fusion von Stereo- und Defokusinformation zur Tiefenbestimmung findet ausgehend von Bildkanten statt. Durch die Einbeziehung der Defokusinformation wird ein Vorteil gegenüber der Auswertung von reinen Stereoserien in Szenenbereichen, die periodische Muster aufweisen, erreicht [Ghe06b, Ghe07a]. Als Beispiel dient die in Bild 3.15 dargestellte Szene. Sie weist ein Schachbrettmuster als periodischen Hintergrund auf. Bild 3.16 zeigt die mit dem Kamera-Array aufgenommene Bildserie. Zur Verbesserung der Darstellung wird im Folgenden nur dieser Teil der Szene

(a) Teil der beobachteten Szene mit periodischer Struktur im Hintergrund;

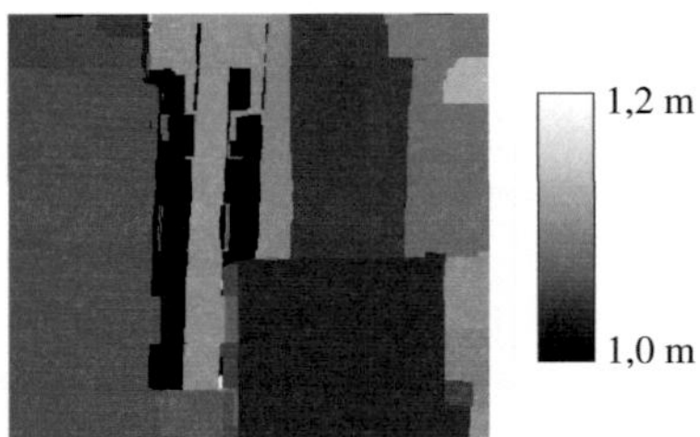

(b) Tiefenkarte aus der Stereofusion: Der Hintergrund weist offensichtliche Fehler auf (zwei schwarze Streifen);

(c) Tiefenbestimmungen an Kanten (auf eine gemeinsame Kamerasicht transferiert);

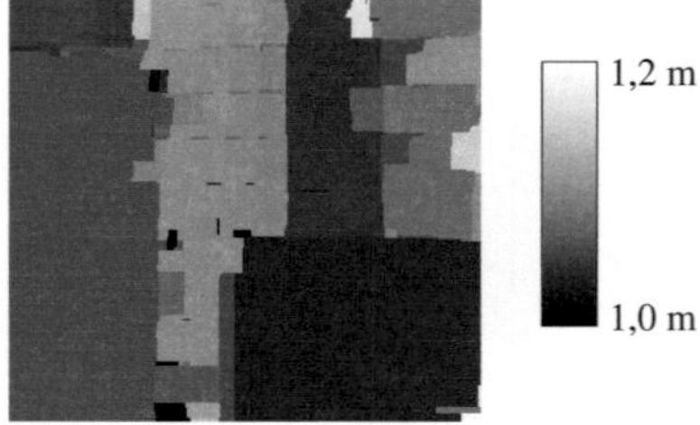

(d) Tiefenkarte aus der Fusion der Stereo- und der Defokusinformation.

Bild 3.17: Fusion der Bildserie aus Bild 3.16.

gezeigt; siehe Bild 3.17(a). In diesem Bereich liefert die reine Auswertung des Stereoeffekts falsche Korrespondenzen von Bildpunkten und damit auch falsche Tiefenwerte (siehe Bild 3.17(b)); zwei schwarze Streifen indizieren eine nicht vorhandene Erhebung des Hintergrunds.

Die Tiefenbestimmung mittels Defokusauswertung ergibt an Kanten sinnvolle Ergebnisse; siehe Bild 3.17(c). Durch die Fusion der beiden Informationsquellen mittels Gl. (3.54) wird für den Hintergrund eine verbesserte Tiefenbestimmung erreicht (siehe Bild 3.17(d)); die beiden schwarzen Streifen verschwinden. Eine detaillierte Diskussion der Ergebnisse wird im Kapitel 5 durchgeführt.

Zusammenfassung In diesem Kapitel wurden neuartige Fusionsverfahren zur Tiefenbestimmung aus kombinierten Stereo- und Fokusserien dargestellt. Diese Verfahren nutzen die Komplementarität der Prinzipien *depth from stereo* und *depth from focus* bzw. *depth from defocus*. Eine weitere Möglichkeit zum Einsatz von Kamera-Arrays besteht darin, außer der Fokussierung weitere Erfassungsparameter zu variieren, um Zugang zu weiteren Eigenschaften der Szene zu erlangen. Im nächsten Kapitel werden derartige Verfahren am Beispiel der simultanen Gewinnung von Tiefen- und Spektralinformation über eine Szene dargestellt.

4 Neuartige Fusionsansätze für Stereo- und Spektralserien

Dieses Kapitel widmet sich der Fusion kombinierter Stereo- und Spektralserien, um gleichzeitig die Tiefeninformation und die spektralen Eigenschaften von Szenen zu bestimmen. Die wesentliche Herausforderung liegt dabei in der Registrierung der Bilder, da derselbe Szenenpunkt unterschiedliche Intensitätswerte[1] in den einzelnen spektralen Kanälen aufweist, was die Findung korrespondierender Bildpunkte erschwert. Im Folgenden werden unterschiedliche Methoden zur Registrierung solcher kombinierter Stereo- und Spektralserien und die Ergebnisse ihrer Anwendung exemplarisch dargestellt. Im Anschluss zeigt ein Beispiel, wie die spektrale Information der kombinierten Bildserien ausgewertet werden kann.

Die dargestellten Fusionsmethoden sind für Bildserien beliebiger Bildanzahl anwendbar. Die Ergebnisse der einzelnen Methoden werden dargestellt. In Kapitel 5 ist ein Vergleich zu finden.

4.1 Registrierung von Stereo- und Spektralserien mittels flächenbasierter Verfahren

Um kombinierte Stereo- und Spektralserien zu registrieren, ist es aufgrund des unterschiedlichen Erscheinungsbildes der Szene in den einzelnen spektralen Kanälen notwendig, intensitätsinvariante Merkmale zu definieren. Aus diesem Grund ist eine pixelbasierte Vorgehensweise, wie sie in Kapitel 3 verwendet worden ist, nicht möglich. Intensitätsinvariante Merkmale müssen sich vielmehr auf mehrere Bildpunkte gemeinsam beziehen, so dass kanten- oder flächenbasierte Registrierungsverfahren geeignet sind.

Kantenbasierte Verfahren liefern nicht für jeden Bildpunkt einen Tiefenwert, so dass als Ergebnis keine dichten Tiefenkarten erhalten werden. Aus diesem Grund erscheinen solche Verfahren für die vorliegende Aufgabenstellung der vollständi-

---

[1] In diesem Kapitel wird $B(\boldsymbol{u})$ als Intensität bezeichnet. Aus dieser Bezeichnung geht hervor, dass $B(\boldsymbol{u})$ aufgrund des Einsatzes von Spektralfiltern durch eine Integration nur eines kleinen Teils des sichtbaren Spektrums zustandekommt.

gen Rekonstruktion der räumlichen Eigenschaften der Szene wenig geeignet und werden im Folgenden nicht betrachtet.

Die Grundlage flächenbasierter Verfahren bilden Merkmale, die Bereiche oder Regionen in den Bildern beschreiben. Anhand von Distanzfunktionen werden diese Merkmale verglichen und damit Korrespondenzen zwischen Regionen und/oder Bereichen und ihren Bildpunkten festgestellt.[2]

Ein *segmentiertes Bild* ist ein Bild, dass nach einem Kriterium (siehe Anhang A.4) partitioniert wurde; die entstandenen Partitionen werden in dieser Arbeit *Regionen* genannt. Für segmentierte Bilder beschreibt die Funktion $R(\cdot)$ für jeden Bildpunkt $\boldsymbol{u}$ die Zuordnung zu der entsprechenden Region $\mathcal{R}^{\varpi}$:

$$R : \mathbb{R}^2 \rightarrow \mathcal{Q}, \quad R(\boldsymbol{u}) = \varpi . \tag{4.1}$$

Damit wird eine Region als Menge von Bildpunkten definiert, die derselben Partition zugeordnet worden sind:

$$\mathcal{R}^{\varpi} := \{\boldsymbol{u}|R(\boldsymbol{u}) = \varpi\} \tag{4.2}$$

mit $\varpi \in \mathcal{Q}$. $|\mathcal{Q}|$ ist die Anzahl der Regionen.

Eine Region $\mathcal{R}$ setzt sich aus der Kontur und dem Inneren zusammen:

$$\mathcal{R} := \mathcal{K}_{\mathcal{R}} \cup \mathcal{R}^{\circ} , \tag{4.3}$$

wobei die Kontur die Menge der Bildpunkte am Rande der Region ist.[3] Die Kontur $\mathcal{K}_{\mathcal{R}}$ ist eine Teilmenge der Region $\mathcal{R}$. Die Schnittmenge der Konturen zweier Regionen ist somit die leere Menge. Eine Bestimmungsvorschrift für die Kontur einer Region folgt in Abschnitt 4.2.

Neben Regionen werden auch *Bereiche* zur Registrierung verwendet. Als Bereich $\mathcal{B}$ wird in dieser Arbeit ein Element der Potenzmenge der Menge aller Regionen in einem Bild definiert:

$$\mathcal{B} := \bigcup_{r \in \mathcal{J}} \mathcal{R}^r = \bigcup_{r \in \mathcal{J}} \mathcal{K}_{\mathcal{R}^r} \cup \bigcup_{r \in \mathcal{J}} \mathcal{R}^{r\circ} , \tag{4.4}$$

wobei $\mathcal{J}$ die Menge der Indizes derjenigen Regionen ist, die den Bereich bilden. Die Menge aller Bereiche eines Bildes ist somit die Potenzmenge der Menge der

---

[2]In dieser Arbeit werden als Merkmale zur Registrierung der Regionen auch Eigenschaften ihrer Konturen verwendet. Insofern berücksichtigen die im Folgenden dargestellten Verfahren implizit die über Kanten vorliegende Information.

[3] Die Kontur einer Region wird erhalten, indem die Ränder der Region – die Kanten – bis zu einer Linie, die nur noch ein Bildpunkt breit ist, verdünnt werden.

Regionen. Der Unterschied zu den Regionen besteht darin, dass Bereiche eines Bildes keine Partitionen dieses Bildes sein müssen, da Bereiche überlappen dürfen.

Die Konzepte der epipolaren Geometrie bleiben für Stereo- und Spektralserien gültig. Somit sind auch die Rektifizierungs- und Bildtransfermethoden aus Abschnitt 3.1 anwendbar. Die dort eingeführten Begriffe der Disparität und der Bezeichner werden im folgenden Abschnitt für flächenbasierte Registrierungsverfahren angepasst.

4.1.1 Disparität

Die Disparität zwischen zwei korrespondierenden Regionen $\mathcal{R}_i \leftrightarrow \mathcal{R}_j$ in zwei Bildern B_i und B_j ist definiert als die Disparität zwischen den für diese Regionen repräsentativen Bildpunkten, z. B. den Schwerpunkten der Regionen $\bar{u}_i = (\bar{u}_i, \bar{v}_i)^{\mathrm{T}}$ und $\bar{u}_j$:[4]

$$(\alpha_{\mathrm{u}}, \alpha_{\mathrm{v}})^{\mathrm{T}} := (\bar{u}_i - \bar{u}_j, \bar{v}_i - \bar{v}_j)^{\mathrm{T}} . \tag{4.5}$$

Allen Bildpunkten einer Region wird dieselbe so bestimmte Disparität zugeordnet. Regionen werden somit implizit als ebene Flächen interpretiert, die parallel zur Bildebene liegen.[5]

Bei Bildserien wird ähnlich wie bei der pixelbasierten Registrierung auch im Fall der flächenbasierten Registrierung mit Bezeichnern gearbeitet: Die Bildpunkte korrespondierender Regionen bekommen denselben Bezeichner mittels der Funktion s zugeordnet:

$$s(\boldsymbol{u}_i) : \mathbb{R}^2 \to \mathcal{L}, \quad s(\boldsymbol{u}_i) = \alpha \ \forall\, \boldsymbol{u}_i \in \mathcal{R}_i\,, \text{ falls}$$
$$\mathcal{R}_i \leftrightarrow \mathcal{R}_1 \wedge \mathcal{R}_1 \leftrightarrow \mathcal{R}_2 \ (\text{d.h. } \bar{u}_2 = \bar{u}_1 + \alpha) \,, \tag{4.6}$$

wobei der Ausdruck in Klammern für den Fall horizontal rektifizierter Bilder gilt. Als Bezeichner werden auch hier die Disparitäten für ein ausgewähltes Bildpaar der Serie verwendet, z. B. für die ersten beiden Bilder der Serie.

---

[4]In diesem Fall kann es vorkommen, dass die beiden repräsentativen Bildpunkte nicht auf derselben Epipolarlinie liegen. Wenn die Bilder horizontal rektifiziert sind, besteht eine mögliche Lösung darin, $\bar{v}_i = \bar{v}_j$ zu setzen und für die Berechnung der Disparität nur die u-Koordinate zu verwenden.

[5]Schräge ebene Flächen oder gekrümmte Flächen, deren Textur nicht zu einer Segmentierung in mehrere Regionen führt, werden in dem vorliegenden Modell ebenfalls als ebene Flächen interpretiert, die parallel zur Bildebene liegen; siehe auch Kapitel 5. Für manche Anwendungen, z. B. im Bereich der Fahrerassistenzsysteme, kann diese Modellierung problematisch sein. Im Gegensatz dazu spielt sie z. B. im Bereich des Recyclings keine Rolle.

4.1.2 Verfahren zur flächenbasierten Registrierung

Für die flächenbasierte Registrierung von kombinierten Stereo- und Spektralserien sind folgende Ansätze möglich:

- Der erste Ansatz ist die regionenbasierte Registrierung, die für den Fall reiner Stereoserien weit verbreitet ist [Wan08]. In diesem Fall werden die Bilder der Serie segmentiert und z. B. mittels dynamischer Programmierung Korrespondenzen zwischen den resultierenden Regionen gesucht; siehe Abschnitt 4.2. Zur Bewertung der Ähnlichkeit werden für jede Region Merkmale (z. B. Größe oder Form) definiert und bei der Korrespondenzsuche verglichen.

- Eines der Hauptprobleme bei der Segmentierung von kombinierten Stereo- und Spektralserien ist, dass Bildbereiche, die in einem Bild eine einzige Region bilden, in einem anderen Bild aufgrund unterschiedlicher Reflektanzeigenschaften in den verschiedenen Spektralbereichen in mehrere Regionen zerfallen können. Für die Lösung dieses Problems wird in dieser Arbeit als zweiter Ansatz ein iteratives Verfahren vorgeschlagen, das bei der Berechnung der Merkmale für jede Region diesen Effekt berücksichtigt. Dabei findet eine Korrespondenzsuche zwischen einer Region in einem Bild und einem Bereich, der aus mehreren Regionen bestehen kann, in einem anderen Bild statt, wobei die Konturen der Regionen bzw. Bereiche die Grundlage bilden; siehe Abschnitt 4.3. Die Korrespondenzsuche kann in ähnlicher Weise wie bei pixelbasierten Verfahren z. B. mittels Graph-Cuts-Verfahren erfolgen.

- Beim dritten Ansatz werden allgemein Korrespondenzen zwischen Bereichen in nicht segmentierten Bildern gesucht. Die hierbei verwendeten Bereiche können z. B. quadratische Bildausschnitte sein, deren Ähnlichkeit etwa mittels entropiebasierter Verfahren bewertet wird; siehe auch Abschnitt 1.1.2.

Im Folgenden werden die ersten beiden Ansätze mit den verwendeten Merkmalen, Distanzfunktionen und Verfahren zur Korrespondenzsuche im Detail dargestellt und mit Beispielen illustriert. Ein Vergleich der Ansätze erfolgt im Kapitel 5. Der dritte Ansatz wurde in der Literatur ausführlich untersucht und hauptsächlich in der medizinischen Bildverarbeitung eingesetzt [Plu03]. Für die in dieser Arbeit untersuchten Szenen eignen sich entropiebasierte Verfahren weniger, da sie für Objekte mit schwacher Struktur Mehrdeutigkeiten bei der Korrespondenzfindung liefern.

4.2 Regionenbasierte Registrierung

Für die regionenbasierte Registrierung werden in den zu registrierenden Bildern Regionen bestimmt und diese in 1:1- oder 1:0-Zuordnungen verknüpft, d. h. eine Region in einem Bild bekommt höchstens eine Region aus einem anderen Bild zugeordnet. Dazu werden die Bilder der kombinierten Stereo- und Spektralserie zunächst rektifiziert und danach segmentiert, d. h. die Bilder werden in Regionen partitioniert.

Merkmalsvektor   Die Regionen werden durch Merkmalsvektoren charakterisiert, welche ihre Größe und Form sowie ihre Position[6] zu einer Epipolarlinie umfassen:

$$m_{\mathcal{R}} := (g_{\mathcal{R}}, k_{\mathcal{R}}^{\mathrm{T}}, p_{\mathcal{R}, \bar{u}_{\mathcal{R}}})^{\mathrm{T}}, \tag{4.7}$$

wobei $g_{\mathcal{R}}$ die Größe (siehe Gl. (4.8)), $k_{\mathcal{R}}^{\mathrm{T}}$ die Kontur und damit die Form (siehe Gl. (4.11)) und $p_{\mathcal{R}, \bar{u}_{\mathcal{R}}}$ die Position auf der Epipolarlinie (siehe Gl. (4.12)) der Region $\mathcal{R}$ beschreiben.

Die Größe einer Region $g_{\mathcal{R}}$ ist durch die Anzahl der Bildpunkte der Region gegeben:

$$g_{\mathcal{R}} := |\mathcal{R}|. \tag{4.8}$$

Die Form einer Region wird anhand ihrer Kontur $\mathcal{K}_{\mathcal{R}}$ bewertet, die z. B. mittels eines morphologischen Kantenoperators bestimmt werden kann, der auf das segmentierte Bild angewendet wird; siehe z. B. Bild 4.1(b).[7] Die erhaltene Kontur kann direkt zum Vergleich mit den Konturen von Regionen anderer Bilder der Serie verwendet werden, z. B. durch pixelbasierte Korrelation. Eine andere Möglichkeit besteht darin, ihre Form mittels geeigneter Merkmale zu beschreiben, z. B. als Kettencode [Gon08] oder durch Teilkonturen und daraus abgeleitete Merkmale.

Dabei werden aus der Zugehörigkeitsfunktion einer Region

$$I_{\mathcal{R}}(u) := \begin{cases} 1, & u \in \mathcal{R} \\ 0, & \text{sonst.} \end{cases} \tag{4.9}$$

---

[6]Durch Position ist die vertikale Lage der Region bzgl. einer Epipolarlinie gemeint.

[7]Da die Kontur einer Region die Menge aller Bildpunkte einer Region ist, die unmittelbar an mindestens eine andere Region angrenzen, beschreibt die Kontur die Region selbst und ist somit eine Eigenschaft der Region.

zunächst mittels morphologischer Operatoren die Ableitungen für die Richtungen $\zeta_i := i \cdot \Delta\zeta$, $i \in \{0, 1, \ldots, N-1\}$, $N \cdot \Delta\zeta = 360°$ bestimmt, die als Teilkonturen interpretiert werden. Die Menge der Bildpunkte in einer Teilkontur wird mit $\mathcal{K}_{\mathcal{R},\zeta_i}$ bezeichnet. Die Kontur einer Region $\mathcal{R}$ erhält man damit als Vereinigungsmenge aller Teilkonturen:

$$\mathcal{K}_{\mathcal{R}} := \bigcup_i \mathcal{K}_{\mathcal{R},\zeta_i} . \tag{4.10}$$

Bild 4.1 zeigt die Bestimmung von Teilkonturen am Beispiel einer Region mit $\zeta_i := i \cdot 45°$, $i \in \{0, 1, \ldots, 7\}$; die Zugehörigkeitsfunktion der Region ist im Bild 4.1(a) dargestellt. Die Kontur der Region ist im Bild 4.1(b) erkennbar; Bild 4.1(c) zeigt die zugehörigen Teilkonturen.

Aus diesen Teilkonturen werden Merkmale gewonnen, z. B. die auf die Gesamtzahl der Bildpunkte einer Kontur normierte Anzahl von Bildpunkten der Teilkontur:

$$\boldsymbol{k}_{\mathcal{R}} := (k_{\mathcal{R},0°}, \ldots, k_{\mathcal{R},\zeta_i}, \ldots)^{\mathrm{T}} = (|\mathcal{K}_{\mathcal{R},0°}|/|\mathcal{K}_{\mathcal{R}}|, \ldots, |\mathcal{K}_{\mathcal{R},\zeta_i}|/|\mathcal{K}_{\mathcal{R}}|, \ldots)^{\mathrm{T}} . \tag{4.11}$$

Für das Beispiel aus Bild 4.1 wird folgender Merkmalsvektor erhalten: $\boldsymbol{k}_{\mathcal{R}} = (k_{\mathcal{R},0°}, k_{\mathcal{R},45°}, k_{\mathcal{R},90°}, k_{\mathcal{R},135°}, k_{\mathcal{R},180°}, k_{\mathcal{R},225°}, k_{\mathcal{R},270°}, k_{\mathcal{R},315°})^{\mathrm{T}} = (0{,}33; 0{,}52; 0{,}35; 0{,}53; 0{,}33; 0{,}52; 0{,}35; 0{,}53)^{\mathrm{T}}$.

Die Position auf der Epipolarlinie wird berechnet, indem das Verhältnis des Flächeninhalts (Anzahl der Bildpunkte) oberhalb und unterhalb einer gegebenen Epipolarlinie gebildet wird. Dazu kann z. B. die Epipolarlinie, auf welcher der Schwerpunkt $\bar{u}_{\mathcal{R}}$ einer Region $\mathcal{R}$ liegt, für die eine Korrespondenz gesucht wird, verwendet werden:

$$p_{\mathcal{R},\bar{u}_{\mathcal{R}}} := \frac{g_{\mathrm{OR},\bar{u}_{\mathcal{R}}}}{g_{\mathrm{UR},\bar{u}_{\mathcal{R}}}} , \tag{4.12}$$

wobei $g_{\mathrm{OR},\bar{u}_{\mathcal{R}}}$ bzw. $g_{\mathrm{UR},\bar{u}_{\mathcal{R}}}$ die Anzahl der Bildpunkte in der Region $\mathcal{R}$ oberhalb bzw. unterhalb der Epipolarlinie $\bar{u}_{\mathcal{R}}$ ist.

Distanzfunktion   Als Distanzfunktion zur Bewertung der Unterschiede zwischen zwei Merkmalsvektoren kommt bevorzugt die Manhattan-Metrik in Frage, da sie den Einfluss unterschiedlicher Skalierungen der Komponenten des Merkmalsvektors dämpft [Mar01].[8] Die euklidische Distanz ist dagegen weniger geeig-

---

[8]Zur Verbesserung der Vergleichbarkeit werden die Merkmale üblicherweise normalisiert (z. B. um den Mittelwert zentriert und auf die Standardabweichung bezogen) und Ausreißer eliminiert [Mik08].

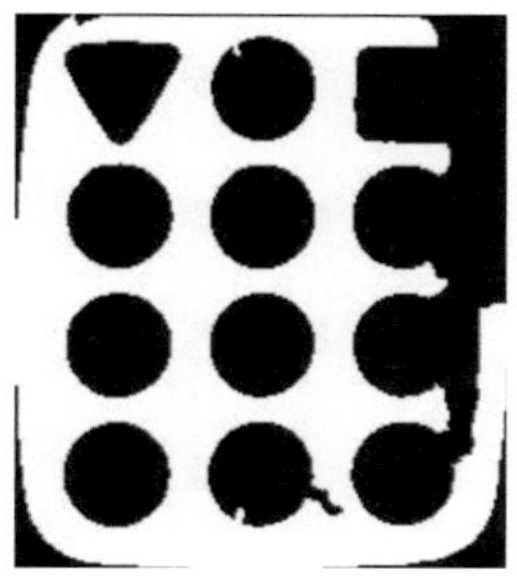

(a) Region $\mathcal{R}$ eines
segmentierten Bildes;

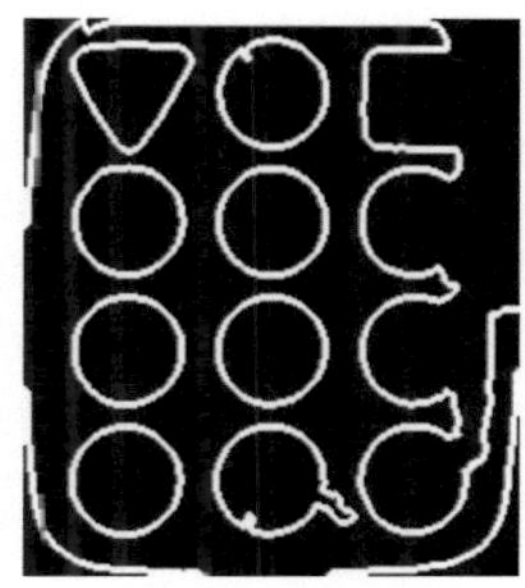

(b) Kontur $\mathcal{K}_\mathcal{R}$ der Region;

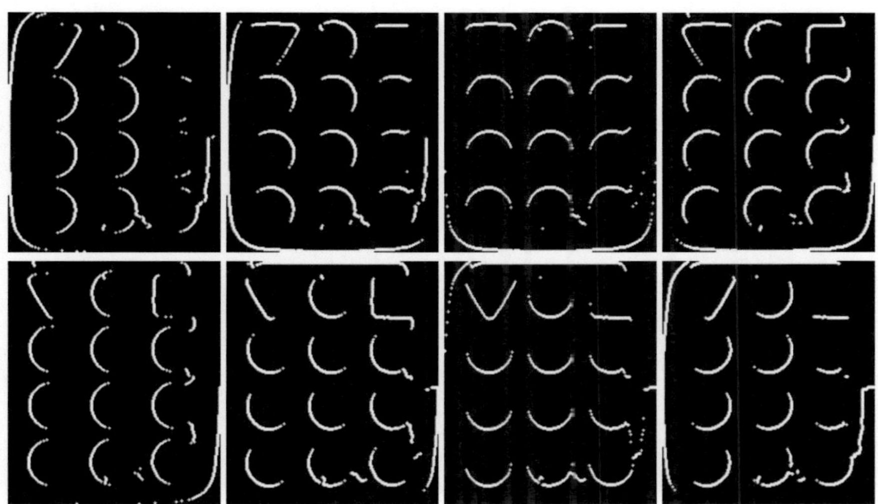

(c) Konturen der Region für die Richtungen $0°$, $45°$, $90°$, $135°$, $180°$, $225°$, $270°$ und $315°$.

Bild 4.1: Berechnung von Konturmerkmalen für eine Region; zugehörige Bildpunkte sind weiß dargestellt.

net, da sie große Merkmalsunterschiede stärker gewichtet [Mar01]. Die Distanzfunktion zwischen zwei Merkmalsvektoren wird somit wie folgt definiert:

$$d_\mathrm{M}(\boldsymbol{m}_{\mathcal{R}_i}, \boldsymbol{m}_{\mathcal{R}_j}) := |g_{\mathcal{R}_i} - g_{\mathcal{R}_j}| + \sum_q |k_{\mathcal{R}_i, \zeta_q} - k_{\mathcal{R}_j, \zeta_q}| + |p_{\mathcal{R}_i, \bar{u}_{\mathcal{R}_i}} - p_{\mathcal{R}_j, \bar{u}_{\mathcal{R}_j}}|.$$

$$(4.13)$$

4.2.1 Modellierung mittels Energiefunktionalen

Um korrespondierende Regionen zu bestimmen, werden die Merkmalsvektoren der zu vergleichenden Regionen mittels der Distanzfunktion von Gl. (4.13) verglichen. Dafür kommen ähnliche Energiefunktionale wie im Abschnitt 3.1.5 zum Einsatz. Gl. (3.21) wird für die regionenbasierte Registrierung zu:

$$E(s, B) := E_{\mathrm{d}}(s, B) + E_{\mathrm{n}}(s, B) \to \min. \tag{4.14}$$

Der Datenterm $E_{\mathrm{d}}(s, B)$ misst die Ähnlichkeit korrespondierender Regionen. Der Regularisierungsterm $E_{\mathrm{n}}(s, B)$ formuliert eine zusätzliche Bedingung für die Anordnung korrespondierender Regionen und wird im Folgenden als Nachbarschaftsterm bezeichnet. Eine Gewichtung der beiden Energieterme mittels eines Vorfaktors ist in der Formulierung von Gl. (4.14) nicht erforderlich, da dies bereits durch eine entsprechende Festlegung der Summationskonstanten im Regularisierungsterm $E_{\mathrm{n}}(s, B)$ nach Gl. (4.18) bewerkstelligt wird.

Der Datenterm $E_{\mathrm{d}}(s, B)$ aus Gl. (4.14) kann direkt mittels der Distanzfunktion aus Gl. (4.13) formuliert werden:

$$E_{\mathrm{d}}(s, B) := \sum_{\substack{(B_i, B_j) \\ i \neq j}} \sum_{\mathcal{R}_i \leftrightarrow \mathcal{R}_j} d_{\mathrm{M}}(\boldsymbol{m}_{\mathcal{R}_i}, \boldsymbol{m}_{\mathcal{R}_j}), \tag{4.15}$$

wobei $\boldsymbol{m}_{\mathcal{R}}$ der Merkmalsvektor zur Charakterisierung einer Region aus Gl. (4.7) ist. Die Bilder der Serie werden paarweise betrachtet, über alle möglichen Bildpaare wird summiert. Die Abhängigkeit von der Funktion $s(\cdot)$ ist implizit enthalten: $\mathcal{R}_i \leftrightarrow \mathcal{R}_j \Leftrightarrow \forall \boldsymbol{u}_i \in \mathcal{R}_i \wedge \forall \boldsymbol{u}_j \in \mathcal{R}_j : s(\boldsymbol{u}_i) = s(\boldsymbol{u}_j)$.

Die zusätzliche Bedingung, die im Nachbarschaftsterm $E_{\mathrm{n}}(s, B)$ formuliert ist, betrifft die Nachbarschaftsbeziehungen zwischen den Regionen. Da die Regionen auch in v-Richtung ausgedehnt sind, d. h. für horizontal rektifizierte Bilder senkrecht zu den Epipolarlinien, müssen die Nachbarschaftsbeziehungen innerhalb von Epipolarbereichen ausgewertet werden, siehe Bild 4.2(a). Epipolarbereiche sind dabei streifenartige Bildbereiche, die durch jeweils zwei Epipolarlinien begrenzt werden. Zur Verdeutlichung sind die Epipolarbereiche von Bild 4.2(a) in Bild 4.2(b) vergrößert dargestellt.

Die Anzahl von Epipolarbereichen für ein Bildpaar, die in den Nachbarschaftsterm eingehen, wird durch die Anzahl von korrespondierenden Regionen mit großer Ähnlichkeit festgelegt, deren Ausdehnung in v-Richtung die Lage der die Epipolarbereiche begrenzenden Epipolarlinien bestimmt. Die Vorauswahl von gut korrespondierenden Regionen erfolgt z. B. mittels Korrelationsverfahren [Mat07].[9] In

---

[9]Hierbei werden die Regionen eines Bildes als Binärbilder interpretiert. Diese Binärbilder werden

den Bildern 4.2(a) und 4.2(b) ist als Beispiel vorab eine große Ähnlichkeit der Regionen 1 in den beiden Bildern festgestellt worden. Diese Regionen bestimmen somit die Ausdehnung der zugeordneten Epipolarbereiche.

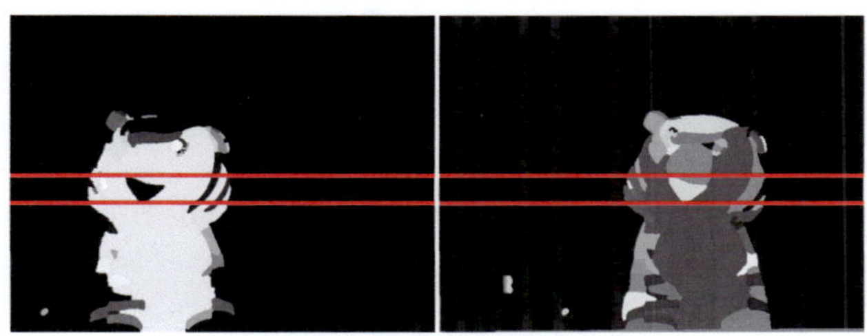

(a) Übersicht der Bilder i und j;

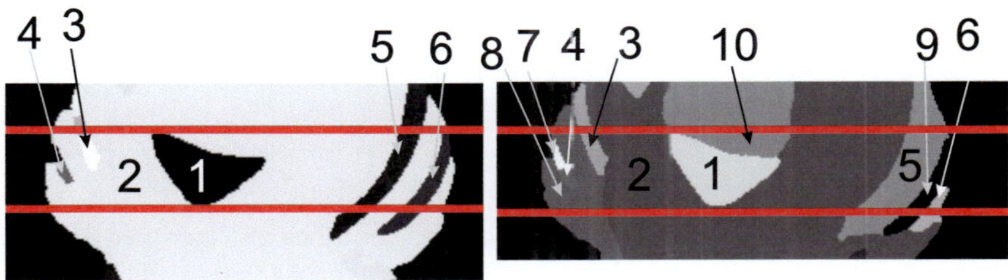

(b) Vergrößerte Darstellung der Epipolarbereiche. Die Zahlen ($\varpi \in \{1, \ldots, 10\}$) kennzeichnen Regionen.

Bild 4.2: Epipolarbereiche der korrespondierenden Regionen $\mathcal{R}_i^1$ und $\mathcal{R}_j^1$ für ein segmentiertes Stereopaar.

Zwischen den Regionen eines Bildes können zwei Arten von Nachbarschaftsbeziehungen auftreten:[10]

- Links- oder Rechts-Beziehungen bedeuten, dass sich eine Region entweder links oder rechts bezüglich einer anderen Region befindet und die beiden Regionen benachbart sind.[11] Dies ist z. B. der Fall für die Regionen 3 und 2 in beiden Bildern von Bild 4.2(b).

---

im zweiten Bild über den zugeordneten Epipolarbereich verschoben und der Korrelationskoeffizient berechnet. Der Epipolarbereich wird als relevant für die Berechnung des Nachbarschaftsterms angenommen, falls der Korrelationskoeffizient einen empirischen Schwellwert überschreitet.

[10]Ähnlich wie bei der pixelbasierten Registrierung wird im Fall der flächenbasierten Registrierung eine zusammenhängende Szene angenommen. Zusätzlich wird die Annahme gemacht, dass durch die Kamerapositionen keine großflächigen Verdeckungen vorkommen.

[11]Benachbarte Regionen besitzen unmittelbar benachbarte Konturen.

- Eine Links-und-Rechts-Beziehung bedeutet, dass die beiden Regionen ineinander verschachtelt sind (d. h. eine Region umgibt komplett eine andere).[12] Dieser Fall liegt etwa für die Regionen 1 und 2 im linken Bild von Bild 4.2(b) vor.

Die Bestimmung der horizontalen Position einer Region und damit der Reihenfolge der Regionen innerhalb der Epipolarbereiche wird anhand deren Schwerpunkte durchgeführt. Zur Veranschaulichung der Nachbarschaftsbeziehungen sind in Bild 4.3 die beiden Graphen für die Epipolarbereiche aus Bild 4.2(b) dargestellt. Einfache schwarze Pfeile bezeichnen Links- oder Rechts-Beziehungen, während rote Doppelpfeile verschachtelte Regionen kennzeichnen.

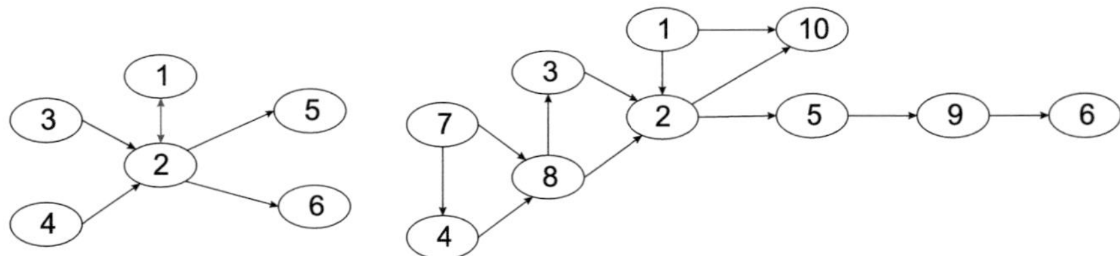

Bild 4.3: Graphische Darstellung der Nachbarschaftsbeziehungen der Regionen für beide Bilder von Bild 4.2(b).

Zur Auswertung der Nachbarschaftsbeziehungen werden die Regionen wie folgt in Regionenfolgen für jeden Epipolarbereich organisiert:

- Die Folge fängt mit der Region an, deren Schwerpunkt am nächsten zum linken Bildrand liegt.

- Es folgen die Regionen, die sich direkt rechts von der ersten Region befinden, entsprechend ihrer horizontalen Position; dies entspricht den einfachen Pfeilen im Graphen von Bild 4.3.[13]

- Für verschachtelte Regionen werden die innere Region einfach und die äußere Region doppelt in die Folge aufgenommen, wobei die äußere Region vor und nach der inneren Region angeordnet wird.[14]

---

[12]Die innere Region besitzt in diesem Fall sowohl links als auch rechts einen einzigen Nachbarn, nämlich die äußere Region.

[13]Diese Regionen besitzen Links- oder Rechts-Beziehungen.

[14]Diese Regionen besitzen eine Links-und-Rechts-Beziehung. Die äußeren Regionen aus solchen Beziehungen sind die einzigen Regionen, die zweimal in die Regionenfolge eingetragen werden.

Bei den beiden Beispielen aus Bild 4.2(b) ergeben sich die Regionenfolgen $E_i = \{4, 3, 2, 1, 2, 5, 6\}$ für das linke Bild und $E_j = \{7, 4, 8, 3, 1, 2, 10, 5, 9, 6\}$ für das rechte Bild.

Um den Nachbarschaftsterm $E_n(s, B)$ zu modellieren, werden eine Menge und eine Folge definiert. $\mathcal{U}_{1ij}$ ist die Menge der ermittelten Korrespondenzen für zwei Epipolarbereiche, wobei für die Feststellung einer Korrespondenz die Merkmalsvektoren der Regionen nach Gl. (4.7) miteinander verglichen werden:[15]

$$\mathcal{U}_{1ij} = \{(\mathcal{R}_i^k, \mathcal{R}_j^l) | (\mathcal{R}_i^k, \mathcal{R}_j^l) \in E_i \times E_j \wedge \mathcal{R}_i^k \leftrightarrow \mathcal{R}_j^l\} . \tag{4.16}$$

$\mathcal{U}_{2ij}$ ist die Folge aller Korrespondenzen aus $\mathcal{U}_{1ij}$ in den beiden Epipolarbereichen, welche die Nachbarschaftsbeziehungen nicht verletzen; d. h. für zwei Regionenpaare $(\mathcal{R}_i^k, \mathcal{R}_j^l)$ und $(\mathcal{R}_i^m, \mathcal{R}_j^n) \in \mathcal{U}_{1ij}$ müssen die Indizes $k > 0$ und $m > 0$ der Regionen im Bild i dieselbe Ordnungsrelation (d. h. $k < m$) wie die Indizes l und n der Regionen im Bild j (d. h. $l < n$) erfüllen:

$$\mathcal{U}_{2ij} = \{\ldots, (\mathcal{R}_i^k, \mathcal{R}_j^l), (\mathcal{R}_i^m, \mathcal{R}_j^n), \ldots |$$
$$(\mathcal{R}_i^k, \mathcal{R}_j^l), (\mathcal{R}_i^m, \mathcal{R}_j^n) \in \mathcal{U}_{1ij} \wedge k < m \wedge l < n\} . \tag{4.17}$$

Der Nachbarschaftsterm bestraft nun alle Korrespondenzen, die in $\mathcal{U}_{1ij}$, aber nicht in $\mathcal{U}_{2ij}$ enthalten sind:

$$E_n(s, B) = \sum_{(B_i, B_j) \in \mathcal{I}} \sum_{(E_i, E_j)} \lambda |\mathcal{U}_{1ij} \setminus \mathcal{U}_{2ij}| , \tag{4.18}$$

wobei $\lambda > 0$ eine Konstante ist, die zur Gewichtung des Nachbarschaftsterms im Energiefunktional von Gl. (4.14) verwendet wird. Durch die Bedingung $\lambda > 0$ wird sichergestellt, dass die Gesamtenergie steigt, falls die oben dargestellten Nachbarschaftsbeziehungen nicht erfüllt sind. In Experimenten im Rahmen dieser Arbeit zeigte sich, dass die Funktionsfähigkeit des Verfahrens unempfindlich ist bezüglich der Festlegung der Konstanten λ [Mat07].

Eine Möglichkeit zur Minimierung des Energiefunktionals aus Gl. (4.14) ist die Anwendung von Verfahren der dynamischen Programmierung, deren Prinzip und Anpassung an das Registrierungsproblem im folgenden Abschnitt dargestellt werden.

---

[15]Diejenigen Regionen, die aufgrund von Rechts-und-Links-Beziehungen doppelt in den Regionenfolgen E_i oder E_j vertreten sind, können in zwei Paaren in der Merge $\mathcal{U}_{1ij}$ auftreten. Davon wird das Regionenpaar, für welches die Distanzfunktion aus Gl. (4.13) größer ist, aus $\mathcal{U}_{1ij}$ eliminiert.

4.2.2   Registrierung mittels dynamischer Programmierung

Im Folgenden wird nach dem Prinzip der dynamischen Programmierung dessen Anwendung auf das Registrierungsproblem dargestellt, ein Beispiel verdeutlicht abschließend die Vorgehensweise.

Dynamische Programmierung   Grundlegend für die Vorgehensweise der dynamischen Programmierung ist das Optimalitätsprinzip. Dieses wird hier für ein endliches und deterministisches System angewendet [Ber05]:

$$x_{t+1} := f_t(x_t, \mu_t) \,, \tag{4.19}$$

wobei x_t und x_{t+1} Systemzustände für die Zeitpunkte t und $t + 1$ sind und $t \in \{0, \ldots, T\}$. μ_t beschreibt die Entscheidung für den Wechsel aus dem Zustand x_t in den Zustand x_{t+1}. Ein Zustandswechsel ist immer mit Kosten verbunden. $C_t(x_t)$ sind die Kosten, die durch die Entscheidung μ_{t-1}, die zum Zustand x_t führt, entstehen. Gesucht wird die optimale Entscheidungsfolge $\mu^* = \{\mu_0^*, \mu_1^*, \ldots, \mu_{T-1}^*\}$, so dass die insgesamt verursachten Kosten minimal sind.

Für die Festlegung des Initialzustands x_0 entstehen keine Kosten:

$$C_0(x_0) = 0 \,. \tag{4.20}$$

Für den Zeitpunkt $t = 1$ werden die Gesamtkosten nur durch die erste Entscheidung μ_0 bestimmt, die den Wechsel von x_0 nach x_1 festlegt:

$$J_\mu(\{x_0, x_1\}) = C_1(x_1) = C_1(f_0(x_0, \mu_0)) \,, \tag{4.21}$$

wobei $J_\mu(\{x_0, \ldots, x_t\})$ die Gesamtkosten sind, die durch alle Entscheidungen bis zum Zeitpunkt t entstehen.

Die Gesamtkosten für den letzten Zeitpunkt T entstehen durch Summation aller Kosten für die vorangegangenen Entscheidungen und sind somit durch das folgende Funktional gegeben:

$$J_\mu(\{x_0, \ldots, x_T\}) := C_T(x_T) + \sum_{t=1}^{T-1} C_t(x_t) \,. \tag{4.22}$$

Das Optimalitätsprinzip, auf dem die dynamische Programmierung beruht, lautet [Bel57]:

Prinzip *Eine optimale Entscheidungsfolge hat die Eigenschaft, dass unabhängig vom Initialzustand und der ersten Entscheidung die restlichen Entscheidungen optimal bezüglich desjenigen Zustands sein müssen, der durch die erste Entscheidung erzeugt worden ist.*

Das so formulierte Optimalitätsprinzip kann allgemein auf Probleme angewendet werden, deren Kosten additiv sind. Somit lässt es sich auch auf das additive Problem von Gl. (4.22) anwenden.

Die optimale Entscheidungsfolge μ^* wird durch Minimierung des Funktionals von Gl. (4.22) gefunden:

$$J_{\mu^*}(\{x_0,\ldots,x_T\}) = \min_{\mu} J_{\mu}(\{x_0,\ldots,x_T\})\,. \tag{4.23}$$

Die Minimierung kann mittels der dynamischen Programmierung erfolgen, die auf dem Optimalitätsprinzip beruht [Ber05]. Da es sich im vorliegenden Fall um ein deterministisches System mit additiven Kosten handelt, kann die Berechnung der optimalen Entscheidungsfolge vorwärts durchgeführt werden:[16]

Gegeben den Initialzustand x_0, *gilt: Die gesuchte optimale Entscheidungsfolge* $\mu^* = \{\mu_0^*, \mu_1^*, \ldots, \mu_{T-1}^*\}$ *verursacht die minimalen Kosten* $J_{\mu^*}(\{x_0,\ldots,x_T\})$, *die sich rekursiv berechnen lassen:*

$$J_{\mu^*}(x_0) = C_0(x_0) = 0\,,$$
$$J_{\mu^*}(\{x_0, x_1\}) = C_1(x_1)\,,$$
$$J_{\mu^*}(\{x_0,\ldots,x_t\}) := \min_{\mu_{t-1}} \{C_t(x_t) + J_{\mu^*}(\{x_0,\ldots,x_{t-1}\})\}\,. \tag{4.24}$$

mit $x_t = f_{t-1}(x_{t-1}, \mu_{t-1})$ und $t \in \{1,\ldots,T\}$.

Ein derartiges Problem lässt sich mittels eines endlichen, gerichteten Graphen darstellen, wobei keine Mehrfachkanten auftreten dürfen. Die Lösung besteht dann aus der Berechnung des kürzesten Weges durch den Graphen [Ber05]. Bild 4.4 zeigt beispielhaft einen solchen Graphen. Die Knoten stellen die möglichen Zustände des Systems dar. Im Fall der Bildregistrierung sind dies Regionenpaare, die in Bild 4.4 durch ihre Indizes dargestellt sind. Die Kanten des Graphen beschreiben Zustandswechsel und werden mit entsprechenden Kosten gewichtet. t beschreibt im Allgemeinen den Zeitpunkt, in dem sich das System befindet. Ein möglicher Endzustand wird mit (M, N) erreicht. In Bild 4.4 repräsentiert t gleichzeitig die Anzahl der Zustände, die ausgehend vom Initialzustand zum Erreichen des aktuellen Zustands besucht worden sind. Der kürzeste Weg durch den Graphen umfasst T Knoten, wobei der Initialzustand (bezeichnet mit $(-,-)$) nicht mitgezählt wird.

---

[16]Die normale Vorgehensweise der dynamischen Programmierung erfolgt mittels Rückwärtsberechnungen.

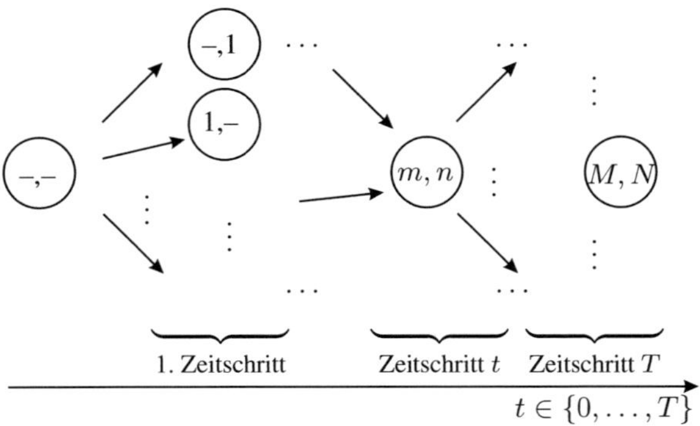

Bild 4.4: Graph zur Darstellung von deterministischen Problemen mit endlicher Anzahl von Zuständen.

Anwendung des Prinzips der dynamischen Programmierung auf das regionenbasierte Registrierungsproblem Das Problem der Bildregistrierung kann als ein endliches und deterministisches System aufgefasst werden und somit mittels dynamischer Programmierung gelöst werden. Dafür wird die dynamische Programmierung auf Paare von Epipolarbereichen angewandt, welche Teilprobleme für das gesamte Registrierungsproblem darstellen. Aus dem Optimalitätsprinzip folgt, dass eine optimale Registrierung jedes Epipolarbereichs auch zu einer optimalen Registrierung des Stereopaars und damit der gesamten Stereoserie führt [Bel57, Ber05].

Das Hauptproblem bei der Anwendung der dynamischen Programmierung auf die pixelbasierte Bildregistrierung (d. h. die punktweise Suche nach korrespondierenden Bildpunkten auf Epipolarlinien) besteht darin, dass die Glattheit (siehe Abschnitt 3.1.7) der Registrierung senkrecht zu den Epipolarlinien nicht sichergestellt ist [Sch02].[17] In der Literatur sind Ansätze zu finden, die diesen Nachteil zu kompensieren versuchen [For04]. Im Fall der regionenbasierten Registrierung verschwindet der Nachteil der möglichen Inkonsistenz senkrecht zu den Epipolarlinien, da die Regionen in beiden Dimensionen ausgedehnt sind und somit eine implizite Konsistenzbedingung erfüllt ist.

Für die regionenbasierte Registrierung werden Regionenfolgen $E_i = \{\ldots, \mathcal{R}_i^k, \ldots, \mathcal{R}_i^m, \ldots\}$ und $E_j = \{\ldots, \mathcal{R}_j^l, \ldots, \mathcal{R}_j^n, \ldots\}$ betrachtet, die innerhalb von korrespondierenden Epipolarbereichen zweier Bilder i und j liegen. Damit sind die Zustände des Systems nach der oben eingeführten Vorgehens-

---

[17]Beispielsweise ist für horizontal rektifizierte Bilder durch die zeilenweise Betrachtung bei der dynamischen Programmierung die Glattheit in vertikaler Richtung nicht immer gegeben.

weise Regionenpaare: $(\mathcal{R}_i^k, \mathcal{R}_j^l)_t$. Die für den allgemeinen Fall definierte Zeit t bezeichnet in diesem Fall die Anzahl der schon bestimmten Regionenpaare.

Die Anwendung der dynamischen Programmierung umfasst die Berechnung des rekursiven Schritts aus Gl. (4.24):

$$J_{\mu^*}(\{(\mathcal{R}_i^0, \mathcal{R}_j^0)_0, \ldots, (\mathcal{R}_i^m, \mathcal{R}_j^n)_t\}) =$$
$$\min_{\mu_{t-1}} \left\{ C_t((\mathcal{R}_i^m, \mathcal{R}_j^n)_t) + J_{\mu^*}(\{(\mathcal{R}_i^0, \mathcal{R}_j^0)_0, \ldots, (\mathcal{R}_i^k, \mathcal{R}_j^l)_{t-1}\}) \right\} \quad (4.25)$$

mit $t = \{1, \ldots, T\}$ und der Initialisierung $J_{\mu^*}((\mathcal{R}_i^0, \mathcal{R}_j^0)_0) = C_0(\mathcal{R}_i^0, \mathcal{R}_j^0) = 0$. Die Regionenfolgen werden mit $\mathcal{R}_i^0 = \mathcal{R}_j^0 = \mathcal{\tilde{R}}$ ergänzt. Der Bezeichner $\mathcal{\tilde{R}}$ steht dabei für „keine Region"; er wird auch verwendet, um zu kennzeichnen, dass eine Region keine Korrespondenz besitzt. Somit ist die erste Korrespondenz $(\mathcal{R}_i^0, \mathcal{R}_j^0)$ immer korrekt, so dass die Initialisierung der dynamischen Programmierung nach Gl. (4.24) sichergestellt ist. Die Minimierung der Kosten im rekursiven Schritt nach Gl. (4.25) führt dann zur optimalen Entscheidung für ein Regionenpaar $(\mathcal{R}_i^m, \mathcal{R}_j^n)_t$ unter der Annahme, dass alle Regionenpaare bis zum Schritt $t-1$ mit $(\mathcal{R}_i^k, \mathcal{R}_j^l)_{t-1}$ optimal ausgewählt worden sind [Bel57, Ber05].

Die Entscheidung μ_t wird aus der Menge derjenigen Entscheidungen gewählt, die für die Zuordnung der Regionenpaare im Schritt t zur Verfügung stehen. Dazu werden nur solche Regionenpaare zugelassen, für die gilt: $k < m \wedge l < n$. Damit werden zwei Anforderungen an die Registrierung erfüllt:

- Eine Region darf nur in einem einzigen korrespondierenden Paar vorkommen; d. h. eine Region kann höchstens eine korrespondierende Region haben.[18]

- Die Nachbarschaftsbedingung, die im Energieterm von Gl. (4.18) beschrieben wird, ist erfüllt. Die dort im Zusammenhang mit Gl. (4.17) möglichen Konstellationen $m < k \wedge n < l$ treten aufgrund der Anwendung des Vorwärtsalgorithmus nicht auf.

Der Term $J_{\mu^*}(\{\ldots, (\mathcal{R}_i^k, \mathcal{R}_j^l)_{t-1}\})$ in Gl. (4.25) gibt die Gesamtkosten für die optimale Auswahl der Regionenpaare bis zum Schritt $t - 1$ an. Die Kosten, die durch Auswahl eines neuen Regionenpaars $(\mathcal{R}_i^m, \mathcal{R}_j^n)_t$ entstehen, werden erhalten durch:

$$C_t((\mathcal{R}_i^m, \mathcal{R}_j^n)_t) = \begin{cases} d_M(m_{\mathcal{R}_i^m}, m_{\mathcal{R}_j^n}), & d_M(m_{\mathcal{R}_i^m}, m_{\mathcal{R}_j^n}) \leq S \\ \beta_1 d_M(m_{\mathcal{R}_i^m}, m_{\mathcal{R}_j^n}), & d_M(m_{\mathcal{R}_i^m}, m_{\mathcal{R}_j^n}) > S \\ \beta_2, & \mathcal{R}_i^m = \mathcal{\tilde{R}} \text{ oder } \mathcal{R}_j^n = \mathcal{\tilde{R}} \end{cases} \quad (4.26)$$

---

[18]Diese Bedingung wird aus der pixelbasierten Registrierung übernommen. Die Alternative in Form von 1:N-Zuordnungen wird im Abschnitt 4.3 dargestellt.

mit

$$S < \beta_2 < \beta_1 S . \tag{4.27}$$

Die Kostenfunktion $C_t((\mathcal{R}_i^m, \mathcal{R}_j^n)_t)$ bewertet die Ähnlichkeit der Regionen $\mathcal{R}_i^m$ und $\mathcal{R}_j^n$. Dazu wird wie für den Datenterm nach Gl. (4.15) die Distanzfunktion $d_M(m_{\mathcal{R}_i^m}, m_{\mathcal{R}_j^n})$ von Gl. (4.13) verwendet.

Falls die Distanz kleiner als ein Schwellwert S ist, werden die Regionen als korrespondierend angenommen; als Kosten dieses Schritts wird die Distanzfunktion $d_M(\cdot, \cdot)$ verwendet. Wird der Schwellwert überschritten, so wird die Korrespondenzannahme verworfen; für diesen Zuordnungsschritt werden die erhöhten Kosten $\beta_1 d_M(\cdot, \cdot)$ addiert. Falls eine der beiden Regionen $\mathcal{R}_i^m$ oder $\mathcal{R}_j^n$ keine korrespondierende Region zugeordnet bekommt, werden die entsprechenden Kosten zu β_2 gesetzt. Damit wird sichergestellt, dass die Kosten für korrespondierende Regionen am kleinsten sind (maximal S). Die Kosten für schlecht korrespondierende Regionen (größer als $\beta_1 S$) sind am größten, während die Kosten für den Fall, dass eine Region keine Korrespondenz besitzt (β_2), zwischen diesen Extremfällen liegen [Mat07].

Der Schwellwert S und die Konstanten β_1 und β_2 werden so festgelegt, dass bei der Minimierung von Gl. (4.25) falsche Korrespondenzen vermieden werden. In der Praxis werden diese Werte anhand von Beispielen gelernt. Die durchgeführten Versuche haben gezeigt, dass die gefundenen Werte für unterschiedliche Anwendungen übertragbar sind.

Konkret wird zur Findung korrespondierender Regionenpaare der Algorithmus von [Nee70] eingesetzt, der ursprünglich zum Vergleich zweier Proteinketten entwickelt worden ist. Dafür wird eine Matrix verwendet, in welche die Kosten für die Registrierung von Teilen der Regionenfolgen eingetragen werden:

	$\mathcal{R}$ $\cdots$	$\mathcal{R}_i^k$	$\cdots$	$\mathcal{R}_i^m$	$\cdots$
$\mathcal{R}$	0	$\vdots$		$\vdots$	
$\vdots$		$\vdots$		$\vdots$	
$\mathcal{R}_j^l$	$\cdots\cdots$	$J_\mu(\{\ldots,(\mathcal{R}_i^k,\mathcal{R}_j^l)_{t_a}\})$	$\cdots$	$J_\mu(\{\ldots,(\mathcal{R}_i^m,\mathcal{R}_j^l)_{t_b}\})$	$\cdots$
$\vdots$		$\vdots$	$\ddots$	$\vdots$	
$\mathcal{R}_j^n$	$\cdots\cdots$	$J_\mu(\{\ldots,(\mathcal{R}_i^k,\mathcal{R}_j^n)_{t_c}\})$	$\cdots$	$J_\mu(\{\ldots,(\mathcal{R}_i^m,\mathcal{R}_j^n)_{t_d}\})$	$\cdots$
$\vdots$		$\vdots$		$\vdots$	

$J_\mu(\{\ldots,(\mathcal{R}_i^k,\mathcal{R}_j^l)_{t_a}\})$ beschreibt die Kosten für die Auswahl von Regionenpaaren aus den Teilfolgen $\{\ldots,\mathcal{R}_i^k\}$ und $\{\ldots,\mathcal{R}_j^l\}$. Dabei müssen die gewählten

Regionenpaare keine optimale Auswahl darstellen. Der erste Eintrag der Matrix stellt den Initialzustand $(\mathcal{K}, \mathcal{K})$ dar, bei dem noch keine Zuordnung von Regionen stattgefunden hat.

Die Zeitschritte t_a, t_b, t_c und t_d entsprechen jeweils der Anzahl der schon zugeordneten Regionenpaare aus den jeweiligen Teilfolgen $\{\ldots, \mathcal{R}_i^k\}$ bzw. $\{\ldots, \mathcal{R}_i^k, \ldots, \mathcal{R}_i^m\}$ sowie $\{\ldots, \mathcal{R}_j^l\}$ bzw. $\{\ldots, \mathcal{R}_j^l, \ldots, \mathcal{R}_j^n\}$. Somit gilt $\max\{k, l\} \leq t_a \leq k + l$, $\max\{m, l\} \leq t_b \leq m + l$, $\max\{k, n\} \leq t_c \leq k + n$ und $\max\{m, n\} \leq t_d \leq m + n$.

Die in die Matrix eingetragenen Kosten werden rekursiv aus bestehenden Einträgen wie folgt berechnet:

$$J_\mu(\{\ldots, (\mathcal{R}_i^k, \mathcal{R}_j^l)_t\}) =$$
$$\min \left\{ \begin{array}{ll} J_\mu(\{\ldots, (\mathcal{R}_i^{k-1}, \mathcal{R}_j^{l-1})_{t-1}\}) & + C_t((\mathcal{R}_i^k, \mathcal{R}_j^l)_t), \\ J_\mu(\{\ldots, (\mathcal{R}_i^k, \mathcal{R}_j^{l-1})_{t-1}\}) & + C_t((\mathcal{K}, \mathcal{R}_j^l)_t), \\ J_\mu(\{\ldots, (\mathcal{R}_i^{k-1}, \mathcal{R}_j^l)_{t-1}\}) & + C_t((\mathcal{R}_i^k, \mathcal{K})_t) \end{array} \right\}.$$

$$(4.28)$$

Die Lösung des Korrespondenzproblems entspricht somit der Bestimmung der Richtung mit den minimalen Kosten durch die Matrix [Ber05].

Als Beispiel wird im Folgenden die sich ergebende Matrix für die Epipolarbereiche aus Bild 4.2(b) berechnet. Der linke obere Ausschnitt der Matrix für die Teilfolgen $\{4, 3, 2, 1\}$ (aus dem linken Bild) und $\{7, 4, 8, 3, 1\}$ (aus dem rechten Bild) ist:

$\mathcal{K}$	4	3	2	1
$\mathcal{K}$ 0	β_2	$2\beta_2$	$3\beta_2$	$\cdots$
7 β_2	$\beta_1 d_{47}$	$\beta_2 + \beta_1 d_{47}$	$2\beta_2 + \beta_1 d_{47}$	$\cdots$
4 $2\beta_2$	$\beta_2 + d_{44}$	$2\beta_2 + d_{44}$	$\cdots$	$\cdots$
8 $\cdots$	$2\beta_2 + d_{44}$	$\beta_2 + d_{44} + \beta_1 d_{38}$	$\cdots$	$\cdots$
3 $\cdots$	$3\beta_2 + d_{44}$	$2\beta_2 + d_{44} + d_{33}$	$3\beta_2 + d_{44} + d_{33}$	$\cdots$
1 $\cdots$	$\cdots$	$\cdots$	$2\beta_2 + d_{44} + d_{33} + \beta_1 d_{21}$	$3\beta_2 + d_{44} + d_{33} + \beta_1 d_{11}$

Die korrespondierenden Regionenpaare werden bestimmt, indem der Weg mit den zugehörigen minimalen Kosten durch die dargestellte Matrix bestimmt wird.[19]

---

[19] Die Kosten werden nach Gl. (4.28) berechnet. Somit entsprechen die Kosten für einen Eintrag in der Matrix den minimalen Gesamtkosten, die sich durch die zu diesem Eintrag gehörende Entscheidungsfolge ergeben.

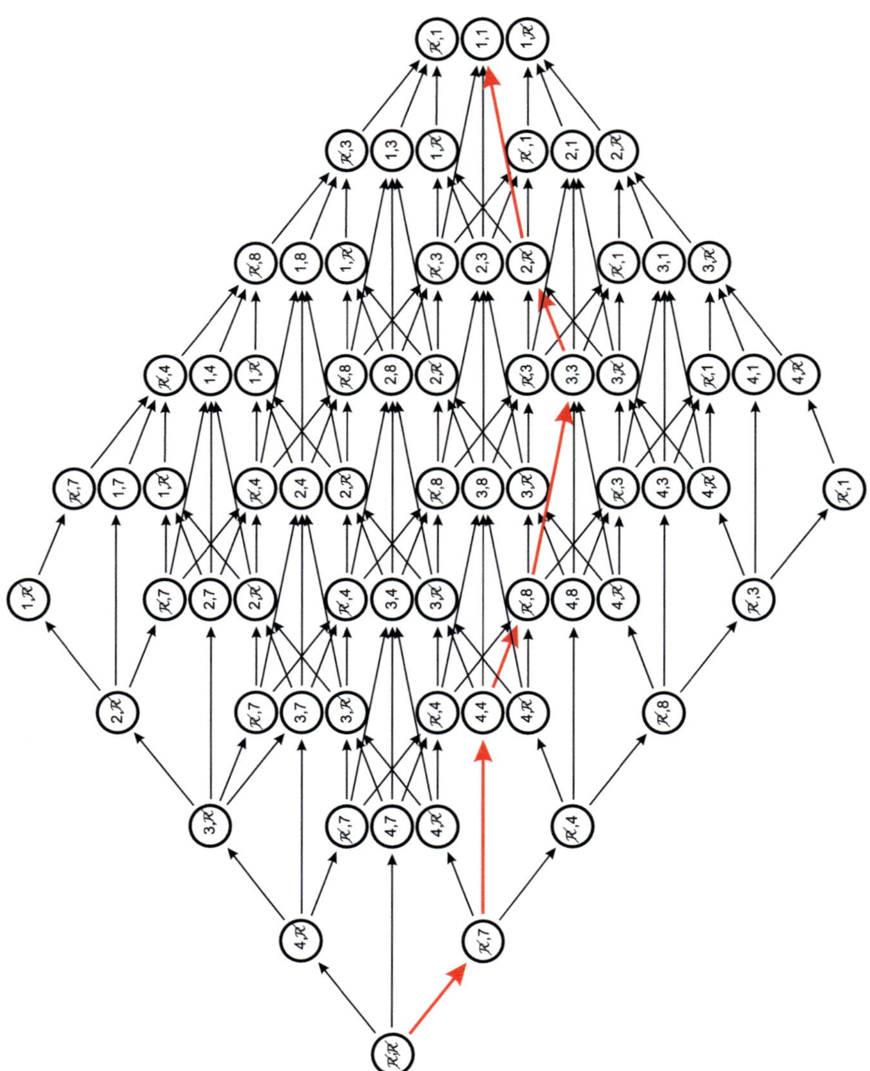

Bild 4.5: Beispiel des Graphen für die Registrierung der Teilfolgen $\{4, 3, 2, 1\}$ und $\{7, 4, 8, 3, 1\}$.

Nach dem Prinzip der dynamischen Programmierung von Gl. (4.25) wird dies rekursiv vom ersten Matrixelement (links oben) aus berechnet, wobei das letzte Element an der unteren rechten Ecke der Matrix liegt. Im Beispiel sind die Elemente auf diesem Weg rot markiert.

Die regionenbasierte Registrierung mittels dynamischer Programmierung kann auch als gerichteter Graph dargestellt werden; siehe Bild 4.5. Dabei werden die Kanten mit den Kosten $C_t((\mathcal{R}_i^k, \mathcal{R}_j^l)_t)$ gewichtet.[20] Die Anzahl der Zeitschritte ist gleich der Anzahl der besuchten Knoten nach dem Initialzustand $(\mathcal{R}, \mathcal{R})$. Durch Summation der zu einem Weg durch den Graphen gehörenden Kantengewichte erhält man die Gesamtkosten des Weges. Die Lösung des Problems entspricht demnach dem Weg mit minimalen Kosten durch den Graphen [Ber05] (rote Markierungen in Bild 4.5).

Für die zwei betrachteten Epipolarbereiche im Beispiel von Bild 4.2(b) mit den Regionenfolgen E_i und E_j werden folgende Regionenpaare als Ergebnis erhalten:

$$(\mathcal{R}, 7), (4, 4), (\mathcal{R}, 8), (3, 3), (2, \mathcal{R}), (1, 1), (2, 2), (\mathcal{R}, 10), (5, 5), (\mathcal{R}, 9), (6, 6)$$

Im folgenden Abschnitt wird ein Beispiel zur Registrierung einer kombinierten Stereo- und Spektralserie mittels dynamischer Programmierung dargestellt.

Beispiel zur Registrierung von Stereo- und Spektralserien mittels dynamischer Programmierung Zur Veranschaulichung der regionenbasierten Registrierung von kombinierten Stereo- und Spektralserien mittels dynamischer Programmierung wird die Tiefenbestimmung für die Szene von Bild 4.6 dargestellt [Ghe08a, Ghe08d, Ghe08e]. Bild 4.7 zeigt die aufgenommene Bildserie.

Bild 4.6: Beispielhafte Szene, aufgenommen mit einer RGB-Kamera.

Die Bilder der Serie werden zunächst rektifiziert (siehe Abschnitt 3.1.2) und segmentiert (siehe Anhang A.4). Bild 4.8 zeigt das Ergebnis dieser Schritte.

Die Registrierung wird durchgeführt, indem für die Bildserie das oben definierte Energiefunktional gebildet wird. Dazu wird für jedes Bildpaar eine Unterteilung

---

[20]Die Bezeichner für die Kosten $C_t((\mathcal{R}_i^k, \mathcal{R}_j^l)_t)$ sind im Bild 4.5 zur Verbesserung der Übersichtlichkeit nicht dargestellt.

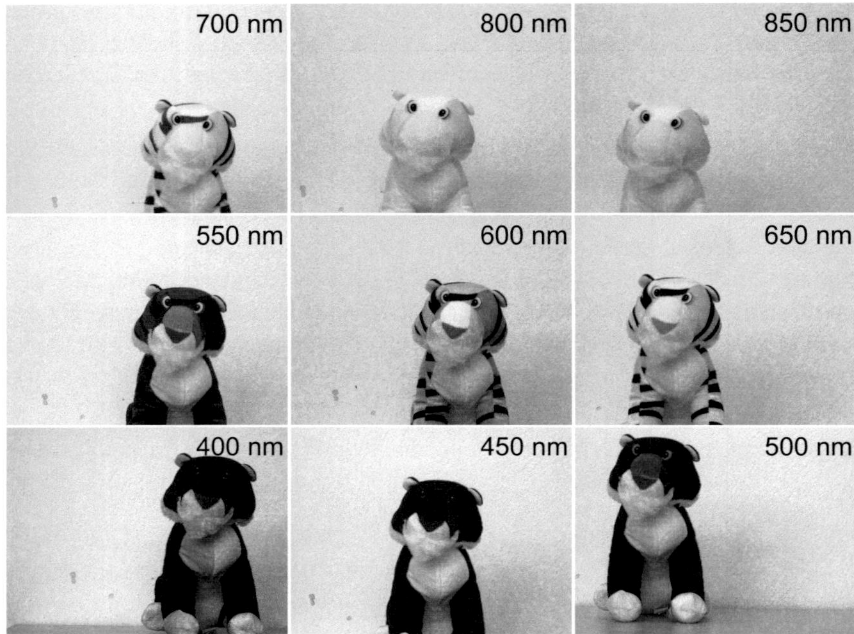

Bild 4.7: Mit dem Kamera-Array aufgenommene kombinierte Stereo- und Spektralserie. In der rechten oberen Ecke ist die mittlere Durchlasswellenlänge der jeweiligen Spektralfilter aufgetragen.

der Bilder in Epipolarbereiche (ähnlich zu Bild 4.2(b)) vorgenommen. Anschließend werden die Regionenfolgen für diese Epipolarbereiche bestimmt (ähnlich zu Bild 4.3). Das Energiefunktional wird mittels des dargestellten Verfahrens der dynamischen Programmierung minimiert. Bild 4.9 zeigt die Abfolge der Verfahrensschritte.

Bild 4.10 zeigt das Ergebnis der Fusion. Die Tiefe des Hintergrunds der Szene wurde dabei nicht bestimmt, da die Textur des Hintergrunds zu schwach ausgeprägt ist. Die Bilder werden zunächst paarweise in den Zeilen der Matrixanordnung und schließlich in vertikaler Richtung fusioniert. Diese Vorgehensweise stellt sicher, dass Bilder aus benachbarten Spektralbereichen, bei denen ähnliche Bildstrukturen mit höherer Wahrscheinlichkeit vorhanden sind, zuerst fusioniert werden; siehe Abschnitt 2.2. Das Fusionsergebnis ist in Bild 4.10 aus der Sicht der mittleren Kamera des Arrays dargestellt.

Falls bei der Registrierung von Bildpaaren keine Korrespondenzen zwischen Re-

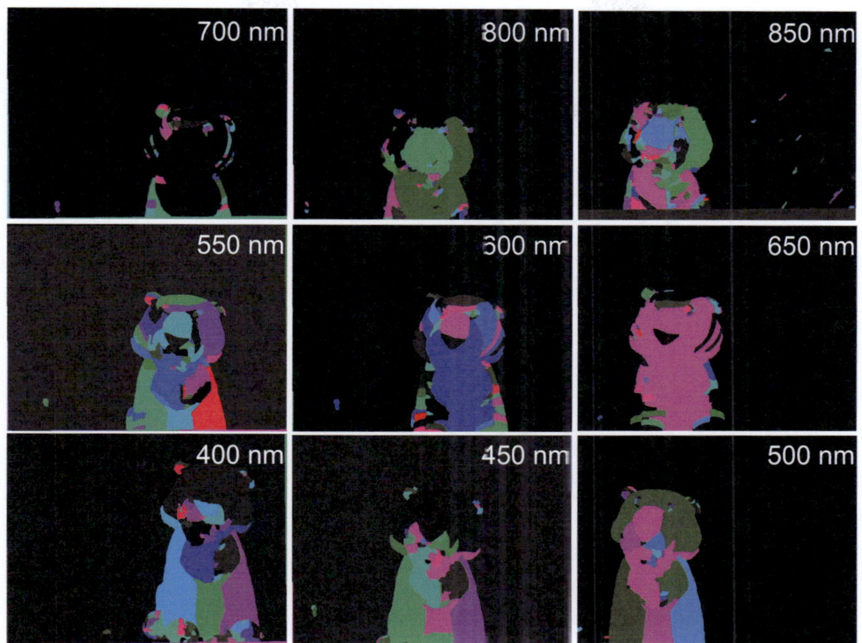

Bild 4.8: Segmentierungsergebnis der Stereo- und Spektralserie aus Bild 4.7. Die Farben kennzeichnen Regionen.

gionen gefunden werden, kann es zu „Löchern" in der Tiefenkarte kommen, die als Zwischenergebnis erhalten werden; siehe Bild 4.11. Da solche „Löcher" für die unterschiedlichen Bildpaare meist nicht an denselben Stellen auftreten, ist die als Endergebnis erhaltene Tiefenkarte durch die Fusion aller Bildpaare in der Regel dennoch dicht; siehe Bild 4.10.

In Anwendungsbeispielen hat sich gezeigt, dass der dargestellte Ansatz zur regionenbasierten Registrierung dann sinnvoll ist, wenn die Segmentierungsergebnisse für die Bilder der Serie ähnlich sind. Bei kombinierten Stereo- und Spektralserien werden jedoch oft verschiedene Segmentierungsergebnisse erzielt. In vielen Fällen ist die Anzahl der Regionen in korrespondierenden Bildbereichen nach der Segmentierung unterschiedlich. Dies führt dazu, dass die Eigenschaften korrespondierender Regionen nicht mehr übereinstimmen und ihre Ähnlichkeit abnimmt. Um diesem Effekt entgegenzuwirken, wird im Folgenden ein Ansatz dargestellt, der Korrespondenzen zwischen Regionen und Bildbereichen, die aus mehreren Regionen bestehen können, findet.

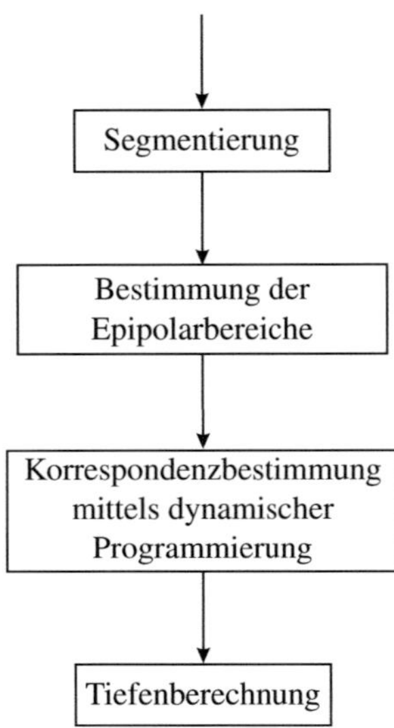

Bild 4.9: Tiefenbestimmung aus einer kombinierten Stereo- und Spektralserie.

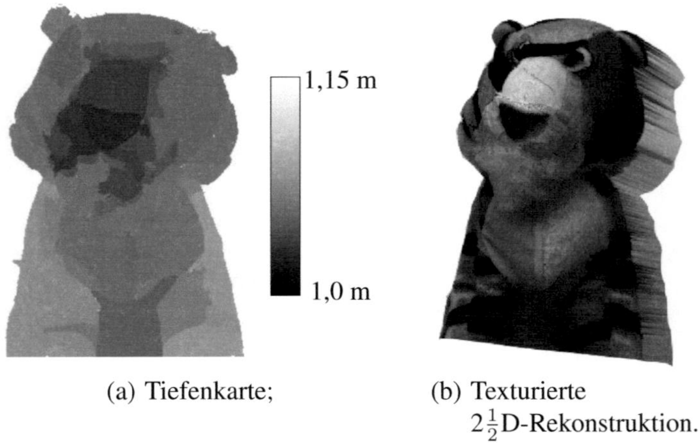

(a) Tiefenkarte;   (b) Texturierte $2\frac{1}{2}$D-Rekonstruktion.

Bild 4.10: Tiefenkarte und Rekonstruktion als Ergebnisse der Fusion der Bildserie aus Bild 4.7.

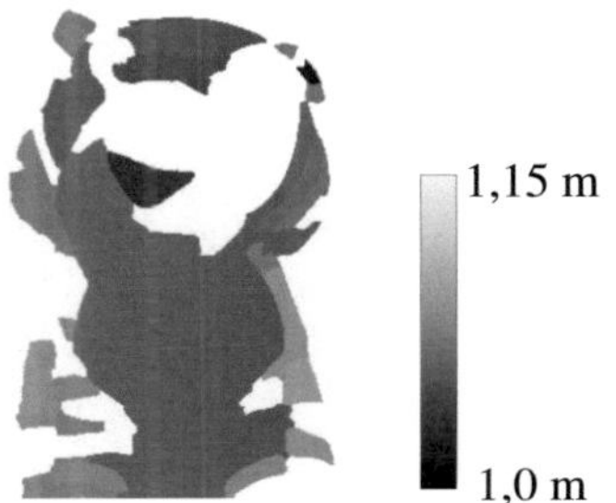

(a) Tiefenkarte aus der Registrierung der bei 400 und 450 nm aufgenommenen Bilder;

(b) Tiefenkarte aus der Registrierung der bei 600 und 650 nm aufgenommenen Bilder.

Bild 4.11: Aus Bildpaaren erhaltene Zwischenergebnisse in Form von Tiefenkarten bei der Fusion der Bildserie aus Bild 4.7.

4.3 Registrierung von Bildregionen mit Bildbereichen

Für diese Vorgehensweise werden zunächst in den zu registrierenden Bildern Regionen bestimmt. Die Zuordnung ist hier nicht auf 1:1-Zuordnungen beschränkt, d. h. eine Region in einem Bild kann auch mehr als eine Region aus einem anderen Bild zugeordnet bekommen.

Für jede Region $\mathcal{R}_i$ aus dem Bild i wird ein einziges Merkmal bezüglich eines Bildpaares (B_i, B_j) berechnet, das als Distanzmerkmal interpretiert werden kann. Dieses Merkmal berücksichtigt, dass die Region $\mathcal{R}_i$ mit einem Bildbereich $\mathcal{B}_j$ im Bild j korrespondieren kann, der aus einer oder mehreren Regionen von Bild j bestehen kann. In die Modellierung des Merkmals geht im Wesentlichen die Unterschiedlichkeit von Regionen- und Bereichskonturen zwischen den Bildern ein.

Aus dem Bild j wird ein Bereich $\mathcal{B}_j$ betrachtet, der aus mehreren Regionen $\mathcal{R}_j^r$ mit $r \in \mathcal{J}$ besteht. Die Auswahl dieser Regionen erfolgt so, dass sämtliche zu den Bildpunkten in der Region $\mathcal{R}_i$ korrespondierenden Bildpunkte im Bereich $\mathcal{B}_j$ enthalten sind.

Für das Merkmal der Region $\mathcal{R}_i$ in einem Bild i werden die Mächtigkeiten von vier Mengen verwendet. Diese Mengen umfassen die Bildpunkte einer Region $\mathcal{R}_i$ im

Bild B_i, deren korrespondierende Bildpunkte[21] in einem entsprechenden Bereich im Bild j (d. h. Bildpunkte unterschiedlicher Regionen $\mathcal{R}_j^r$ im Bild j, die zu diesem Bereich gehören) liegen; siehe z. B. die Bilder 4.12 und 4.13:

(a) Die korrespondierenden Bildpunkte u_i und u_j befinden sich beide auf Konturen von Regionen; siehe Bild 4.13(a):

$$\mathcal{M}_{\mathrm{KK},\mathcal{R}_i,j}(s) := \{u_i | u_i \in \mathcal{K}_{\mathcal{R}_i} \wedge \exists r \in \mathcal{J} : u_j \in \mathcal{K}_{\mathcal{R}_j^r} \wedge u_i \leftrightarrow u_j\}.$$

$$(4.29)$$

(b) Der Bildpunkt u_i befindet sich auf der Kontur der Region $\mathcal{R}_i$, sein korrespondierender Bildpunkt u_j befindet sich im Inneren einer Region:

$$\mathcal{M}_{\mathrm{KI},\mathcal{R}_i,j}(s) := \{u_i | u_i \in \mathcal{K}_{\mathcal{R}_i} \wedge \exists r \in \mathcal{J} : u_j \in \mathcal{R}_j^{r\,\circ} \wedge u_i \leftrightarrow u_j\}.$$

$$(4.30)$$

(c) Der Bildpunkt u_i befindet sich im Inneren der Region $\mathcal{R}_i$, sein korrespondierender Bildpunkt u_j befindet sich auf einer Kontur:

$$\mathcal{M}_{\mathrm{IK},\mathcal{R}_i,j}(s) := \{u_i | u_i \in \mathcal{R}_i^\circ \wedge \exists r \in \mathcal{J} : u_j \in \mathcal{K}_{\mathcal{R}_j^r} \wedge u_i \leftrightarrow u_j\}.$$

$$(4.31)$$

(d) Beide korrespondierende Bildpunkte u_i und u_j befinden sich im Inneren von Regionen:

$$\mathcal{M}_{\mathrm{II},\mathcal{R}_i,j}(s) := \{u_i | u_i \in \mathcal{R}_i^\circ \wedge \exists r \in \mathcal{J} : u_j \in \mathcal{R}_j^{r\,\circ} \wedge u_i \leftrightarrow u_j\}. \quad (4.32)$$

Bild 4.12 verdeutlicht die Vorgehensweise am Beispiel von Ausschnitten zweier Bilder B_i (siehe Bild 4.12(a)) und B_j (siehe Bild 4.12(b)). Die ausgewählte Region $\mathcal{R}_i$ im ersten Bild ist im Bild 4.12(c) in weiß dargestellt. Der korrespondierende Bereich $\mathcal{B}_j$ ist in Bild 4.12(d) in unterschiedlichen Grauwerten dargestellt, d. h. alle nicht schwarzen Regionen gehören zu dem Bereich. Bei der Berechnung der Mengen nach Gl. (4.29) bis Gl. (4.32) werden die Konturbilder benötigt; siehe Bilder 4.12(e) und 4.12(f).

Die Menge $\mathcal{M}_{\mathrm{KK},\mathcal{R}_i,j}(s)$ nach Gl. (4.29) ist im Bild 4.13(a) dargestellt. Dies entspricht der Schnittmenge zwischen den Konturen der Region $\mathcal{R}_i$ (siehe Bild 4.12(e)) und des Bereichs $\mathcal{B}_j$ (siehe Bild 4.12(f)).

---

[21]Zum Kennzeichnen korrespondierender Bildpunkte wird die Funktion $s(\cdot)$ aus Gl. (4.6) verwendet, die korrespondierenden Bildpunkten denselben Bezeichner zuordnet.

(a) Segmentierung des Bildes B_i;

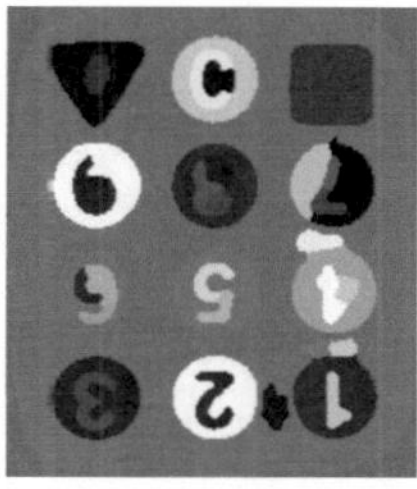

(b) Segmentierung des Bildes B_j;

(c) Betrachtete Region $\mathcal{R}_i$ im Bild B_i;

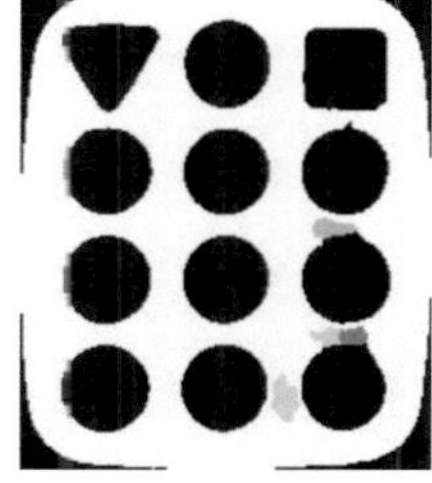

(d) Betrachteter Bereich $\mathcal{B}_j$ im Bild B_j, unterschiedliche Regionen werden grau und weiß markiert;

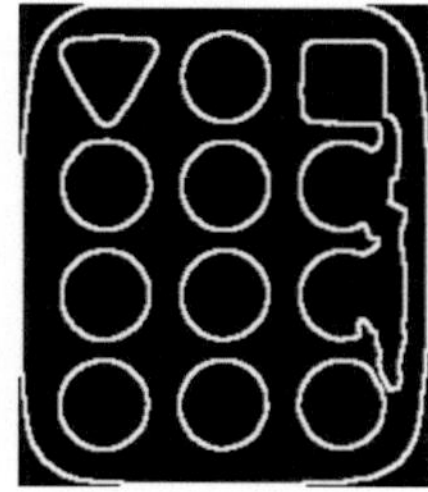

(e) $\mathcal{K}_{\mathcal{R}_i}$: Kontur der Region $\mathcal{R}_i$ im Bild B_i;

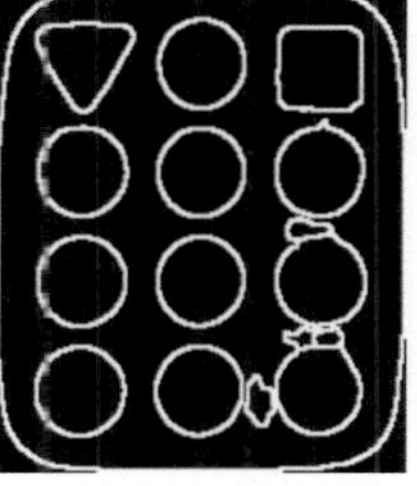

(f) $\bigcup_r \mathcal{K}_{\mathcal{R}_j^r}$: Konturen des Bereichs $\mathcal{B}_j$ im Bild B_j.

Bild 4.12: Beispiel zur Bestimmung der Punktmengen nach Gl. (4.29) bis Gl. (4.32) mit den verwendeten Regionen, Bereichen und deren Konturen.

Die in Bild 4.13(b) dargestellte Menge $\mathcal{M}_{\mathrm{KI},\mathcal{R}_i,j}(s)$ nach Gl. (4.30) entspricht der Schnittmenge der Kontur der Region $\mathcal{R}_i$ (siehe Bild 4.12(e)) mit dem Inneren des Bereichs $\mathcal{B}_j$ (siehe Bild 4.12(d)).

Die Menge $\mathcal{M}_{\mathrm{IK},\mathcal{R}_i,j}(s)$ nach Gl. (4.31) ist im Bild 4.13(c) dargestellt. Sie ist die Schnittmenge zwischen dem Inneren der Region $\mathcal{R}_i$ (siehe Bild 4.12(c)) und den Konturen des Bereichs $\mathcal{B}_j$ (siehe Bild 4.12(f)).

Die in Bild 4.13(d) dargestellte Menge $\mathcal{M}_{\mathrm{II},\mathcal{R}_i,j}(s)$ nach Gl. (4.32) entspricht schließlich der Schnittmenge des Inneren der Region $\mathcal{R}_i$ (siehe Bild 4.12(c)) und des Inneren des Bereichs $\mathcal{B}_j$ (siehe Bild 4.12(d)).

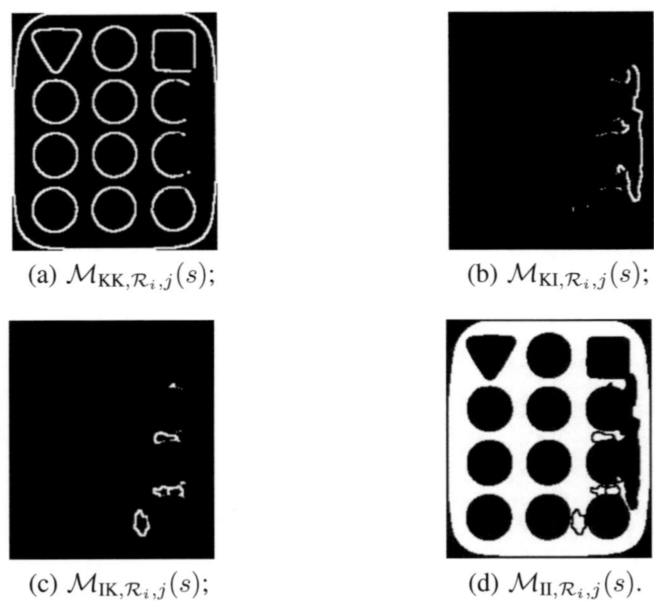

(a) $\mathcal{M}_{\mathrm{KK},\mathcal{R}_i,j}(s)$; (b) $\mathcal{M}_{\mathrm{KI},\mathcal{R}_i,j}(s)$;

(c) $\mathcal{M}_{\mathrm{IK},\mathcal{R}_i,j}(s)$; (d) $\mathcal{M}_{\mathrm{II},\mathcal{R}_i,j}(s)$.

Bild 4.13: Berechnete Punktmengen nach Gl. (4.29) bis Gl. (4.32) für das Beispiel aus Bild 4.12.

Die Mächtigkeiten der Mengen $\mathcal{M}_{\mathrm{KK},\mathcal{R}_i,j}(s)$ bis $\mathcal{M}_{\mathrm{II},\mathcal{R}_i,j}(s)$ nach Gl. (4.29) bis Gl. (4.32) fließen in das Merkmal ein, das zur Charakterisierung der Unterschiedlichkeit einer Region $\mathcal{R}_i$ zu einem Bereich $\mathcal{B}_j$ verwendet wird:

$$m_{\mathcal{R}_{i,j}}(s) :=$$

$$\frac{|\mathcal{M}_{\mathrm{KI},\mathcal{R}_{i,j}}(s)|}{|\mathcal{M}_{\mathrm{KK},\mathcal{R}_{i,j}}(s)| + |\mathcal{M}_{\mathrm{KI},\mathcal{R}_{i,j}}(s)|} + \gamma \frac{|\mathcal{M}_{\mathrm{IK},\mathcal{R}_{i,j}}(s)|}{|\mathcal{M}_{\mathrm{IK},\mathcal{R}_{i,j}}(s)| + |\mathcal{M}_{\mathrm{II},\mathcal{R}_{i,j}}(s)|}$$

$$= \frac{|\mathcal{M}_{\mathrm{KI},\mathcal{R}_{i,j}}(s)|}{|\mathcal{K}_{\mathcal{R}_i}|} + \gamma \frac{|\mathcal{M}_{\mathrm{IK},\mathcal{R}_{i,j}}(s)|}{|\mathcal{R}_i^\circ|} ,$$

$$(4.33)$$

wobei $\gamma > 0$ ein Gewichtungsfaktor ist.

Der erste Term in Gl. (4.33) bewertet aus der Gesamtmenge der in $\mathcal{R}_i$ und $\mathcal{B}_j$ korrespondierenden Bildpunkte denjenigen Anteil der Bildpunkte auf der Kontur der Region $\mathcal{R}_i$, die keine Korrespondenz auf einer Kontur im Bereich $\mathcal{B}_j$ besitzen. In diesem Term wird damit modelliert, dass Bildpunkte auf der Kontur von $\mathcal{R}_i$ auch Korrespondenzen auf einer Kontur von $\mathcal{B}_j$ aufweisen sollen.

Der zweite Term bewertet aus der Gesamtmenge der in $\mathcal{R}_i$ und $\mathcal{B}_j$ korrespondierenden Bildpunkte denjenigen Anteil der Bildpunkte im Inneren der Region $\mathcal{R}_i$, die eine Korrespondenz auf einer Kontur im Bereich $\mathcal{B}_j$ besitzen. In dieser Modellierung wird berücksichtigt, dass die Region $\mathcal{R}_i$ mit mehreren Regionen $\mathcal{R}_j^r$ aus dem Bild j korrespondieren kann. Auf diese Weise wird eine 1:N-Zuordnung von Regionen in den Bildern i und j zugelassen.

Der erste Term aus Gl. (4.33) wird minimal (gleich null), falls $\mathcal{M}_{\mathrm{KI},\mathcal{R}_{i,j}}(s) = \emptyset$. In diesem Fall korrespondieren sämtliche Konturen der Region $\mathcal{R}_i$ mit Konturen des Bereichs $\mathcal{B}_j$. Anderenfalls nimmt der Term einen Wert zwischen null und eins an. Der zweite Term erreicht sein Minimum (gleich null), wenn der Bereich $\mathcal{B}_j$ aus einer einzigen Region besteht und somit alle Bildpunkte aus dem Inneren der Region $\mathcal{R}_i$ Korrespondenzen im Inneren des Bereichs $\mathcal{B}_j$ besitzen; in diesem Fall liegt eine 1:1-Zuordnung vor. Konkrete Beispiele bezüglich der Zuordnungen zwischen Regionen und Bereichen werden im Anhang A.6 dargestellt.

Empirisch hat sich gezeigt, dass mit Gewichtungsfaktoren $0 < \gamma < 1$ sinnvolle Ergebnisse erzielt werden; die exakte Wahl des Parameters ist weitgehend unerheblich. Dies lässt sich durch die Bedeutung der beiden Terme begründen: Der erste Term bewertet den Anteil gemeinsamer Konturen und ist damit wichtiger als der zweite Term, der im Wesentlichen eine 1:N-Zuordnung zulässt.

Im Unterschied zur regionenbasierten Registrierung wird für die Registrierung zwischen Bildregionen und -bereichen keine explizite Distanzfunktion definiert. Der Vergleich der Bildregionen und -bereiche zweier Bilder findet vielmehr implizit aufgrund der Definition des Merkmals $m_{\mathcal{R}_{i,j}}(s)$ statt, das die Unterschiedlichkeit der Bildregionen und -bereiche bewertet; siehe Gl. (4.33). Je kleiner der

Wert des Merkmals ist, desto ähnlicher sind die Region $\mathcal{R}_i$ und der entsprechende Bereich $\mathcal{B}_j$.

Das bisher dargestellte Verfahren zur Registrierung von Regionen und Bereichen verwendet im Wesentlichen die Konturen der Regionen und bildet damit die Grundlage für die Formulierung von Energiefunktionalen. Im nächsten Abschnitt werden ergänzende Bedingungen zur Regularisierung des Fusionsproblems von kombinierten Stereo- und Spektralserien formuliert, die zusätzliche Eigenschaften (z. B. Größe und Intensitätswerte) der Regionen und Bereiche bewerten.

4.3.1   Modellierung mittels Energiefunktionalen

Für die Aufgabe der Registrierung zwischen Bildregionen und Bildbereichen wird im Folgenden ein angepasstes Energiefunktional formuliert, dessen Gestaltung sich an die generelle Form von Energiefunktionalen für die Registrierung von Bildserien (siehe Abschnitt 3.1.5) anlehnt. Dazu werden neue Daten- und Glattheitsterme E_d und E_g modelliert:

$$E(s, B) := E_d(s, B) + \gamma E_g(s, B) \to \min. \tag{4.34}$$

Ein Nachbarschaftsterm wie bei der regionenbasierten Registrierung (siehe Abschnitt 4.2.1) ist hier durch die Betrachtung von $1{:}N$-Zuordnungen nicht möglich, aber auch nicht notwendig, da aufgrund der Formulierung des Merkmals nach Gl. (4.33) der örtliche Zusammenhang keine wesentliche Rolle spielt und solche Fehlzuordnungen praktisch nicht auftreten.

Der Datenterm wird mittels des Merkmals aus Gl. (4.33) konstruiert:

$$E_d(s, B) := \sum_{(B_i, B_j) \in \mathcal{I}} \sum_{\mathcal{R}_i} m_{\mathcal{R}_i, j}(s), \tag{4.35}$$

wobei in diesem Fall $\mathcal{I} := \{(B_i, B_j) | i \neq j\}$. Die Abhängigkeit von der Funktion s ist implizit bei der Berechnung des Merkmals $m_{\mathcal{R}_i, j}(s)$ berücksichtigt, das korrespondierende Bildpunkte betrachtet. Der Datenterm bevorzugt aufgrund der Modellierung des Merkmals Korrespondenzen zwischen Bildpunkten, die aus einer $1{:}1$-Zuordnung zwischen Regionen zweier Bilder der Serie entstehen.

Für kleine Regionen nimmt das Merkmal nach Gl. (4.33) für viele unterschiedliche Bezeichner s näherungsweise den konstanten Wert eins an, d. h. ein ausgeprägtes Minimum tritt dann nicht auf; siehe Bild 4.14. In diesen Fällen (siehe auch den dritten Fall im Anhang A.6) ist somit die Bestimmung eines sinnvollen Bezeichners mittels der Energieminimierung nicht mehr möglich. Dieses Problem wird durch den Einsatz eines Glattheitsterms regularisiert. Dieser sorgt dafür, dass kleine Regionen denselben Bezeichner wie einer der Nachbarn zugewiesen bekommen. Der Nachbar, dessen Bezeichner übernommen werden soll, wird anhand der Ähnlichkeit seines mittleren Intensitätswertes zum mittleren Intensitätswert der kleinen Region ausgewählt. Dadurch erhalten benachbarte kleine Regionen, die ähnliche Intensitätswerte in den Bilden haben und damit vermutlich Abbildungen einer zu den Kameras parallelen Ebene sind, denselben Bezeichner.

(a) Segmentiertes Bildpaar;

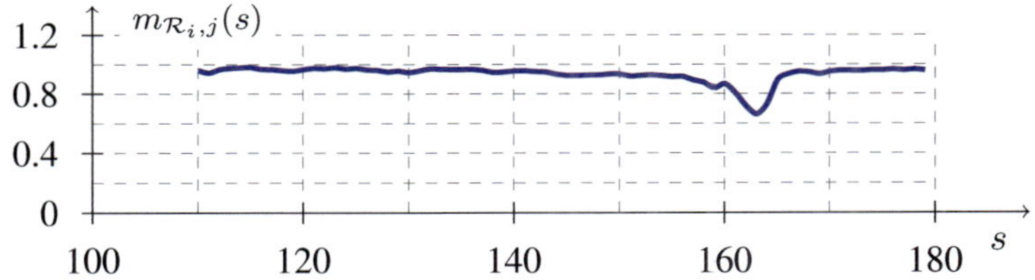

(b) Werte des Merkmals $m_{\mathcal{R}_{i,j}}(s)$ für die horizontal schraffierte Region aus Bild 4.14(a) rechts für unterschiedliche Bezeichner s;

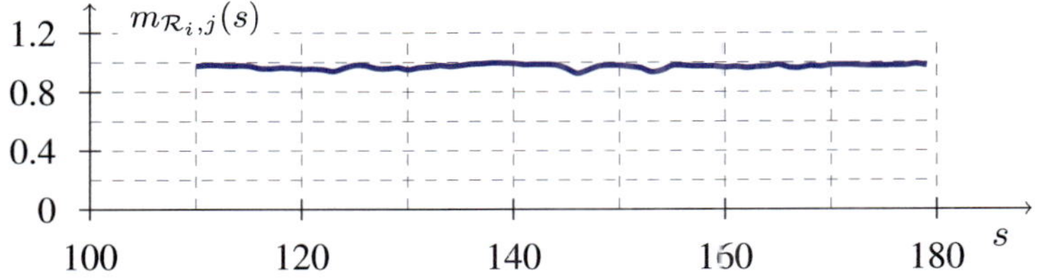

(c) Werte des Merkmals $m_{\mathcal{R}_{i,j}}(s)$ für die vertikal schraffierte Region aus Bild 4.14(a) rechts für unterschiedliche Bezeichner s.

Bild 4.14: Beispiel für die Bestimmung des Merkmals $m_{\mathcal{R}_{i,j}}(s)$.

Der Glattheitsterm weist eine ähnliche Form wie für die pixelbasierte Registrierung auf (siehe Abschnitt 3.1.7). Er wird so aufgebaut, dass eine Bestrafung durch große Werte erfolgt, falls benachbarte Regionen, die denselben mittleren Intensitätswert besitzen, unterschiedliche Bezeichner aufweisen [Ble07]:

$$E_{\mathrm{g}}(s, B) := \sum_i \sum_k \sum_{\mathcal{R}_i^l \in \mathcal{N}_{\mathrm{R}}(\mathcal{R}_i^k)} \left(1 - \delta_{s(\mathcal{R}_i^k)}^{s(\mathcal{R}_i^l)}\right) \cdot gl(\mathcal{R}_i^k, \mathcal{R}_i^l) \cdot fa(\mathcal{R}_i^k, \mathcal{R}_i^l) ,$$

$$(4.36)$$

wobei $\mathcal{N}_{\mathrm{R}}(\mathcal{R}_i^k)$ die Menge der zur Region $\mathcal{R}_i^k$ benachbarten Regionen $\mathcal{R}_i^l$ definiert.

Die Funktion $gl(\mathcal{R}_i^k, \mathcal{R}_i^l)$ berechnet die Länge der unmittelbar nebeneinander verlaufenden Konturen der benachbarten Regionen $\mathcal{R}_i^k$ und $\mathcal{R}_i^l$:

$$gl(\mathcal{R}_i^k, \mathcal{R}_i^l) := \left|\{\boldsymbol{u}_i^k \in \mathcal{K}_{\mathcal{R}_i^k} \mid \exists \boldsymbol{u}_i^l \in \mathcal{K}_{\mathcal{R}_i^l} \wedge \boldsymbol{u}_i^l \in \mathcal{N}_{\mathrm{P}}(\boldsymbol{u}_i^k)\}\right| . \qquad (4.37)$$

Die Funktion $gl(\cdot, \cdot)$ besitzt für kleine Regionen vergleichsweise große Werte und erhöht somit das Gesamtgewicht des Glattheitsterms $E_{\mathrm{g}}(s, B)$.

Die Funktion $fa(\mathcal{R}_i^k, \mathcal{R}_i^l)$ bewertet Intensitätsunterschiede zwischen den beiden Regionen $\mathcal{R}_i^k$ und $\mathcal{R}_i^l$:

$$fa(\mathcal{R}_i^k, \mathcal{R}_i^l) := \left(1 - \frac{\min(|\bar{g}_{\mathcal{R}_i^k} - \bar{g}_{\mathcal{R}_i^l}|, K)}{K}\right) \cdot \gamma_{\mathrm{fa}} + (1 - \gamma_{\mathrm{fa}}) , \qquad (4.38)$$

wobei $0 < \gamma_{\mathrm{fa}} < 1$, $K > 0$ und $\bar{g}_{\mathcal{R}_i^k}$ der mittlere Intensitätswert in der Region $\mathcal{R}_i^k$ ist:

$$\bar{g}_{\mathcal{R}_i^k} := \frac{1}{|\mathcal{R}_i^k|} \sum_{\boldsymbol{u}_i^k \in \mathcal{R}_i^k} B_i(\boldsymbol{u}_i^k) . \qquad (4.39)$$

Die Funktion $fa(\mathcal{R}_i^k, \mathcal{R}_i^l)$ nimmt den Wert eins an, falls die beiden Regionen $\mathcal{R}_i^k$ und $\mathcal{R}_i^l$ gleiche mittlere Intensitätswerte haben, für Intensitätsunterschiede größer als K wird der Wert $1 - \gamma_{\mathrm{fa}}$ zugewiesen. K ist ein Normierungsparameter, der i. d. R. als 0,3-Quantil der Differenzen der mittleren Intensitätswerte der Regionen aller Bilder der Serie festgelegt wird [Ble07, Höf08].

Mit dieser Formulierung bestraft der Glattheitsterm $E_{\mathrm{g}}(s, B)$ solche Konstellationen, bei denen benachbarte Regionen ähnliche Intensitätswerte, aber unterschiedliche Bezeichner besitzen, mit dem Wert $gl(\mathcal{R}_i^k, \mathcal{R}_i^l)$. Falls benachbarte Regionen sowohl unterschiedliche Intensitätswerte als auch unterschiedliche Bezeichner aufweisen, wird eine solche Konstellation mit einem kleineren Wert

$(1 - \gamma_{\text{fa}})gl(\mathcal{R}_i^k, \mathcal{R}_i^l)$ gewichtet. Insgesamt wird damit sichergestellt, dass die Kosten für zwei benachbarte Regionen, die unterschiedliche Bezeichner besitzen, mit steigender Ähnlichkeit ihrer mittleren Intensitätswerte monoton anwachsen.

Ein derart formulierter Glattheitsterm, der von der Konturlänge der Regionen abhängt, besitzt außer einer geeigneten Bewertung der Glattheit bei der Registrierung kombinierter Stereo- und Spektralserien den Vorteil, dass Regionen, für die keine Korrespondenz gefunden wird, den Bezeichner eines Nachbarn mit ähnlichen Intensitätswerte bekommen. Dies kann beispielsweise bei sehr kleinen Regionen auftreten. Somit erfolgt auch für diese Regionen eine sinnvolle Bestimmung der Tiefenwerte.

Im folgenden Abschnitt wird der Einsatz von Graph-Cuts-Verfahren [Kol04] zur Lösung des Registrierungsproblems durch Minimierung des Energiefunktionals nach Gl. (4.34) anhand eines Beispiels erläutert.

4.3.2 Registrierung mittels Graph-Cuts-Verfahren

Für die Minimierung des Energiefunktionals von Gl. (4.34) werden im Folgenden Graph-Cuts-Verfahren eingesetzt [Ghe10b]. Diese stellen eine Alternative zur dynamischen Programmierung dar, wurden in Abschnitt 3.1.6 angesprochen und zur Fusion von Stereo- und Fokusserien verwendet; siehe Abschnitt 3.3. In diesem Abschnitt erläutert ein Beispiel die Vorgehensweise der Fusion einer Stereo- und Spektralserie zur Tiefenbestimmung; siehe Bild 4.15. Die Auswertung der spektralen Information wird in Abschnitt 4.4 dargestellt.

Die in Bild 4.16 dargestellte kombinierte Stereo- und Spektralserie zeigt eine Aufnahme der Szene aus Bild 4.6. Die Bildserie zeigt deutlich die Herausforderungen der Registrierung: Korrespondierende Bildpunkte können unterschiedliche Intensitätswerte in den Bildern besitzen. Außerdem weisen benachbarte Bildbereiche unterschiedliche Kontraste auf. Im Extremfall bei 850 nm ist die Struktur der Szene gegenüber dem sichtbaren Bereich deutlich reduziert.

Für die Registrierung werden die Bilder zuerst rektifiziert (siehe Abschnitt 3.1.2). Danach wird für jedes Bild eine Segmentierung durchgeführt (siehe Anhang A.4). Die Ergebnisse der Segmentierungen der Bilder sind im Bild 4.17 in einer Falschfarbendarstellung visualisiert. Als Alternative zur individuellen Segmentierung der Bilder wird im Anhang A.5 ein möglicher Ansatz für die gemeinsame Segmentierung der Bildserie dargestellt.

Auf die segmentierten Bilder wird zur Registrierung das Graph-Cuts-Verfahren mit dem α-Expansionsschritt angewandt. Im Gegensatz zum Einsatz im Kapitel 3, wo die Knoten des Graphen zur Repräsentation von Bildpunkten verwendet wurden,

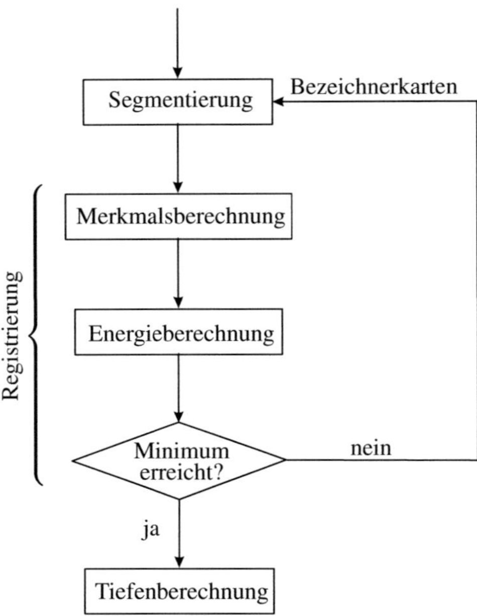

Bild 4.15: Tiefenbestimmung aus einer kombinierten Stereo- und Spektralserie.

repräsentieren die Knoten hier Regionen. Die Kosten der Kanten werden mittels der Energieterme aus dem Funktional nach Gl. (4.34) berechnet. Dazu wird zunächst für jede Region das Merkmal aus Gl. (4.33) und anschließend die Kosten für den Glattheitsterm aus Gl. (4.36) bestimmt. Zusammen bilden diese Terme die Gesamtenergie, die iterativ mittels Graph-Cuts-Verfahren minimiert wird.

Das Ergebnis der Registrierung besteht aus einer Tiefenkarte; siehe Bild 4.18, dort ist die Sicht der mittleren Kamera dargestellt. Eine Bewertung der Ergebnisse und ein Vergleich zwischen den beiden in dieser Arbeit entwickelten flächenbasierten Verfahren werden in Kapitel 5 präsentiert.

Im dargestellten Schritt der Tiefenbestimmung liegt der Schwerpunkt dieser Arbeit, da die Registrierung solcher kombinierten Bildserien die oben beschriebenen Herausforderungen birgt. Nach der Registrierung und der Tiefenbestimmung kann aus der kombinierten Stereo- und Spektralserie mittels Bildtransfer nach Abschnitt 3.1.4 eine reine Spektralserie erzeugt werden. Für die Fusion von reinen Spektralserien ist eine Vielzahl von Verfahren bekannt; siehe Abschnitt 1.1.3. Die spektrale Fusion stellt daher keinen Schwerpunkt dieser Arbeit dar und wird somit nur zum Zweck der Vollständigkeit betrachtet. Im Folgenden wird ein Beispiel

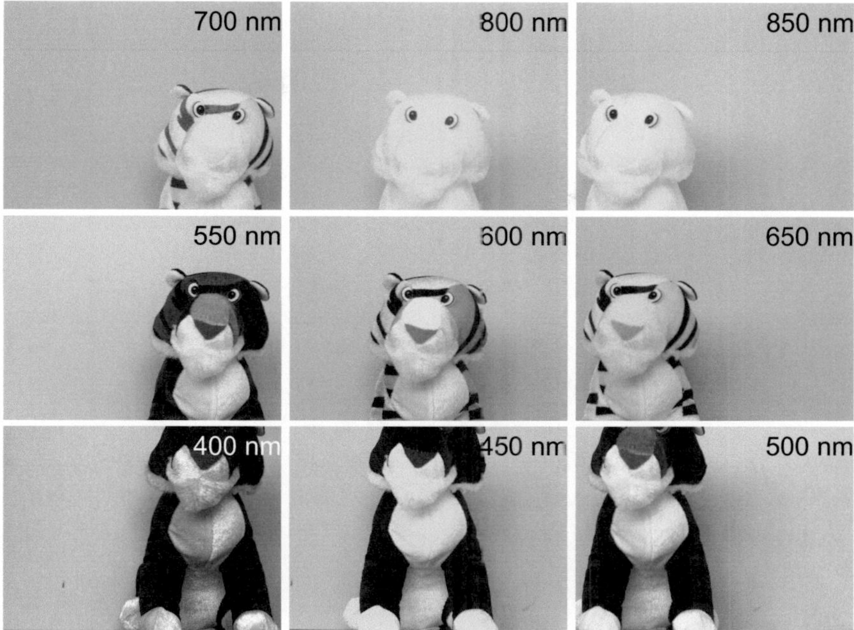

Bild 4.16: Mit dem Kamera-Array aufgenommene kombinierte Stereo- und Spektralserie der Szene aus Bild 4.6. In der rechten oberen Ecke ist die mittlere Durchlasswellenlänge der jeweiligen Spektralfilter aufgetragen.

einer solchen Fusion von Spektralserien erläutert.

4.4 Fusion spektraler Information

Als Ergebnis der Registrierung einer kombinierten Stereo- und Spektralserie wird eine Tiefenkarte erhalten. Als zusätzliches Resultat kann anhand dieser Tiefenkarte eine reine Spektralserie mittels Bildtransfer (siehe Abschnitt 3.1.4) berechnet werden. Die auf diese Art erhaltene Spektralserie kann in weiteren Schritten etwa zur vereinfachten Objektdetektion, zur Materialklassifikation und/oder zur Falschfarbendarstellung eingesetzt werden.

Zur Bestimmung der Spektralserie werden die Bildpunkte, für die ein Tiefenwert bestimmt worden ist, in die Sicht einer ausgewählten Kamera transferiert. In dieser Arbeit eignet sich dafür die zentrale Kamera am besten, da sie durch ihre Position

Bild 4.17: Segmentierungsergebnisse der Stereo- und Spektralserie aus Bild 4.16 in einer Falschfarbendarstellung.

in der Mitte des Arrays am meisten von der Szene erfasst und den größten Überlappungsbereich mit den übrigen Kameras besitzt; siehe Abschnitt 2.2.

Die transferierte Serie kann anschaulich als „Bildstapel" interpretiert werden, d. h. korrespondierende Bildpunkte besitzen dieselben Ortskoordinaten; siehe Bild 4.19. Das in die Sicht einer Kamera i transferierte Bild $B_j(\cdot)$ einer Kamera j wird mit $B_{\mathrm{W}ij}(\cdot)$ gekennzeichnet.[22] Es gilt $B_{\mathrm{W}ii}(\cdot) = B_i(\cdot)$.

Für die weiteren Schritte werden Merkmalsvektoren gebildet, welche die spektralen Eigenschaften der von der ausgewählten Kamera i sichtbaren Szenenpunkte beschreiben:

$$\boldsymbol{m}_k := (B_{\mathrm{W}i1}(\boldsymbol{u}_1^k), \ldots, B_{\mathrm{W}in}(\boldsymbol{u}_n^k))^{\mathrm{T}} \in \mathbb{R}^n, \tag{4.40}$$

wobei $k \in \{1, \ldots, M \cdot N\}$ den Ort kodiert und n die Anzahl der Kameras ist. Die Komponenten des Merkmalsvektors $\boldsymbol{m}_k$ sind die Intensitätswerte des Bildpunkts

---

[22]Durch den Index W wird gekennzeichnet, dass es sich um ein (mittels *image warping*) transferiertes Bild handelt.

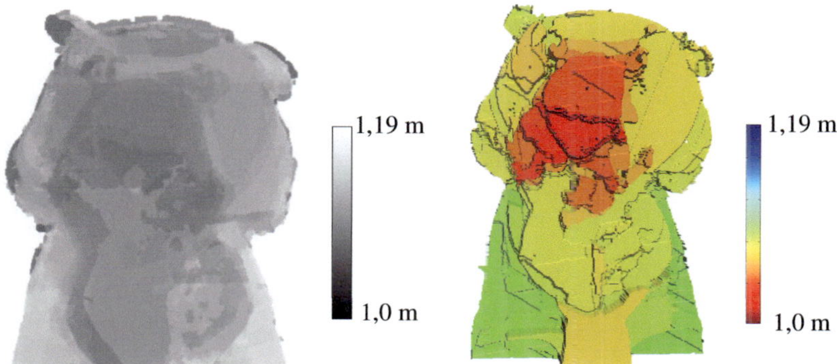

(a) Tiefenkarte aus der Sicht der mittleren Kamera;

(b) Tiefenkarte in einer räumlichen Falschfarbendarstellung.

Bild 4.18: Fusionsresultate der Bildserie aus Bild 4.16.

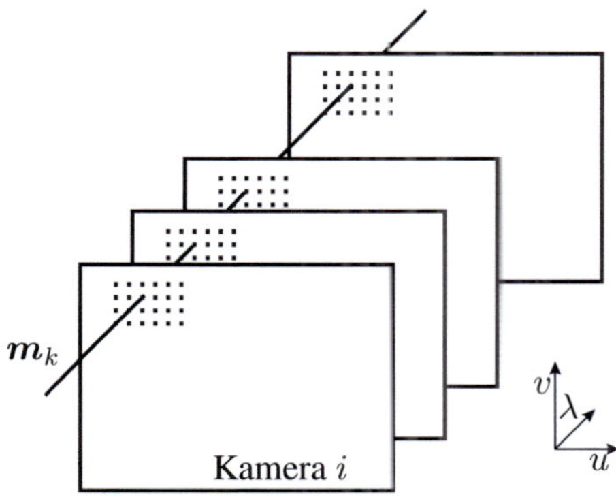

Bild 4.19: Spektraler Merkmalsvektor für transferierte Bilder aus Sicht der Kamera i.

u^k aus allen transferierten Bildern der Serie.

Anhand der ermittelten Merkmalsvektoren m_k kann für die entsprechenden Szenenpunkte eine Materialklassifikation vorgenommen werden, sofern zu trennende Materialien durch unterschiedliche Merkmalsvektoren beschrieben sind [Dud04]. Im Folgenden wird eine Methode dargestellt, die mittels Falschfarbendarstellung eine Visualisierung unterschiedlicher Materialien ermöglicht.

Dafür wird zunächst eine Datenreduktion mittels Hauptkomponentenanalyse

(PCA, *principal component analysis*) durchgeführt [Gon08]. Zur Berechnung der Hauptkomponenten sind folgende Schritte notwendig:

- Berechnung des Mittelwertvektors und der Streumatrix:

$$\bar{b} := \frac{1}{M \cdot N} \sum_{k=1}^{M \cdot N} m_k \in \mathbb{R}^n \,, \tag{4.41}$$

$$S := \frac{1}{M \cdot N - 1} \sum_{k=1}^{M \cdot N} (m_k - \bar{b})(m_k - \bar{b})^{\mathrm{T}} \in \mathbb{R}^{n \times n} \,. \tag{4.42}$$

- Berechnung und Sortierung der Eigenvektoren der Streumatrix nach fallenden Eigenwerten:

$$A := (e_1, \ldots, e_n) \in \mathbb{R}^{n \times n} \tag{4.43}$$

mit

$$\iota_1 \geq \iota_2 \geq \ldots \geq \iota_n \,,$$

wobei ι_i der Eigenwert zum Eigenvektor e_i der Streumatrix ist.

- Transformation der Merkmalsvektoren:

$$P = (P_1, \ldots, P_n)^{\mathrm{T}} \,,$$
$$P_1, \ldots, P_n : \mathbb{R}^2 \to \mathbb{R} \quad \text{mit} \quad P(u^k) := A^{\mathrm{T}}(m_k - \bar{b}) \,, \tag{4.44}$$

wobei $k \in \{1, \ldots, M \cdot N\}$.

Als Ergebnis stehen die Hauptkomponenten $P_1(u), \ldots, P_n(u)$ der Spektralserie als Funktionen des Ortes u zur Verfügung.

Die Hauptkomponentenanalyse ist durch folgende Eigenschaften charakterisiert:

- Die Entropie der Varianzen ist minimal, d. h. die spektrale Information wird bestmöglich auf wenige (die ersten) Komponenten konzentriert (in der Praxis beinhaltet die erste Komponente i. d. R. mehr als 95% der Gesamtinformation [Tyo03]).

- Die Eigenvektoren sind orthogonal und die Hauptkomponenten sind paarweise unkorreliert.

- Werden anstelle aller n Komponenten nur die ersten d ausgewertet, ist das Ergebnis im Sinne der kleinsten quadratischen Abweichung die beste d-dimensionale Approximation der Daten.

- Die Betrachtung der Hauptkomponenten ermöglicht einen weiteren Zugang zur Bildserie: Die erste Hauptkomponente lässt sich als „mittlere Intensität" über die verschiedenen Spektralbereichen interpretieren, weitere Hauptkomponenten enthalten „Differenzen" zwischen den Spektralbereichen.

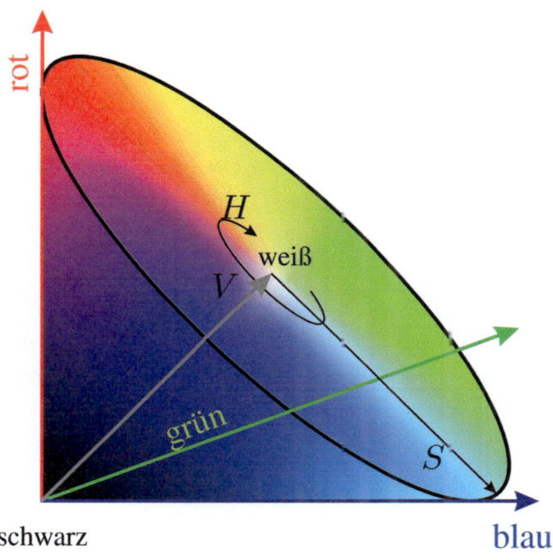

Bild 4.20: Zusammenhang zwischen den dreidimensionalen RGB- und HSV-Räumen.

Auch wenn für eine Klassifikation im Prinzip eine Dimensionsreduktion auf drei Komponenten nicht notwendig ist, wird zur Auswertung der Spektralserie häufig eine Reduktion der Datendimension n (Anzahl der Bilder in der Serie) auf $d = 3$ Komponenten vorgenommen. Falls z. B. vorhandene Materialien anhand der drei Komponenten trennbar sind, geht dabei keine wesentliche spektrale Information verloren.

Die Beschränkung auf drei Komponenten besitzt außerdem den Vorteil, dass diese als Farben darstellbar sind. Eine einfache Möglichkeit wäre, die ersten drei Komponenten als RGB-Kanäle[23] eines Bildes zu interpretieren [Tyo03]. Die Komponenten lassen sich darüber hinaus in sinnvollerer Weise im HSV- oder im HSI-Raum[24] auswerten; siehe Bild 4.20 [Ebn07].

---

[23]Die Kanäle werden als Rot-, Grün- und Blau-Komponenten interpretiert.

[24]Die Komponenten werden als Farbton (*hue*), Sättigung (*saturation*) und Intensität (*value*, *intensity*) interpretiert. Der HSV-Raum unterscheidet sich vom HSI-Raum durch die Interpretation der Intensitätswerte.

Die Anwendung des HSV-Raumes zur weiteren Auswertung der Spektralserie hat folgende Vorteile:

- Der HSV-Raum besitzt eine gewisse Ähnlichkeit der Farbdarstellung im Vergleich zur menschlichen Wahrnehmung, bei der Farbe als Zusammensetzung dreier Kanäle modelliert werden kann: Der erste Kanal ist ein achromatischer Kanal, der für die Intensität steht. Dieser Kanal ist im HSV-Raum durch die Komponente V repräsentiert. Die anderen beiden Kanäle der menschlichen Wahrnehmung bestehen aus entgegengesetzten Farben (rot–grün und blau–gelb), die sich aus den Komponenten H und S des HSV-Raums einfach bestimmen lassen [Ebn07].

- Aufgrund der intuitiven Bedeutungen seiner Komponenten ermöglicht der HSV-Raum eine einfache Analyse der dargestellten Farben.

Aus diesen Gründen wird auch hier der HSV-Raum zur Auswertung der spektralen Information und zur Falschfarbendarstellung verwendet. Dafür werden die ersten drei Hauptkomponenten in die Komponenten des HSV-Raumes mittels folgender Transformation überführt [Buc83, Nis07]:

$$
\begin{aligned}
H : \mathbb{R}^2 \to \mathbb{R}, \quad & H(\boldsymbol{u}) := \arctan\left(\frac{P_3(\boldsymbol{u})}{P_2(\boldsymbol{u})}\right), \\
S : \mathbb{R}^2 \to \mathbb{R}, \quad & S(\boldsymbol{u}) := \frac{\sqrt{P_2(\boldsymbol{u})^2 + P_3(\boldsymbol{u})^2}}{P_1(\boldsymbol{u})}, \\
V : \mathbb{R}^2 \to \mathbb{R}, \quad & V(\boldsymbol{u}) := P_1(\boldsymbol{u}).
\end{aligned}
\tag{4.45}
$$

Bild 4.21: Mit einer RGB-Kamera aufgenommene Szene eines Modell-Roboters.

Die Visualisierung der drei Komponenten H, S und V führt zu einer Falschfarbendarstellung der Szene. Ein entsprechendes Beispiel wird nachfolgend präsentiert.

Beispiel zur Fusion von Spektralserien zur Falschfarbendarstellung Als Grundlage dient die Bildserie aus Bild 4.22, die von der Szene aus Bild 4.21 aufgenommen worden ist.[25] Die Herausforderung der Szene besteht darin, dass alle Objekte (ein Modell-Roboter und ein Holzzylinder, der vom Roboter getragen wird) und der Hintergrund dem menschlichen Auge orange erscheinen und sich somit im RGB-Bild kaum unterscheiden lassen. Mittels Fusion der neun Spektralkanäle des Kamera-Arrays lässt sich dagegen eine Falschfarbendarstellung erzeugen, bei der die Objekte und der Hintergrund deutlich unterscheidbar sind. Die Auswertung der Spektralserie kann etwa zur Materialklassifikation angewendet werden, wenn unterschiedliche Materialien anhand ihrer Farbpigmente klassifiziert werden können.

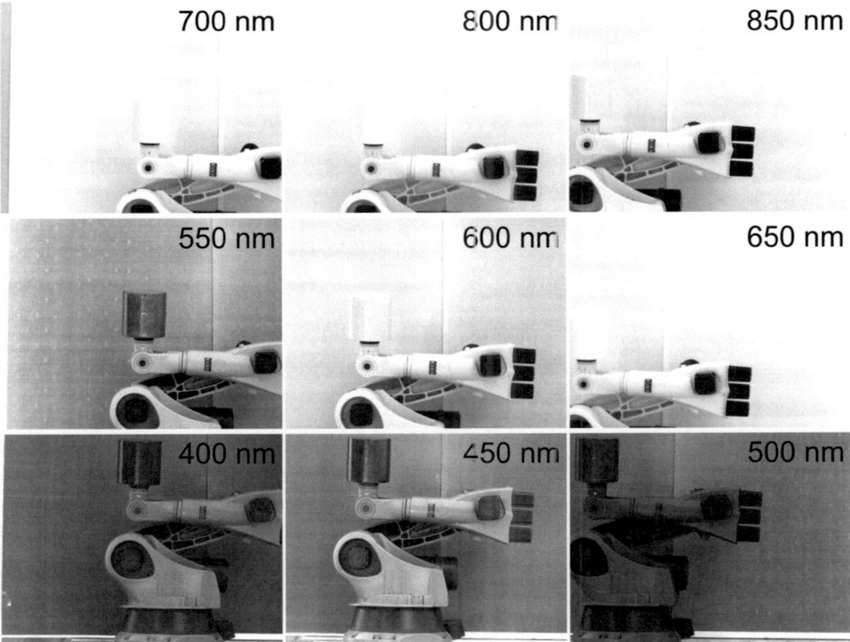

Bild 4.22: Mit dem Kamera-Array aufgenommene kombinierte Stereo- und Spektralserie.

---

[25] Die Aufnahme von Bild 4.21 wurde mit einer RGB-Kamera von einer Position aus erstellt, die sich leicht gegenüber der Position des Kamera-Arrays unterscheidet.

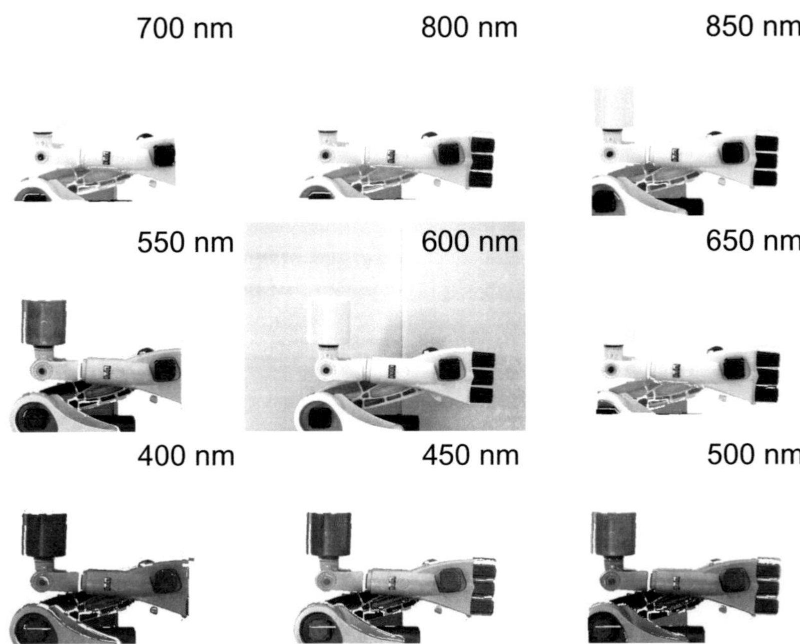

Bild 4.23: In die Sicht der mittleren Kamera transferierte Bilder der Bildserie von Bild 4.22.

Dafür werden zunächst die Bilder der Serie mittels Bildtransfer (siehe Abschnitt 3.1.4) in die Sicht der mittleren Kamera transferiert. Die dazu notwendigen Tiefenwerte werden durch Auswertung der Stereoinformation bestimmt.

Für den Hintergrund können keine Tiefenwerte bestimmt werden, da dieser nahezu keine Struktur aufweist. Bei fehlender Tiefeninformation ist jedoch der Transfer der jeweiligen Bildpunkte nicht möglich. Dem Hintergrund wird daher in allen transferierten Bildern (siehe Bild 4.23) ein konstanter Wert (hier der Maximalwert 255) zugewiesen. Somit beinhalten die Merkmalsvektoren, die den Hintergrund charakterisieren, bis auf Kamera fünf keine spektralen Merkmale.[26] Der Hintergrund wird in der Falschfarbendarstellung insofern überwiegend aufgrund der fehlenden Tiefeninformation detektiert.

Bild 4.24 zeigt das Ergebnis der Hauptkomponentenanalyse in einer normalisierten

---

[26]Eine andere mögliche Vorgehensweise besteht darin, für den Hintergrund einen bestimmten Tiefenwert anzunehmen und mit diesem einen Transfer der Bildpunkte im Hintergrund vorzunehmen. Dies setzt allerdings voraus, dass der Hintergrund überall identische Intensitätswerte in den Spektralkanälen besitzt, was im vorliegenden Fall nicht gegeben ist.

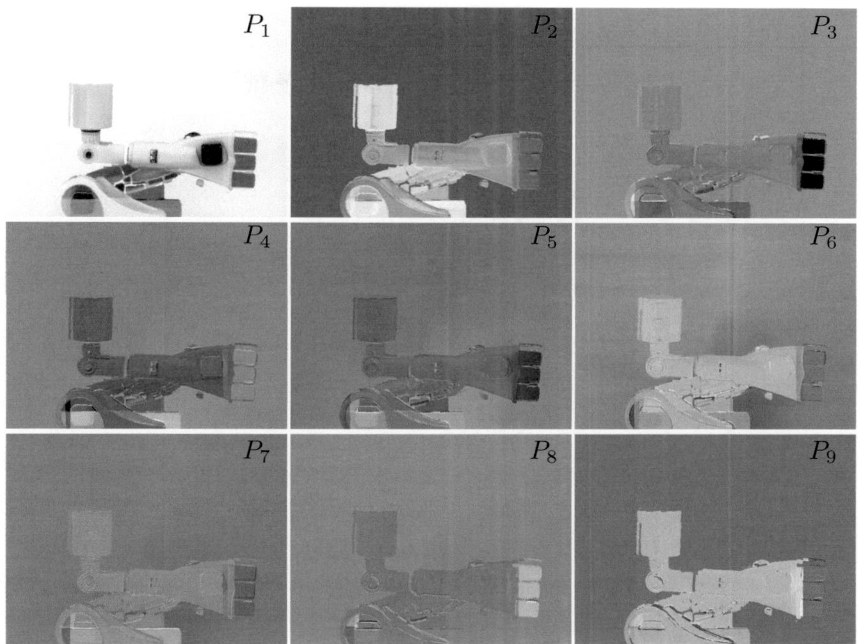

Bild 4.24: Hauptkomponenten der Bildserie vom Bild 4.23 in einer normalisierten Darstellung.

Darstellung. Im vorliegenden Fall enthält die erste Hauptkomponente 85,7%, die zweite 10,0% und die dritte 1,1% der gesamten Signalleistung der Bildserie. Im Bild 4.25 sind die zugehörigen ersten drei Eigenvektoren dargestellt.

Für die Falschfarbendarstellung werden die ersten drei Hauptkomponenten verwendet. Die nach Gl. (4.45) berechneten H-, S- und V-Komponenten sind in Bild 4.26 einzeln dargestellt. Die Falschfarbendarstellung des HSV-Bildes wird in Bild 4.27 gezeigt.

Die Falschfarbendarstellung kann nun für eine vereinfachte Detektion der Objekte verwendet werden. Da die unterschiedlichen Materialien der Objekte in der Szene unterschiedliche Spektren aufweisen, kann die Falschfarbendarstellung auch als Grundlage zur Materialklassifikation eingesetzt werden.

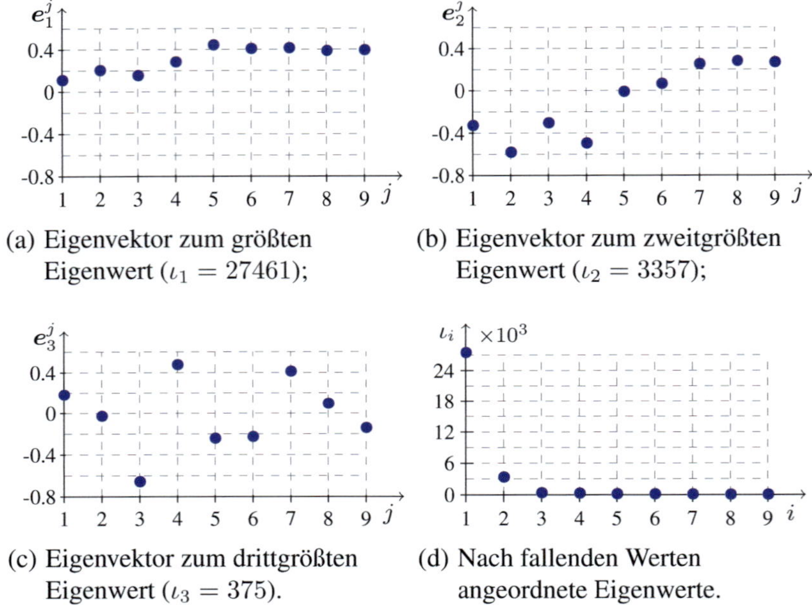

(a) Eigenvektor zum größten Eigenwert ($\iota_1 = 27461$);

(b) Eigenvektor zum zweitgrößten Eigenwert ($\iota_2 = 3357$);

(c) Eigenvektor zum drittgrößten Eigenwert ($\iota_3 = 375$).

(d) Nach fallenden Werten angeordnete Eigenwerte.

Bild 4.25: Die ersten drei Eigenvektoren und die Eigenwerte der Bildserie aus Bild 4.23.

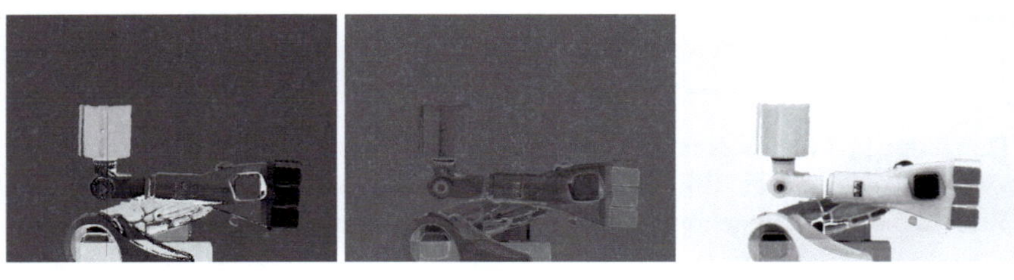

Bild 4.26: Aus den ersten drei Hauptkomponenten von Bild 4.24 berechnete H-, S- und V-Komponenten.

Zusammenfassung   In diesem Kapitel wurden Verfahren zur Fusion kombinierter Stereo- und Spektralserien präsentiert, die der gemeinsamen Bestimmung der Tiefeninformation und der spektralen Eigenschaften dienen. Die Herausforderungen für die Tiefenbestimmung aufgrund unterschiedlicher Intensitätswerte von korrespondierenden Bildpunkten und unterschiedlicher Kontraste zwischen be-

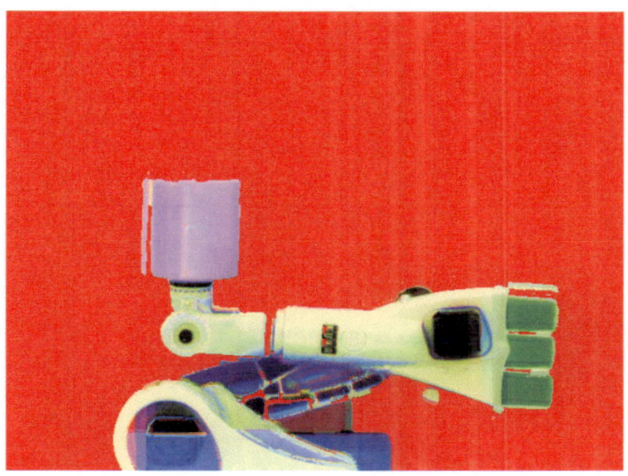

Bild 4.27: Falschfarbendarstellung für die Bildserie von Bild 4.23.

nachbarten Bildbereichen werden durch flächenbasierte Registrierungsverfahren
bewältigt. Nach der Tiefenbestimmung wird der Stereoeffekt aus der Bildserie
mittels Bildtransfer kompensiert, so dass eine reine Spektralserie entsteht. Diese
kann letztlich z. B. zur vereinfachten Objektdetektion oder zur Materialklassifikation eingesetzt werden.

5 Bewertung der Verfahren zur multivariaten Fusion

Dieses Kapitel widmet sich der Bewertung der unterschiedlichen Verfahren zur Tiefenbestimmung, die in dieser Arbeit erstellt wurden. Zunächst werden Einflussfaktoren auf die Verfahren aus Kapitel 3 zur Fusion von Stereoserien und kombinierten Stereo- und Fokusserien diskutiert. Die damit erzielten Ergebnisse werden anhand von Beispielen quantitativ bewertet.

Die Bewertung und der Vergleich der Fusionsverfahren aus Kapitel 4 für die Fusion von kombinierten Stereo- und Spektralserien bilden den zweiten Schwerpunkt des Kapitels. Die beiden dort erarbeiteten flächenbasierten Registrierungsverfahren werden gegenübergestellt und quantitativ bewertet.

Die Ergebnisse der in dieser Arbeit dargestellten Verfahren sind Tiefenkarten. Zur Bewertung werden Tiefenkarten von bekannten Szenen, d. h. Szenen, von denen eine Tiefenkarte als Referenz (*ground truth*) vorliegt, mit den zu bewertenden Verfahren erfasst und mit der Referenz verglichen. Die Referenzen sind zuvor mit Hilfe einer Time-of-Flight-Kamera oder eines Lichtschnitt-Sensors erzeugt worden. Auch wenn es sich bei diesen Referenzen nicht um rückführbare Messungen im Sinne der Messtechnik handelt, erlaubt der Vergleich wichtige Rückschlüsse auf die Genauigkeit der erarbeiteten Verfahren.

Zur quantitativen Bewertung der Ergebnisse werden zunächst die beiden Häufigkeitsverteilungen der Tiefenabweichungen und der quadratischen Tiefenabweichungen zwischen dem Ergebnis und der Referenz bestimmt [Gon08]. Diese Häufigkeitsverteilungen sind wie folgt definiert:

$$
\begin{aligned}
V_{\mathrm{d}} &: \mathbb{R} \to \mathbb{N}_0 \quad V_{\mathrm{d}}(g_{\mathrm{d}}) := \left|\{\boldsymbol{u}\,|\,T_{\mathrm{R}}(\boldsymbol{u}) - T(\boldsymbol{u}) = g_{\mathrm{d}}\}\right|, \\[2mm]
V_{\mathrm{sd}} &: \mathbb{R}_0^{+} \to \mathbb{N}_0 \quad V_{\mathrm{sd}}(g_{\mathrm{sd}}) := \left|\{\boldsymbol{u}\,|\,(T_{\mathrm{R}}(\boldsymbol{u}) - T(\boldsymbol{u}))^2 = g_{\mathrm{sd}}\}\right|,
\end{aligned}
\tag{5.1}
$$

wobei $T(\cdot)$ die zu bewertende Tiefenkarte und $T_{\mathrm{R}}(\cdot)$ die zugehörige registrierte Referenz sind.

In einem zweiten Schritt werden diese Häufigkeitsverteilungen durch statistische Kenngrößen charakterisiert [And97, Hen04, Har09]:

- Die mittlere Tiefenabweichung q_d und die mittlere quadratische Tiefenabweichung q_sd sind quantitative Maße für die Messabweichung, die im Schnitt bei der Tiefenbestimmung auftritt:

$$q_\mathrm{d} := \frac{1}{|\mathcal{P}_\mathrm{T}|} \sum_{g_\mathrm{d}} g_\mathrm{d} \cdot V_\mathrm{d}(g_\mathrm{d}) , \tag{5.2}$$

$$q_\mathrm{sd} := \frac{1}{|\mathcal{P}_\mathrm{T}|} \sum_{g_\mathrm{sd}} g_\mathrm{sd} \cdot V_\mathrm{sd}(g_\mathrm{sd}) , \tag{5.3}$$

wobei $\mathcal{P}_\mathrm{T}$ die Menge aller Bildpunkte der Tiefenkarte ist.

- Die β-Quantile Q_β mit $\beta \in [0, 1]$ geben an, dass sich $(\beta \cdot 100)\%$ der Tiefenabweichungen bzw. der quadratischen Tiefenabweichungen unterhalb dieses Wertes befinden.

Quantile können z. B. verwendet werden, um zur Tiefenabweichung null symmetrische Intervalle in den Häufigkeitsverteilungen der Tiefenabweichungen zu finden, in denen ein Anteil von $(j \cdot 100)\%$ der Werte liegt. In diesem Fall gilt mit $k > l$:

$$Q_k + Q_l = 0 \quad \text{und} \quad k - l = j . \tag{5.4}$$

Somit kann etwa das zu null symmetrische Intervall berechnet werden, in dem sich 90% der kleinsten Tiefenabweichungen befinden. Für die Berechnung der Quantile werden die Verteilungsfunktionen der Tiefenabweichungen verwendet.

Für die Tiefenbestimmung aus einem Stereopaar ist die Genauigkeit durch die eingesetzten Systemkomponenten, ihre Anordnung (siehe Abschnitt 2.2) und den Abstand zur beobachteten Szene beschränkt. Zur Berechnung der Tiefenabweichung, die durch eine fehlerhafte Korrespondenz- und somit Disparitätsbestimmung verursacht wird, wird der folgende Zusammenhang für ein Stereokamerapaar mit parallelen optischen Achsen eingesetzt:

$$z = \frac{fL}{s} , \tag{5.5}$$

wobei f die Brennweite, L die Breite der Stereobasis und s der Disparitätswert sind. Für Szenen, die sich in einer Entfernung von ca. 1 m vom optischen Zentrum der Kamera befinden,[1] nimmt die Disparität Werte von ca. 100 Bildpunkten (entsprechend 0,99 mm) an. Falls bei der Bestimmung der Disparität für solche Szenen

---

[1] Die Szenen, die in dieser Arbeit untersucht wurden, erfüllen diese Bedingung.

ein Fehler von einem Bildpunkt auftritt, liegt der daraus resultierende Fehler der Tiefenbestimmung bei ca. 1,1 cm.

Die in dieser Arbeit erzielten Ergebnisse der Tiefenbestimmung besitzen i. d. R. eine höhere Genauigkeit als 1 cm. Dies lässt sich durch die Fusion mehrerer Bilder erklären; siehe auch die Diskussion im nächsten Abschnitt.

5.1 Aspekte zur Fusion von Stereo- und Fokusserien

Für Verfahren zur Fusion von Stereoserien oder Stereo- und Fokusserien werden im Folgenden zwei wichtige Aspekte anhand von Beispielen diskutiert:

- Zunächst wird für reine Stereoserien der Einfluss der Anzahl der Kamerapositionen (d. h. der Bilder, die zur Fusion beitragen) und der Breite der Stereobasen auf das Fusionsergebnis erläutert.

- Danach werden die Verbesserungen bei der Tiefenbestimmung, die durch die Fusion kombinierter Stereo- und Fokusserien gegenüber der reinen Stereofusion erzielt werden, quantifiziert und diskutiert.

Ein Vergleich der in dieser Arbeit entwickelten Fusionsverfahren für kombinierte Stereo- und Fokusserien mit literaturüblichen Verfahren zur Tiefenbestimmung wird aus mehreren Gründen erschwert (siehe auch Abschnitt 1.1.2):

- Durch die in dieser Arbeit angewandten Fusionsverfahren findet eine stark gekoppelte Fusion statt, während literaturübliche Verfahren eine sequenzielle Auswertung der beiden Effekte (Stereo- und Fokuseffekt) vornehmen [Kro89, Sub97, Myl98].

- Der Fokuseffekt ist bei den Bildern der Serien, die mit dem Kamera-Array erfasst und in dieser Arbeit betrachtet werden, deutlich stärker ausgeprägt als in der Literatur [Kro89, Sub97, Myl98, Des08]. Dadurch ist die Auswertung der Bildserie durch Betrachtung eines einzigen Effekts (Stereo- oder Fokuseffekt) nicht sinnvoll.

- Der Hauptunterschied zu literaturüblichen Verfahren besteht in der Anzahl der Bilder, die fusioniert werden: In der Literatur werden i. d. R. nur Stereopaare mit unterschiedlichen Fokuseinstellungen fusioniert [Kro89, Myl98, Des08]. Dagegen werden in dieser Arbeit Bildserien fusioniert, die mit dem Kamera-Array akquiriert worden sind. Diese Bildserien umfassen neun Bilder mit unterschiedlichen Fokuseinstellungen.

- Die Stereobasis beträgt bei den mit dem Kamera-Array erfassten Bildserien ca. 6 cm. Die Stereobasis bei den in der Literatur dargestellten Verfahren beträgt dagegen i. d. R. nur wenige Millimeter [Sub97, Myl98, Des08].

Bisher ist keine Arbeit bekannt, die eine umfassende Darstellung und Einteilung von Verfahren zur kombinierten Auswertung von Stereo- und Fokusinformation beinhaltet. Aus den dargestellten Gründen existiert auch kein *benchmark* für die Bewertung und den Vergleich solcher Fusionsverfahren.

In dieser Arbeit wird für die Bewertung der erzielten Fusionsergebnisse trotz der genannten Schwierigkeiten eine sequenzielle Fusion als Vergleichsbasis herangezogen: Dazu wird zunächst die reine Stereo- und in einem zweiten Schritt die reine Fokusinformation fusioniert. Anschließend werden die beiden Teilergebnisse, die aus den jeweils erhaltenen Tiefenkarten bestehen, zusammengeführt. Diese sequenzielle Vorgehensweise kommt derjenigen aus der Literatur am nächsten. Dabei werden die in die Literatur üblichen Grundprinzipien der Auswertung übernommen, während die für die Auswertung des jeweiligen Informationsbeitrags konkret eingesetzten Verfahren nicht unbedingt mit denjenigen aus der Literatur übereinstimmen. Zum Vergleich der in dieser Arbeit dargestellten Verfahren der stark gekoppelten Fusion stehen somit Ergebnisse einer zu literaturüblichen sequenziellen Fusionsverfahren ähnlichen Vorgehensweise zur Verfügung.

5.1.1   Anzahl der Kamerapositionen und Breite der Stereobasen

Für die Fusion von Stereoserien wurde in dieser Arbeit ein Verfahren aus der Literatur erweitert, das auf der Minimierung eines Energiefunktionals mittels Graph-Cuts-Verfahren basiert; siehe Abschnitt 3.1. Das als Grundlage verwendete Verfahren aus [Kol02] ist in der Literatur anerkannt [Sch02, Sei06]. Vergleiche dieses Verfahrens mit anderen Ansätzen zur Fusion von Stereoserien haben seine Überlegenheit gezeigt [Sch02, STB10].

Einfluss der Anzahl der Kamerapositionen   Die Auswertung von Stereoserien verbessert im Vergleich zur Auswertung von Stereopaaren die Bestimmung korrespondierender Bildpunkte und somit die Tiefenbestimmung [Ghe07b]. Im Folgenden wird zur Veranschaulichung das Beispiel einer Stereoserie dargestellt, aus der unterschiedliche Teilmengen von Bildern fusioniert werden.

In Bild 5.1 sind beispielhaft fünf Bilder aus der im Abschnitt 3.1.9 beschriebenen Bildserie abgebildet. Diese Bilder werden mittels der im Abschnitt 3.1 dargestell-

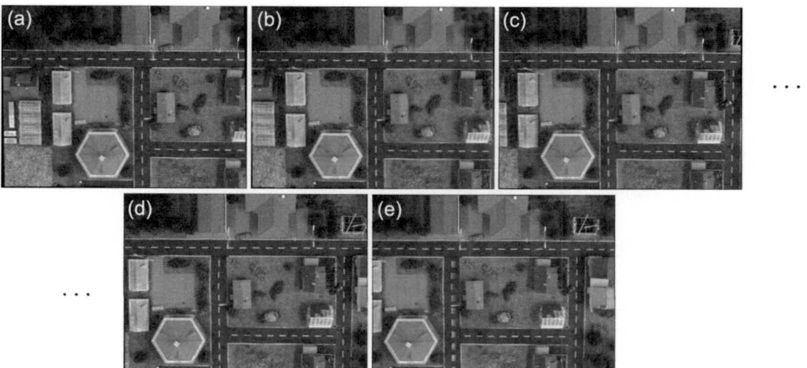

Bild 5.1: Beispiel einer Stereoserie zur Simulation eines Überflugs. Die Kamerapositionen befinden sich alle näherungsweise auf einer Geraden.

ten Verfahren fusioniert. Auf eine Kalibrierung wurde verzichtet, da bei der Bilderfassung ein Flug über die zu beobachtende Landschaft simuliert werden sollte, bei dem eine extrinsische Kalibrierung nicht möglich ist. Als Ergebnis der Stereofusion werden daher in diesem Fall nur Bezeichnerkarten erstellt und diese miteinander verglichen.[2]

Bild 5.2 zeigt als Fusionsergebnisse drei Bezeichnerkarten: Die erste Bezeichnerkarte (siehe Bild 5.2(a)) wurde durch die Fusion der Bilder (a) und (b) der Serie aus Bild 5.1 erzeugt. Diese Bezeichnerkarte entstand somit aus einem Stereopaar mit vergleichsweise kleiner Stereobasis. Das Ergebnis besitzt folgende Eigenschaften:

- Bezeichner von großen Flächen (z. B. Gebäuden) werden zuverlässig bestimmt.

- Das Ergebnis besitzt eine geringe Tiefenauflösung[3] (d. h. nur wenige Tiefenwerte können unterschieden werden, in diesem Fall sechs), was auf die kleine Stereobasis zurückzuführen ist; siehe unten. Somit sind im Ergebnis wenige Details anhand ihrer unterschiedlichen Tiefenwerte erkennbar; siehe Bild 5.3(a) und Tabelle 5.1.

---

[2]Die Auswertung solcher Bildserien verwendet die Annahme, dass die meisten Bildpunkte eines Bildes dem Hintergrund (d. h. dem Boden) zuzuordnen sind. Im vorliegenden Fall wird diese Annahme zur Rektifizierung der Bilder genutzt, indem Homographien mittels eines merkmalsbasierten Verfahrens berechnet werden [Ghe07b].

[3]Als Tiefenauflösung wird hier die Anzahl der Tiefenwerte bezeichnet, die bei der Rekonstruktion einer Szene auftreten können. Je höher die Tiefenauflösung ist, desto detailreicher in Bezug auf die Tiefe ist das Rekonstruktionsergebnis.

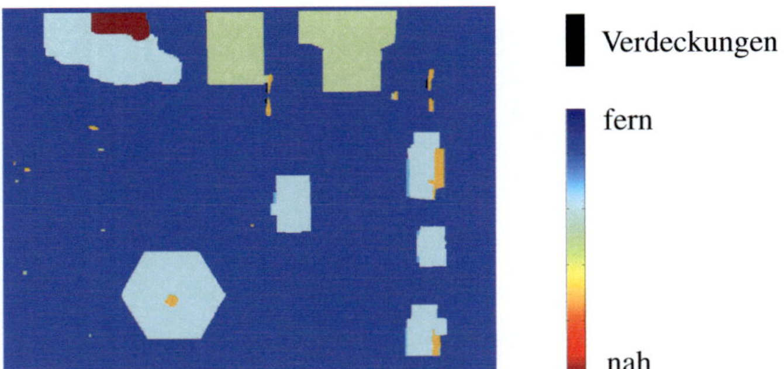

(a) Bezeichnerkarte aus der Fusion der Bilder 5.1(a) und (b);

(b) Bezeichnerkarte aus der Fusion der Bilder 5.1(a) bis (c);

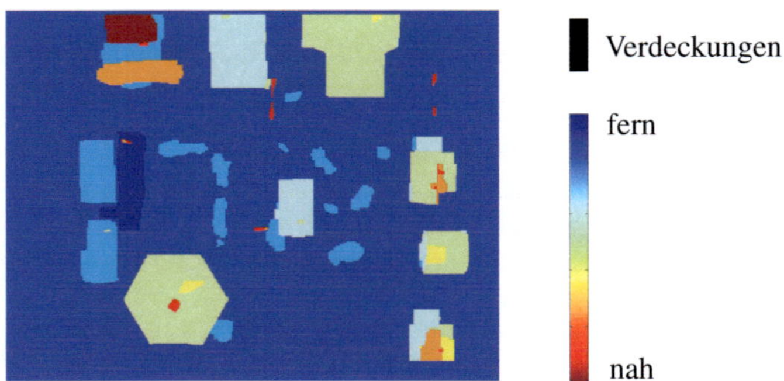

(c) Bezeichnerkarte aus der Fusion der Bilder 5.1(a) bis (d).

Bild 5.2: Durch Fusion unterschiedlicher Anzahlen von Bildern aus der Serie von Bild 5.1 erzielte Bezeichnerkarten.

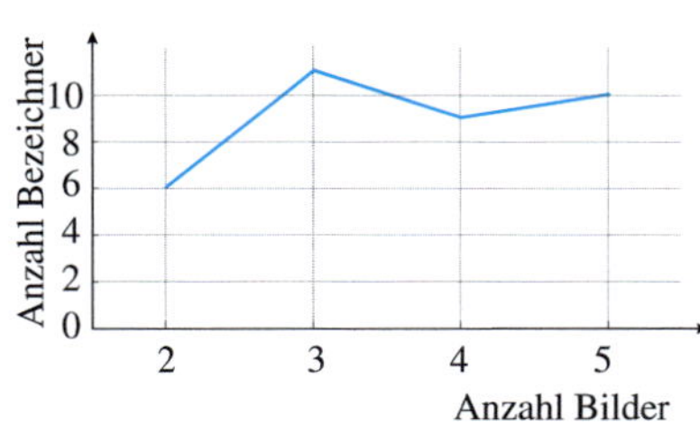

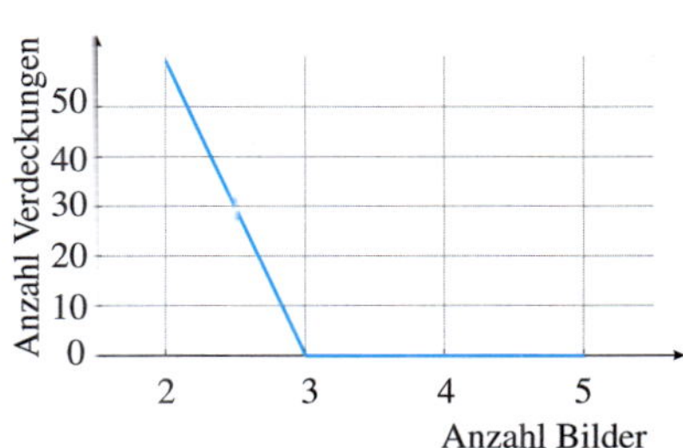

(a) Anzahl aufgelöster Bezeichner (bzw. Tiefenwerte) in Abhängigkeit von der Anzahl der Bilder;

(b) Anzahl verdeckter Bildpunkte in Abhängigkeit von der Anzahl der Bilder.

Bild 5.3: Evaluation der Ergebnisse aus Bild 5.2.

- Es treten einige Verdeckungen auf, bei denen die Tiefe nicht bestimmt werden kann (schwarz gekennzeichnet, z. B. in unmittelbarer Nähe zu den Straßenlaternen); siehe Bild 5.3(b) und Tabelle 5.1.

Dieses Ergebnis lässt sich verbessern, indem weitere Bilder mit variierter Kameraposition zusätzlich in den Fusionsprozess einbezogen werden; siehe Bilder 5.2(b) und 5.2(c). Folgende Verbesserungen können festgestellt werden:

- Die Tiefenauflösung des Ergebnisses ist deutlich höher (d. h. mehr Tiefenwerte können unterschieden werden). In diesem Beispiel besitzt das Fusionsergebnis aus drei Bildern elf unterschiedliche Tiefenwerte. Die Bezeichnerkarte zeigt somit mehr Details, z. B. bei Hecken, die sich von der Erdoberfläche abheben; siehe Bild 5.3(a) und Tabelle 5.1.

- Bei der Korrespondenzsuche treten weniger Verdeckungen auf; in diesem Beispiel weist das Ergebnis keine Verdeckungen auf. Das Ergebnis der Fusion von drei und mehr Bildern (siehe Bilder 5.2(b) und 5.2(c)) weist keine Verdeckungen mehr auf; siehe Bild 5.3(b) und Tabelle 5.1.

Die Auswertung von Stereoserien mit unterschiedlicher Anzahl von Bildern ergab experimentell, dass die Fusion von mehr als etwa vier Bildern keine wesentlichen Änderungen der Bezeichnerkarten mehr erzielt.

Anzahl Bilder	Anzahl Bezeichner	Anzahl verdeckter Bildpunkte
2	6	59
3	11	0
4	9	0
5	10	0

Tabelle 5.1: Ergebnisse der Fusion mehrerer Bilder der Serie aus Bild 5.1.

Einfluss der Breite der Stereobasen   Im Fall einer kleinen Stereobasis[4] sind in der erhaltenen Bezeichnerkarte relativ wenige Details vorhanden, da die Tiefenauflösung vergleichsweise niedrig ist. Als Beispiel zeigt Bild 5.4(a) die Fusion der ersten beiden Bilder aus der Serie von Bild 5.1. Die Vorteile einer kleinen Stereobasis bestehen dagegen darin, dass relativ wenige Verdeckungen auftreten und dass das gemeinsame Sichtfeld für die beiden Kamerapositionen als Voraussetzung für eine Tiefenbestimmung relativ groß ist. Im Beispiel beträgt die Überlappung etwa 90%.

Falls eine große Stereobasis gewählt wird, ist das gemeinsame Sichtfeld kleiner, so dass in der Bezeichnerkarte zusätzliche Fehler an den Bildrändern auftreten. Im Beispiel beträgt die Überlappung etwa 75%; siehe Bild 5.4(b). Zusätzlich sind im Fusionsergebnis mehr Verdeckungen vorhanden (in Bild 5.4(b) schwarz gekennzeichnet). Der Vorteil einer großen Stereobasis liegt in der erhöhten Tiefenauflösung, die auf den größeren Winkel zwischen den jeweiligen Abbildungsstrahlen korrespondierender Bildpunkte zurückzuführen ist. Die Ergebnisse sind in Tabelle 5.2 zusammengefasst.

	Kleine Stereobasis	Große Stereobasis
Anzahl verdeckter Bildpunkte	59	973
Anzahl Bezeichner	6	11
Überlappung der Bilder	90%	75%

Tabelle 5.2: Ergebnisse der Fusion von Stereopaaren mit unterschiedlichen Stereobasen.

Der Ansatz der Fusion von Stereoserien, wie er in dieser Arbeit verfolgt wird, vereinigt durch die gleichzeitige Betrachtung aller Stereopaare die Vorteile von großen und kleinen Stereobasen; siehe Bild 5.2(c). Die als Ergebnis erhaltenen Bezeichnerkarten weisen eine hohe Tiefenauflösung auf, wobei gleichzeitig ein

---

[4]Für das Kamera-Array tritt die kleine Stereobasis auf, wenn benachbarte Kameras betrachtet werden. Für dieses Kamera-Array beträgt sie ca. 6 cm. Für alle anderen Kamerapaare tritt eine größere Stereobasis (mit mehr als 6 cm) auf.

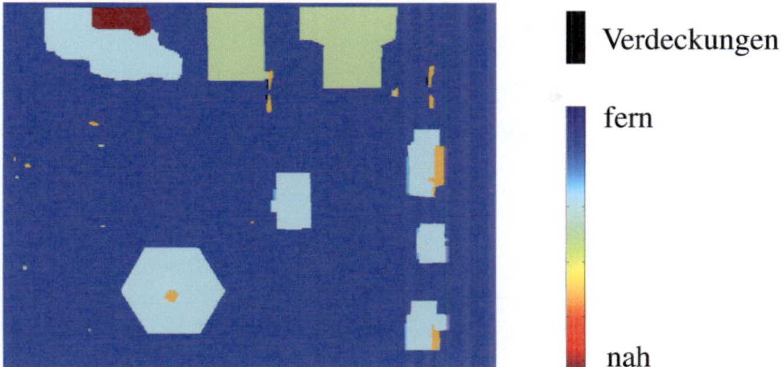

(a) Bezeichnerkarte aus der Fusion der Bilder 5.1(a) und (b);

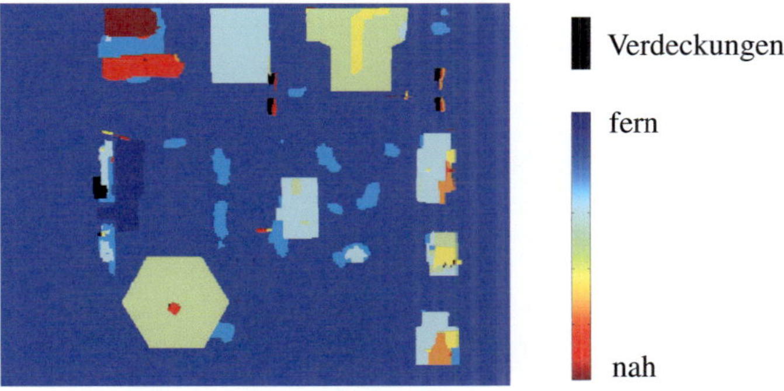

(b) Bezeichnerkarte aus der Fusion der Bilder 5.1(a) und (e).

Bild 5.4: Bezeichnerkarten, die durch Fusion von Stereopaaren aus Bild 5.1 mit unterschiedlichen Stereobasen erhalten worden sind.

großes Sichtfeld zur Tiefenbestimmung nutzbar ist und wenige Verdeckungen auftreten.

5.1.2 Verbesserungen durch Fusion kombinierter Stereo- und Fokusserien

Durch die simultane Fusion von Stereo- und Fokusserien werden Verbesserungen der Tiefenbestimmung für zwei Arten von Szenen erzielt, die bei der Fusion reiner Stereoserien üblicherweise problematisch sind: Für Szenenbereiche mit schwacher Struktur werden bessere Tiefenwerte mittels Auswertung der Stereo- und der Fokusinformation erhalten. Bei periodisch strukturierten Bereiche einer Szene werden Verbesserungen der Tiefenbestimmung durch Kombination der Stereo- und der Defokusinformation erzielt.

Zur Veranschaulichung werden im Folgenden einige Ergebnisse aus Kapitel 3 quantitativ bewertet. Als Referenzen (*ground truth*) für die Bewertung der Verfahren liegen Tiefenkarten vor, die mit Hilfe einer Time-of-Flight-Kamera erzeugt worden sind.

(a) Teil der beobachteten Szene mit schwach strukturiertem Hintergrund;

(b) Referenz für den betrachteten Szenenausschnitt.

Bild 5.5: Betrachteter Ausschnitt und Referenz für die Bildserie aus Bild 3.12.

Erzielte Verbesserung durch simultane Fusion der Stereo- und der Fokusinformation   Der Hauptzweck der simultanen Fusion von Stereo- und Fokusinformation besteht in der Verbesserung der Tiefenbestimmung für Szenenbereiche, die nur schwach strukturiert sind. Bild 5.5(a) zeigt als Beispiel einen schwach strukturierten Hintergrund. Die quantitative Bewertung der Ergebnisse erfolgt anhand von Tiefenkarten, die mit der Referenz (siehe Bild 5.5(b)) verglichen werden. Neben den Tiefenkarten, die mit den in dieser Arbeit dargestellten Verfahren der simultanen Fusion von Stereo- und Fokusinformation (siehe Bild 5.6(c)) erzielt worden sind, werden zum Vergleich auch Tiefenkarten betrachtet, die mittels reiner Stereofusion (siehe Bild 5.6(a)) und mittels sequenzieller Fusion von Stereo- und Fokusinformation (siehe Bild 5.6(b)) erhalten worden sind.

Für die sequenzielle Fusion von Stereo- und Fokusinformation werden zunächst

(a) Durch reine Stereofusion erhaltene Tiefenkarte (mit fehlerhaft bestimmter Tiefe im Hintergrund);

(b) Durch sequenzielle Fusion der Stereo- und der Fokusinformation erhaltene Tiefenkarte;

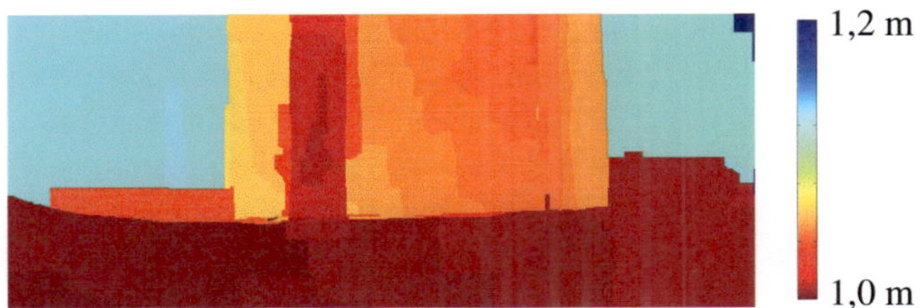

(c) Durch simultane Fusion der Stereo- und der Fokusinformation erhaltene Tiefenkarte.

Bild 5.6: Fusion der Bildserie aus Bild 3.12.

die scharfen Bilder der Serie aus Bild 3.12 anhand der Stereoinformation zu einer Tiefenkarte fusioniert. Das Ergebnis dieser reinen Stereofusion ist in Bild 5.6(a) dargestellt. Anhand dieser Tiefenkarte und den entsprechenden Kalibrierungsdaten werden die restlichen, unscharfen Bilder der Serie in eine gemeinsame Sicht mittels *image warping* transferiert, so dass eine reine Fokusserie entsteht;[5] siehe

---

[5]Dieser Schritt wird in ähnlicher Weise wie bei der Erzeugung einer reinen Spektralserie aus einer kombinierten Stereo- und Spektralserie durchgeführt; siehe Abschnitt 4.4.

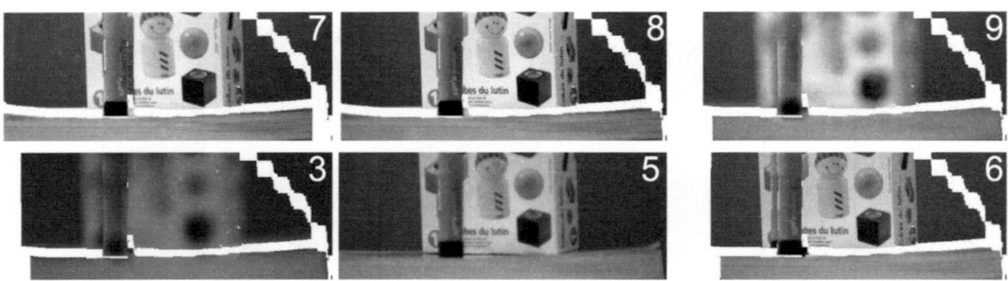

Bild 5.7: Reine Fokusserie aus den unscharfen Bildern der Serie aus Bild 3.12. Weiße Bereiche kennzeichnen Verdeckungen. Die Zahl rechts oben bezeichnet jeweils die Kamera, mit der das ursprüngliche Bild aufgenommen worden ist.

Abschnitt 3.1.4. Eine derartige reine Fokusserie ist in Bild 5.7 dargestellt. Die Auswertung der Fokusinformation aus dieser Serie erfolgt mittels eines Fokusmaßes, so dass eine zweite Tiefenkarte berechnet wird; siehe Abschnitt 3.2.1. Die beiden durch Auswertung der Stereo- und der Fokusinformation erhaltenen Tiefenkarten werden schließlich auf einfache Weise fusioniert;[6] siehe Bild 5.6(b).

In den Bildern 5.8 und 5.9 werden für alle drei Vorgehensweisen (reine Stereofusion, sequenzielle Fusion von Stereo- und Fokusinformation und simultane Fusion von Stereo- und Fokusinformation) die Tiefenabweichungen und die quadratischen Tiefenabweichungen zur Referenz dargestellt. Für die reine Stereofusion besteht eine mittlere Abweichung nach Gl. (5.2) von 26,2 mm. Die maximale Abweichung in diesem Fall beträgt 227 mm. Die mittlere bzw. die maximale Abweichung bei der sequenziellen Fusion von Stereo- und Fokusinformation ist 42,6 mm bzw. 143 mm. Das Ergebnis der simultanen Fusion von Stereo- und Fokusinformation weist eine mittlere Abweichung nach Gl. (5.2) von 9,12 mm und eine maximale Abweichung von 134 mm auf. Die Tiefenwerte aller Bildpunkte des Hintergrunds bei der reinen Stereofusion besitzen Abweichungen zur Referenz von ca. 65 mm und 75 mm. Bei der sequenziellen Fusion besitzen die Tiefenwerte des Hintergrunds Abweichungen zwischen 30 mm und 100 mm. Bei der simultanen Fusion von Stereo- und Fokusinformation werden die Tiefenwerte des Hintergrunds im Wesentlichen korrekt bestimmt, die Abweichungen für alle diese Bildpunkte betragen ca. 2,5 mm.

Die Bilder 5.10 und 5.11 zeigen die Häufigkeitsverteilungen der Abweichungen der Tiefenwerte und der quadratischen Abweichungen der Tiefenwerte für die reine Stereofusion (blau gestrichelt), für die sequenzielle Fusion (grün gepunktet) und für die simultane Fusion von Stereo- und Fokusinformation (rot durchgezogen). Für die Mehrzahl der Bildpunkte wird bei der reinen Stereofusion und bei

---

[6]Die Fusion besteht in diesem Fall aus einer Mittelwertbildung der beiden Tiefenwerte.

(a) Abweichung der Tiefenbestimmung aus Bild 5.6(a) zur Referenz;

(b) Abweichung der Tiefenbestimmung aus Bild 5.6(b) zur Referenz;

(c) Abweichung der Tiefenbestimmung aus Bild 5.6(c) zur Referenz.

Bild 5.8: Abweichungen der Tiefenbestimmungen aus Bild 5.6 zur Referenz.

der simultanen Fusion von Stereo- und Fokusinformation eine korrekte Tiefenbestimmung erzielt, was durch die globalen Maxima der Kurven beim Wert 0 erkennbar ist (siehe Bild 5.10(a)). Dabei erreicht die simultane Fusion von Stereo- und Fokusinformation eine deutlich größere Anzahl korrekt bestimmter Tiefenwerte (46780 Bildpunkte) als die reine Stereofusion (24591 Bildpunkte). Die Kurve der Tiefenabweichungen für die sequenzielle Fusion der Stereo- und der Fokusinformation besitzt kein eindeutiges Maximum; die Anzahl der korrekt bestimmten Tiefenwerte ist 2013. Zusätzlich kann festgestellt werden, dass die für die reine Stereofusion auftretenden beiden lokalen Maxima bei ca. 65 mm und 75 mm, die an Bildpunkten auftreten, die dem Hintergrund zuzurechnen sind, bei der simultanen

(a) Quadratische Abweichung der Tiefenbestimmung aus Bild 5.6(a) zur Referenz;

(b) Quadratische Abweichung der Tiefenbestimmung aus Bild 5.6(b) zur Referenz;

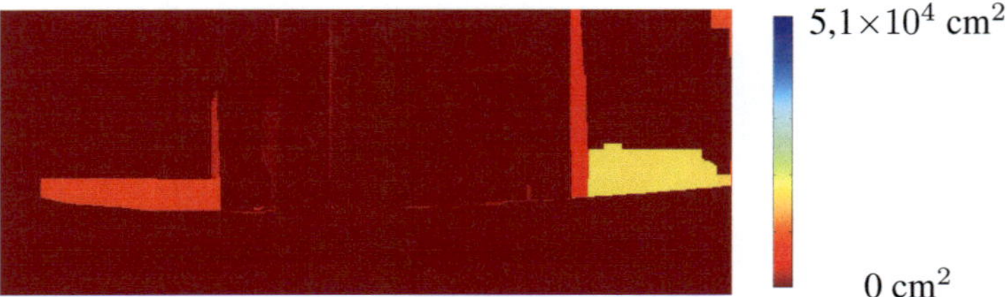

(c) Quadratische Abweichung der Tiefenbestimmung aus Bild 5.6(c) zur Referenz.

Bild 5.9: Quadratische Abweichungen der Tiefenbestimmungen aus Bild 5.6 zur Referenz.

Fusion von Stereo- und Fokusinformation nicht mehr vorhanden sind. Im Fall der sequenziellen Fusion deutet die große Anzahl der lokalen Maxima auf eine große Ungenauigkeit der Tiefenbestimmung hin, was im Wesentlichen auf die getrennte Auswertung der Stereo- und der Fokusinformation zurückzuführen ist. Bei der simultanen Fusion von Stereo- und Fokusinformation treten einige wenige falsche Tiefenbestimmungen mit ca. 100 mm und 130 mm Abweichung auf, die Bildpunk-

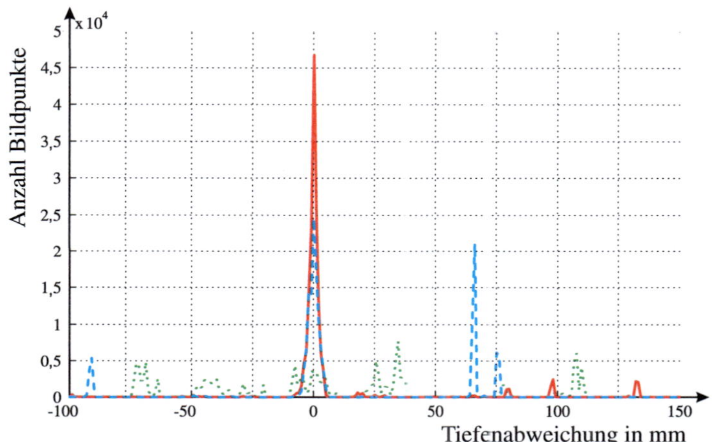

(a) Häufigkeitsverteilungen der Tiefenabweichungen zur Referenz;

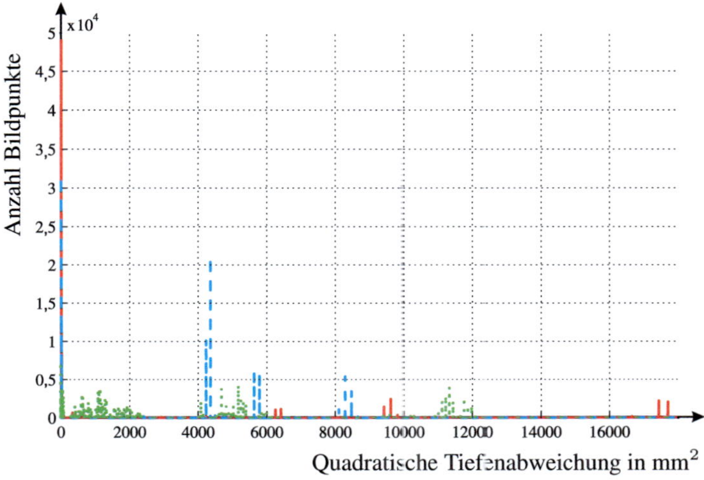

(b) Häufigkeitsverteilungen der quadratischen Tiefenabweichungen zur Referenz.

Bild 5.10: Häufigkeitsverteilungen der Tiefenabweichungen der Ergebnisse der reinen Stereofusion (blau gestrichelt), der sequenziellen (grün gepunktet) und der simultanen Fusion von Stereo- und Fokusserien (rot durchgezogen) zur Referenz.

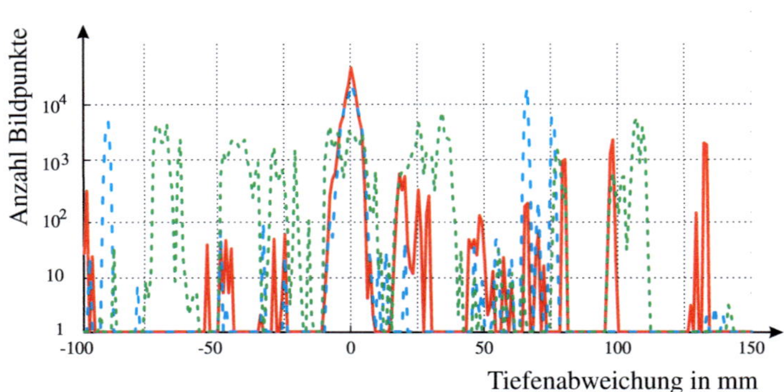

(a) Logarithmische Darstellung der Häufigkeitsverteilungen der
    Tiefenabweichungen zur Referenz;

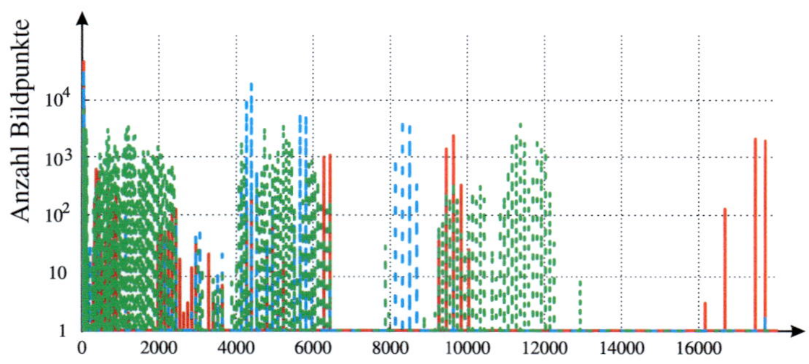

(b) Logarithmische Darstellung der Häufigkeitsverteilungen der quadratischen
    Tiefenabweichungen zur Referenz.

Bild 5.11: Logarithmische Darstellung der Häufigkeitsverteilungen der Tiefenabweichungen der Ergebnisse der reinen Stereofusion (blau gestrichelt), der sequenziellen (grün gepunktet) und der simultanen Fusion von Stereo- und Fokusserien
(rot durchgezogen) zur Referenz.

ten des Vordergrunds der Szene zuzuordnen sind. Die Ursache dieser Fehler liegt im Einsatz des Fokusterms im Energiefunktional aus Gl. (3.52), bei dem Objekt- und Reflektanzkanten (siehe Abschnitt 3.2.2) nicht unterschieden werden können; siehe Abschnitt 3.3.1.

Die Berechnung der Quantile erfolgt anhand der entsprechenden Verteilungsfunktionen (siehe Bild 5.12) der Häufigkeitsverteilungen aus Bild 5.10. Im idealen Fall, d. h. bei einer überall korrekten Bestimmung der Tiefenwerte, würden die Kurven aus Bild 5.12 mit der Heaviside-Funktion (Sprungfunktion) [Osh03] übereinstimmen.

Die Verteilungsfunktionen aus Bild 5.12 zeigen anschaulich, dass die simultane Auswertung der Stereo- und der Fokusinformation generell eine Verbesserung der Tiefenbestimmung bewirkt. Es ist erkennbar, dass in der Tiefenkarte aus der reinen Stereofusion 65% der Tiefenwerte eine Abweichung von weniger als 10 mm zur Referenz aufweisen.[7] Im Fall der sequenziellen Fusion von Stereo- und Fokusinformation besitzen nur 24% der Tiefenwerte eine Abweichung kleiner als 10 mm.[8] Bei der Tiefenkarte aus der simultanen Fusion von Stereo- und Fokusinformation bekommen 91% der Bildpunkte einen Tiefenwert mit einer Abweichung von weniger als 10 mm zur Referenz zugeordnet.[9] Die Verbesserung der Tiefenbestimmung durch die simultane Fusion von Stereo- und Fokusinformation ist in ähnlicher Weise auch bei Betrachtung der quadratischen Tiefenabweichungen zu erkennen; siehe Bild 5.12(b). Nur für 6,5% der Bildpunkte, die in der Nähe der Vordergrundobjekte liegen, tritt eine Verschlechterung im Vergleich zur reinen Stereofusion auf.[10]

	Reine Stereofusion	Sequenzielle Fusion von Stereo- und Fokusinformation	Simultane Fusion von Stereo- und Fokusinformation
Mittlere Abweichung	26,2 mm	42,6 mm	9,12 mm
Maximale Abweichung	227 mm	143 mm	134 mm
Abweichung des Hintergrunds	ca. 65 mm und 75 mm	30 mm bis 100 mm	ca. 2,5 mm
Anzahl der Bildpunkte mit korrekt bestimmtem Tiefenwert	24591	2013	46780
Anteil der Bildpunkte mit Abweichung kleiner als 10 mm	65%	24%	91%

Tabelle 5.3: Evaluation der Fusionsergebnisse der Stereo- und Fokusserie aus Bild 3.12.

---

[7]Für die blaue Kurve aus Bild 5.12(a) gilt: $Q_{0,07} = -10$ mm und $Q_{0,72} = 10$ mm.

[8]Für die grüne Kurve aus Bild 5.12(a) gilt: $Q_{0,34} = -10$ mm und $Q_{0,58} = 10$ mm.

[9]Für die rote Kurve aus Bild 5.12(a) gilt: $Q_{0,01} = -10$ mm und $Q_{0,92} = 10$ mm.

[10]Es handelt sich um den Tiefenbereich zwischen $Q_{0,935}$ und Q_1.

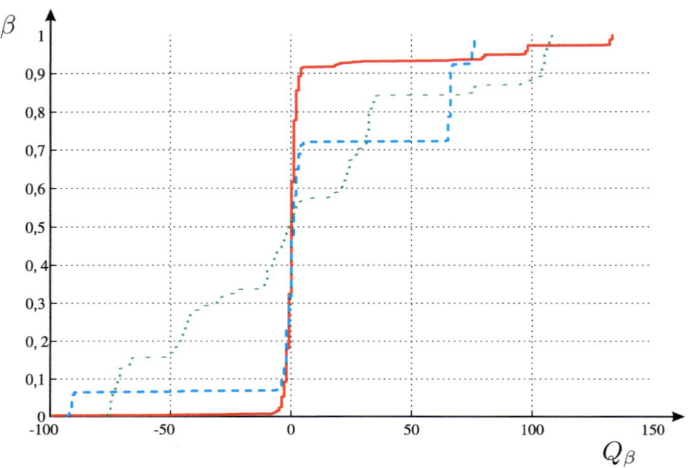

(a) Verteilungsfunktionen der Häufigkeitsverteilungen aus Bild 5.10(a);

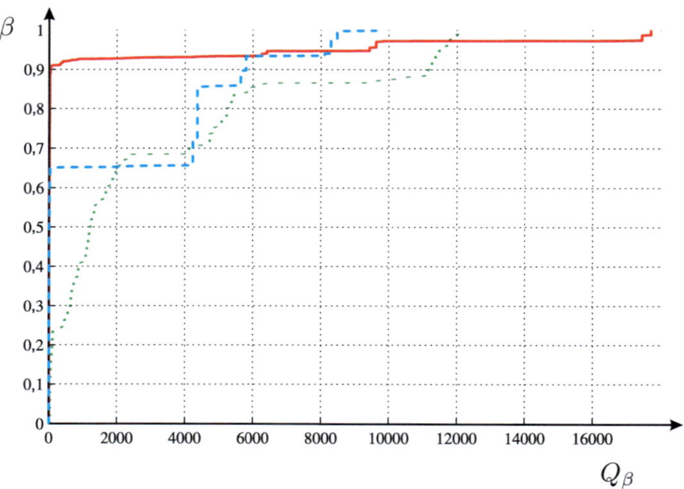

(b) Verteilungsfunktionen der Häufigkeitsverteilungen aus Bild 5.10(b).

Bild 5.12: Verteilungsfunktionen der Häufigkeitsverteilungen für die Ergebnisse der reinen Stereofusion (blau gestrichelt), der sequenziellen (grün gepunktet) und der simultanen Fusion von Stereo- und Fokusserien (rot durchgezogen).

Zusammengefasst ist die simultane Fusion der Fokusinformation mit der Stereo-information vorteilhaft zur Verbesserung der Tiefenbestimmung im Hintergrund; siehe Tabelle 5.3. Allerdings entstehen an den Rändern der Vordergrundobjekte wenige fehlerhafte Tiefenbestimmungen; siehe Bild 5.6(c). Diese kommen durch den Ansatz des Fokusterms im Funktional aus Gl. (3.52) zustande; siehe Abschnitt 3.3.1.

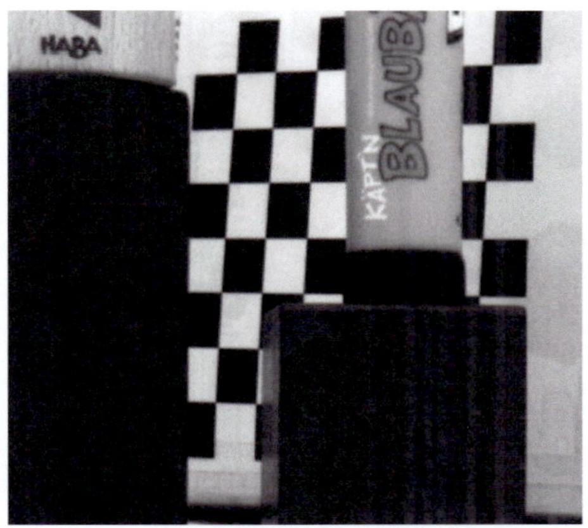

(a) Teil der beobachteten Szene mit periodischer Struktur im Hintergrund;

(b) Referenz für den betrachteten Szenenausschnitt.

Bild 5.13: Ausschnitt der Bildserie aus Bild 3.16 und zugehörige Referenz.

(a) Durch reine Stereofusion erhaltene Tiefenkarte (mit fehlerhaft bestimmter Tiefe im Hintergrund);

(b) Durch Fusion von Stereo- und Defokusinformation erhaltene Tiefenkarte.

Bild 5.14: Fusion der Bildserie aus Bild 3.16.

(a) Abweichung der Tiefenbestimmung aus Bild 5.14(a) zur Referenz;

(b) Abweichung der Tiefenbestimmung aus Bild 5.14(b) zur Referenz.

Bild 5.15: Abweichungen der erzielten Tiefenbestimmungen von Bild 5.14 zur Referenz.

(a) Quadratische Abweichung der Tiefenbestimmung aus Bild 5.14(a) zur Referenz;

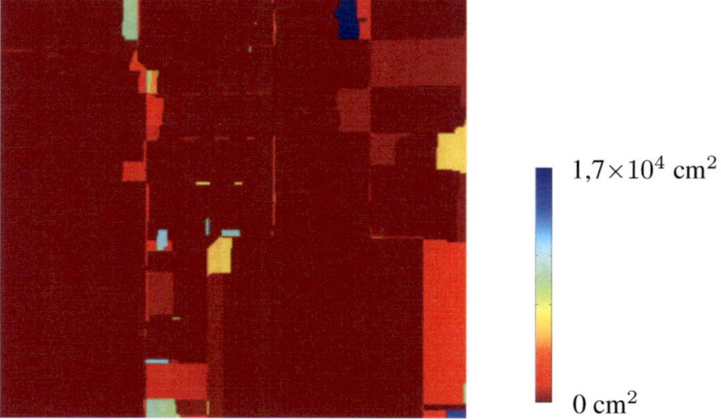

(b) Quadratische Abweichung der Tiefenbestimmung aus Bild 5.14(b) zur Referenz.

Bild 5.16: Quadratische Abweichungen der erzielten Tiefenbestimmungen von Bild 5.14 zur Referenz.

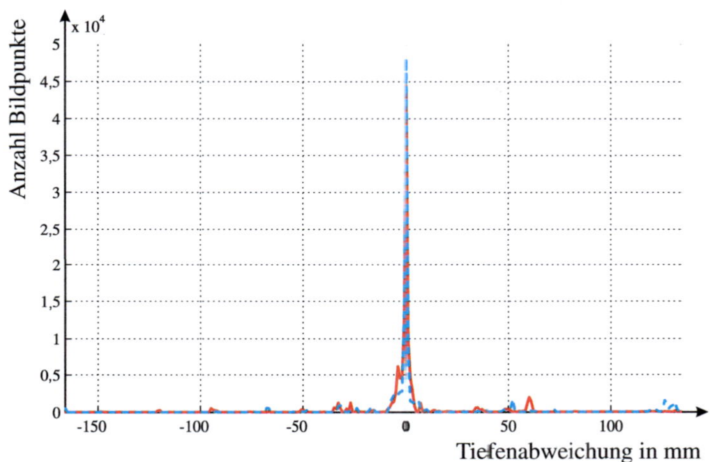

(a) Häufigkeitsverteilungen der Tiefenabweichungen zur Referenz;

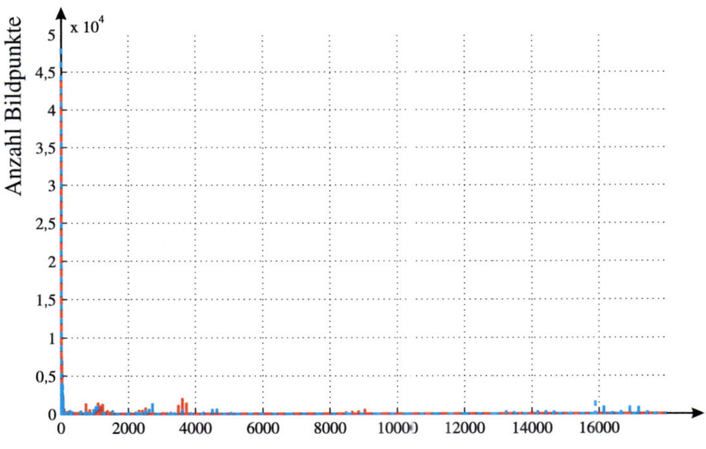

(b) Häufigkeitsverteilungen der quadratischen Tiefenabweichungen zur Referenz.

Bild 5.17: Häufigkeitsverteilungen der Tiefenabweichungen der Ergebnisse der reinen Stereofusion (blau gestrichelt) und der Fusion von Stereo- und Defokusinformation (rot durchgezogen) zur Referenz.

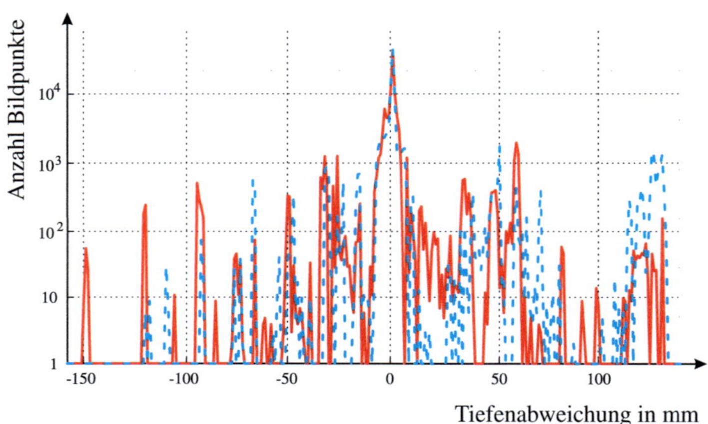

(a) Logarithmische Darstellung der Häufigkeitsverteilungen der Tiefenabweichungen zur Referenz;

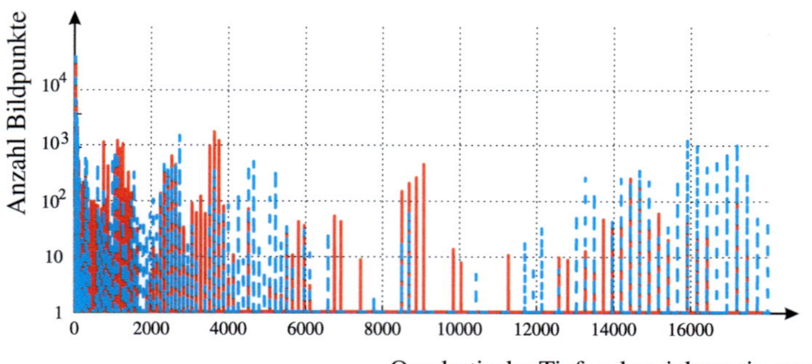

(b) Logarithmische Darstellung der Häufigkeitsverteilungen der quadratischen Tiefenabweichungen zur Referenz.

Bild 5.18: Logarithmische Darstellung der Häufigkeitsverteilungen der Tiefenabweichungen der Ergebnisse der reinen Stereofusion (blau gestrichelt) und der Fusion von Stereo- und Defokusinformation (rot durchgezogen).

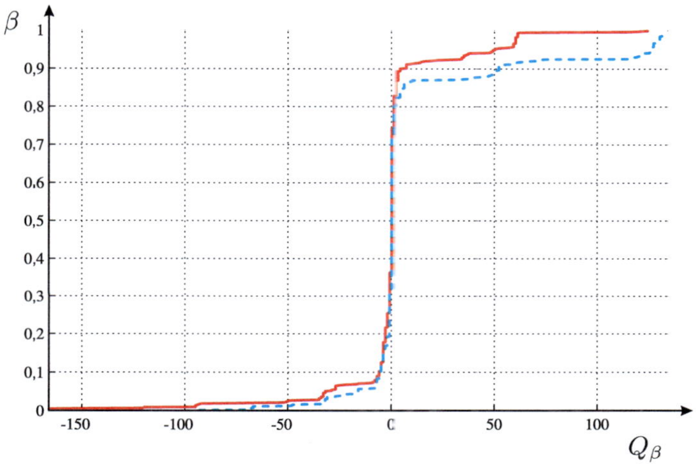

(a) Verteilungsfunktionen der Häufigkeitsverteilungen aus Bild 5.17(a);

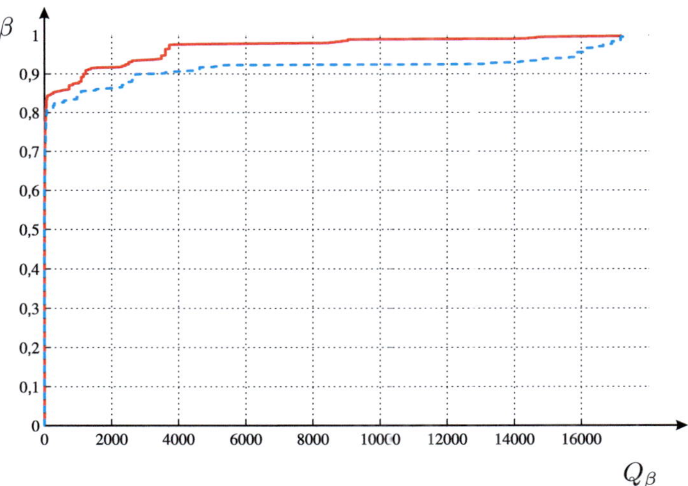

(b) Verteilungsfunktionen der Häufigkeitsverteilungen aus Bild 5.17(b).

Bild 5.19: Verteilungsfunktionen der Häufigkeitsverteilungen der Ergebnisse der reinen Stereofusion (blau gestrichelt) und der Fusion von Stereo- und Defokusinformation (rot durchgezogen).

Erzielte Verbesserung durch simultane Fusion der Stereo- und der Defokusinformation   Die Ergebnisse der Fusion von Stereo- und Defokusinformation werden in ähnlicher Weise wie bei der Fusion von Stereo- und Fokusinformation bewertet. Hierbei wird eine Verbesserung der Tiefenbestimmung für Szenenbereiche mit periodischen Strukturen erreicht. Zur quantitativen Bewertung wird im Folgenden die Szene aus Bild 3.15 verwendet, die im Hintergrund ein Schachbrettmuster aufweist; siehe Bild 5.13.

Die Bilder 5.15 und 5.16 zeigen die Abweichungen und die quadratischen Abweichungen der Tiefenwerte der beiden Fusionsergebnisse (siehe Bild 5.14) zu einer Referenz (siehe Bild 5.13(b)), die mit Hilfe einer Time-of-Flight-Kamera bestimmt wurde. Die mittlere Abweichung für die reine Stereofusion beträgt im Beispiel 15,6 mm. Die Fusion mit der Defokusinformation verbessert das Ergebnis, so dass die mittlere Abweichung nur noch 9,8 mm beträgt. Global gesehen, d. h. über das gesamte Bild, wird somit eine Verbesserung der Tiefenbestimmung von 5,8 mm erzielt.

Lokal wird diese Verbesserung aufgrund der Fusion von Stereo- und Defokusinformation mit kleinen Verschlechterungen der Tiefenbestimmung erkauft. Für diejenigen Bildpunkte, bei denen eine Verschlechterung auftritt, beträgt diese im Mittel 2,2 mm. Die Verschlechterungen werden durch den Defokusterm des Energiefunktionals aus Gl. (3.54) verursacht, der die Tiefenbestimmungen für Bildpunkte in der Nähe von Kanten zu ähnlichen Werten wie auf der Kante zwingt. Dadurch wird die Trennschärfe der Tiefenbestimmung an Kanten vermindert, so dass sowohl für das Objekt im Vordergrund als auch für das Objekt im Hintergrund lokale Fehler in der Tiefenbestimmung entstehen können. Die Häufigkeitsverteilungen der Tiefenabweichungen in den Bildern 5.17 und 5.18 bestätigen diese Beobachtung: Das globale Maximum bei der reinen Stereofusion (blau gestrichelt) ist zwar höher als das globale Maximum für die Fusion der Stereo- und der Defokusinformation (rot durchgezogen), dafür treten bei der Fusion der Stereo- und der Defokusinformation weniger große Fehler auf.

Die Fehler im Hintergrund (zwei Streifen), die bei der reinen Stereofusion auftreten und von der periodischen Struktur des Hintergrunds verursacht worden sind, werden in den Häufigkeitsverteilungen in lokale Maxima bei ca. 130 mm abgebildet; siehe die blau gestrichelten Kurven in den Bildern 5.17(a) und 5.18(a). Durch die Fusion mit der Defokusinformation wird in diesen Bereichen eine Verbesserung der Tiefenbestimmung erreicht, so dass die lokalen Maxima bei ca. 130 mm verschwinden; siehe die rot durchgezogenen Kurven in den Bildern 5.17(a) und 5.18(a).

Die Berechnung der Quantile für die Häufigkeitsverteilungen der Tiefenabweichungen ergibt, dass bei der reinen Stereofusion 81% der Tiefenwerte einen Fehler von weniger als 10 mm gegenüber der Referenz aufweisen.[11] Im Ergebnis der Fusion von Stereo- und Defokusinformation besitzen 84,5% der Tiefenwerte eine Abweichung zur Referenz von weniger als 10 mm.[12]

	Reine Stereofusion	Fusion von Stereo- und Defokusinformation
Mittlere Abweichung	15,6 mm	9,8 mm
Abweichung des Hintergrunds	ca. 130 mm	ca. 7 mm
Anteil der Bildpunkte mit Abweichung kleiner als 10 mm	81%	84,5%

Tabelle 5.4: Evaluation der Fusionsergebnisse der Stereo- und Fokusserie aus Bild 3.16.

Zusammengefasst bewirkt die Fusion von Stereo- und Defokusinformation eine globale Verbesserung der Tiefenbestimmung bei Szenen, die periodische Strukturen aufweisen. Dies resultiert aus starken Verbesserungen im Bereich periodischer Strukturen; siehe Tabelle 5.4. In der Nähe von Kanten kann es zu lokalen Verschlechterungen kommen, die jedoch im Verhältnis zur erzielten Verbesserung bei periodischen Strukturen gering ausfällt.

Zusammenfassung   Anhand zweier Szenarien mit schwachen bzw. periodischen Strukturen wurde gezeigt, dass die Fusion kombinierter Stereo- und Fokusserien zu einer global verbesserten Tiefenbestimmung gegenüber der reinen Stereofusion führt. Allerdings gibt es kleinere Bereiche (z. B. in der Nähe von Bildkanten), in denen die Einbeziehung der (De)Fokusinformation teilweise zu einer Verschlechterung der Tiefenbestimmung führen kann. Die Fusion von Stereo- und (De)Fokusinformation ist daher vor allem sinnvoll, wenn die Auswertung der reinen Stereoinformation nicht hinreichend für eine korrekte Tiefenbestimmung ist; siehe auch Tabelle 3.1.

5.2   Aspekte zur Fusion von Stereo- und Spektralserien

Die wesentliche Herausforderung bei der Auswertung kombinierter Stereo- und Spektralserien besteht in der Registrierung der Bilder. In Kapitel 4 wurden zwei

---

[11]Für die blaue Kurve aus Bild 5.19(a) gilt: $Q_{0,06} = -10$ mm und $Q_{0,87} = 10$ mm.
[12]Für die rote Kurve aus Bild 5.19(a) gilt: $Q_{0,07} = -10$ mm und $Q_{0,915} = 10$ mm.

flächenbasierte Verfahren zur Registrierung solcher Bildserien dargestellt. Im Folgenden werden die Ergebnisse dieser beiden Verfahren qualitativ und quantitativ bewertet.

Als beispielhafte Szene wird im Folgenden eine ebene Szene verwendet, die eine farbig bedruckte Oberfläche aufweist und näherungsweise senkrecht zu den optischen Achsen der Kameras ausgerichtet ist; siehe Bild 5.20. Die mit dem Kamera-Array aufgenommene Stereo- und Spektralserie ist in Bild 5.21 dargestellt. Der Versatz der Bilder ist in der Bildserie deutlich sichtbar: Als Beispiel sind in den Bildern von 400 bis 500 nm Teile des Versuchsaufbaus als überwiegend grauer Streifen im unteren Bereich der Bilder sichtbar. Die Bilder, die den NIR-Bereich abbilden, weisen hauptsächlich Rauschen auf, da alle gedruckten Farben in diesen spektralen Bändern ähnlich reflektieren bzw. absorbieren.

Die Bilder der kombinierten Stereo- und Spektralserie werden mittels der beiden in Kapitel 4 dargestellten flächenbasierten Verfahren registriert. Die Ergebnisse der Registrierung sind in den Bildern 5.22(a) und 5.22(b) anhand von Tiefenkarten dargestellt. Bild 5.22(c) zeigt die Referenz der Tiefenwerte, die anhand einer geometrischen Vermessung der Szene erstellt wurde. Zur Verbesserung der Anschaulichkeit zeigen die Bilder 5.23(a) und 5.23(b) die zugehörigen $2\frac{1}{2}$D-Rekonstruktionen der Szene.

Bild 5.20: Beispielhafte Szene in RGB-Darstellung.

Die Ergebnisse können qualitativ wie folgt charakterisiert werden:

- Bei der regionenbasierten Registrierung weist das Ergebnis „Löcher" auf. Diese sind in Bild 5.22(a) weiß gekennzeichnet. Sie sind darauf zurückzuführen, dass an den Bildrändern keine Korrespondenzen zwischen Regionen festgestellt werden können.

- Die Registrierung zwischen Regionen und Bildbereichen liefert eine dichte Tiefenkarte; siehe Bild 5.22(b). Dies ist darauf zurückzuführen, dass in diesem Registrierungsverfahren 1:N-Zuordnungen zugelassen werden und der Glattheitsterm aus Gl. (4.34) in der Folge für eine dichte Tiefenkarte sorgt.

Die quantitative Bewertung der Ergebnisse erfolgt wie in den vorherigen Abschnitten mittels der Abweichungen und der quadratischen Abweichungen zur Referenz, sowie der entsprechenden Häufigkeitsverteilungen. Zusätzlich werden die Quantile aus den Verteilungsfunktionen der Häufigkeitsverteilungen verwendet.

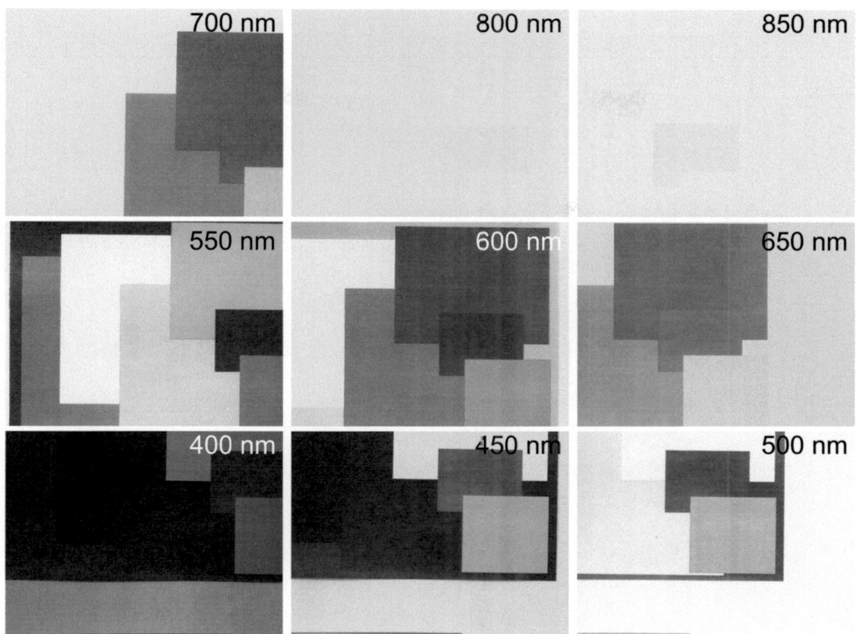

Bild 5.21: Mit dem Kamera-Array aufgenommene kombinierte Stereo- und Spektralserie der Szene aus Bild 5.20. In der rechten oberen Ecke ist die mittlere Wellenlänge des Durchlassbereichs des jeweiligen Spektralfilters aufgetragen.

Für die Tiefenkarte aus Bild 5.22(a), die mittels der regionenbasierten Registrierung erstellt worden ist, sind die Abweichungen zur Referenz in Bild 5.24 dargestellt. Die Tiefenkarte weist eine mittlere Abweichung von 6,3 mm auf.

Die Abweichungen von der Referenz, die sich für die Tiefenkarte aus der Registrierung zwischen Regionen und Bereichen (siehe Bild 5.22(b)) ergeben, sind in Bild 5.25 dargestellt. Die mittlere Abweichung beträgt hier 11 mm.

Bild 5.26 stellt die Häufigkeitsverteilungen der Tiefenabweichungen dar: Die rot durchgezogene Kurve beschreibt das Ergebnis der regionenbasierten Registrierung, während die blau gestrichelte Kurve das Ergebnis der Registrierung zwischen Regionen und Bereichen charakterisiert.

Eine weitere Bewertung der Ergebnisse ist durch die Betrachtung von Quantilen möglich. Dafür werden die Verteilungsfunktionen der Kurven aus Bild 5.26 berechnet; siehe Bild 5.27. Bei dem Ergebnis der regionenbasierten Registrierung (siehe Bild 5.22(a)) weisen 85% der Bildpunkte einen Tiefenwert mit einer Abwei-

(a) Mittels regionenbasierter Registrierung erstellte Tiefenkarte;

(b) Mittels Registrierung zwischen Regionen und Bereichen erstellte
    Tiefenkarte;

(c) Referenz für die betrachtete Szene.

Bild 5.22: Fusion der kombinierten Stereo- und Spektralserie aus Bild 5.21.

(a) Mittels regionenbasierter Registrierung erstellte Rekonstruktion;

(b) Mittels Registrierung zwischen Regionen und Bereichen erstellte
Rekonstruktion.

Bild 5.23: $2\frac{1}{2}$D-Rekonstruktionen auf Basis der Tiefenkarten aus Bild 5.22.

chung zur Referenz von weniger als 10 mm auf.[13] Im Gegensatz dazu besitzen im
Ergebnis der Registrierung zwischen Regionen und Bereichen (siehe Bild 5.22(b))
nur 62,5% der Tiefenwerte eine Abweichung von weniger als 10 mm zur Referenz.[14] Wird stattdessen für die Abweichungen das Intervall $[-6\text{ mm}, 6\text{ mm}]$
betrachtet, befinden sich für die regionenbasierten Registrierung nur 41,5% der
Tiefenabweichungen in diesem Intervall gegenüber 55,5% für die Registrierung

---

[13]Für die rote Kurve aus Bild 5.27(a) gilt: $Q_{0,13} = -10$ mm und $Q_{0,98} = 10$ mm.
[14]Für die blaue Kurve aus Bild 5.27(a) gilt: $Q_{0,375} = -10$ mm und $Q_1 = 10$ mm.

(a) Abweichung der Tiefenbestimmung aus Bild 5.22(a) zur Referenz;

(b) Quadratische Abweichung der Tiefenbestimmung aus Bild 5.22(a) zur
Referenz.

Bild 5.24: Abweichungen der Tiefenbestimmung aus Bild 5.22(a) zur Referenz.

zwischen Regionen und Bereichen;[15] siehe Tabelle 5.5.

Im Ergebnis ist die Tiefenbestimmung auf Basis der regionenbasierten Registrierung zwar genauer, allerdings müssen die resultierenden Tiefenkarten nicht dicht sein. Die Tiefenbestimmung mittels der Registrierung zwischen Regionen und Bereichen ist dagegen ungenauer, liefert jedoch stets dichte Tiefenkarten.

Zusammenfassung In diesem Kapitel wurden die in dieser Arbeit dargestellten neuartigen Verfahren bewertet. Es wurde gezeigt, dass die in Kapitel 3 dargestell-

---

[15]Für die rote Kurve aus Bild 5.27(a) gilt: $Q_{0,57} = -6$ mm und $Q_{0,985} = 6$ mm. Für die blaue Kurve aus Bild 5.27(a) gilt: $Q_{0,405} = -6$ mm und $Q_{0,96} = 6$ mm.

(a) Abweichung der Tiefenbestimmung aus Bild 5.22(b) zur Referenz;

(b) Quadratische Abweichung der Tiefenbestimmung aus Bild 5.22(b) zur Referenz.

Bild 5.25: Abweichungen der Tiefenbestimmung aus Bild 5.22(b) zur Referenz.

	Regionenbasierte Registrierung	Registrierung zwischen Regionen und Bereichen
Mittlere Abweichung	6,3 mm	11 mm
Anteil der Bildpunkte mit Abweichung kleiner als 10 mm	85%	62,5%
Anteil der Bildpunkte mit Abweichung kleiner als 6 mm	41,5%	55,5%

Tabelle 5.5: Evaluation der Fusionsergebnisse der Stereo- und Spektralserie aus Bild 5.21.

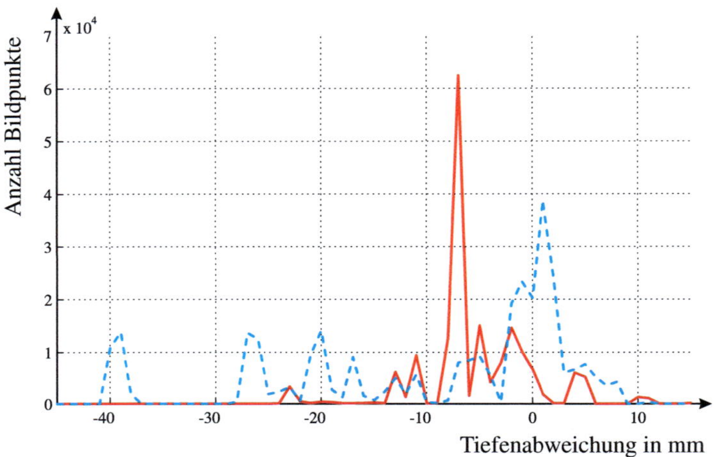

(a) Häufigkeitsverteilungen der Tiefenabweichungen zur Referenz;

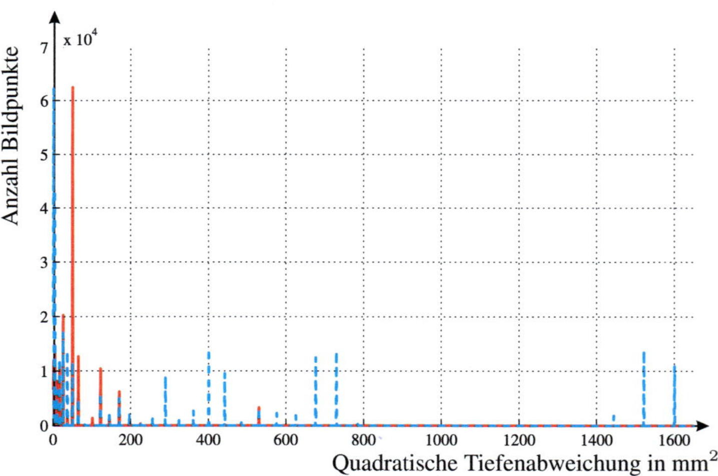

(b) Häufigkeitsverteilungen der quadratischen Tiefenabweichungen zur
    Referenz.

Bild 5.26: Häufigkeitsverteilungen der Tiefenabweichungen der Ergebnisse der regionenbasierten Registrierung (rot durchgezogen) und der Registrierung zwischen Regionen und Bereichen (blau gestrichelt).

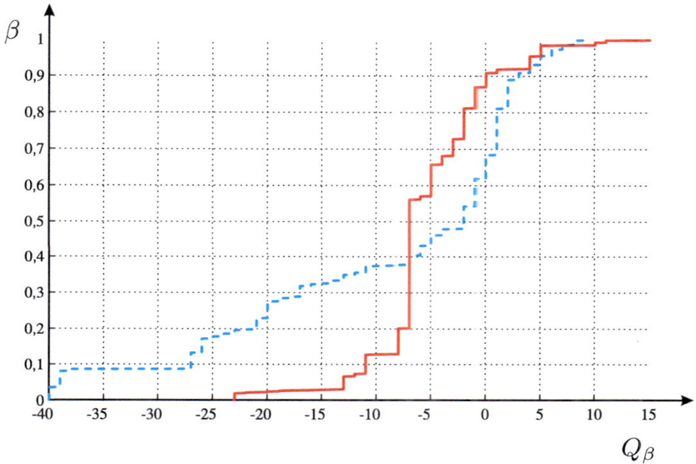

(a) Verteilungsfunktionen der Häufigkeitsverteilungen aus Bild 5.26(a);

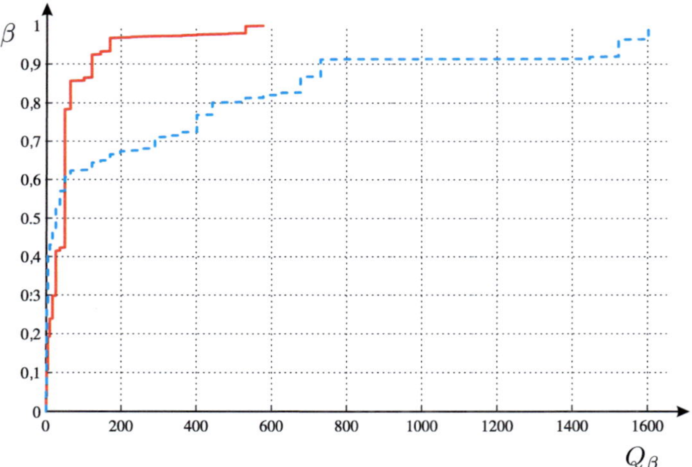

(b) Verteilungsfunktionen der Häufigkeitsverteilungen aus Bild 5.26(b).

Bild 5.27: Verteilungsfunktionen der Häufigkeitsverteilungen für die Ergebnisse der regionenbasierten Registrierung (rot durchgezogen) und der Registrierung zwischen Regionen und Bereichen (blau gestrichelt).

ten Verfahren zur Fusion von multivariaten Stereo- und Fokusserien in der Lage sind, die Tiefenbestimmung bei solchen Szenen, die bei der reinen Stereofusion problematisch sind – Szenen, die schwache oder periodische Strukturen aufweisen –, zu verbessern. Für die Fusion von Stereo- und Spektralserien wurde außerdem gezeigt, dass die beiden in Kapitel 4 eingeführten flächenbasierten Verfahren geeignet sind, die Registrierung solcher Bildserien erfolgreich zu bewerkstelligen.

6 Zusammenfassung und Ausblick

Die vorliegende Arbeit beschäftigte sich mit der Fusion multivariater Bildserien, die mittels eines neuartigen kompakten Kamera-Arrays aufgenommen wurden. Bei diesem Kamera-Array stehen als variierbare Aufnahmeparameter neben der Position der Kameras auch die Fokuseinstellungen sowie die erfassten Spektralbereiche zur Verfügung. Durch gleichzeitige Variation mehrerer Aufnahmeparameter können multivariate Bildserien erfasst werden. Der Einsatz mehrerer Kameras erlaubt sowohl die simultane als auch die sequenzielle Erfassung von Bildserien. Dieser Aufbau ermöglicht somit eine umfassende optische Inspektion unterschiedlicher Szenen, wobei sowohl statische als auch dynamische Szenen untersucht werden können.

Bisherige Publikationen zur Fusion von Bildserien stellten im Wesentlichen Fusionsverfahren für univariate Bildserien vor. Die vorliegende Arbeit hatte dagegen die Untersuchung des Potenzials von Kamera-Arrays, bei denen mehr als ein Aufnahmeparameter variiert wurde, für die automatische Sichtprüfung zum Ziel. Multivariate Bildserien können prinzipiell zwei Vorteile bieten: Zum Einen kann durch die Kombination unterschiedlicher Informationskanäle eine Verbesserung der Informationsgewinnung erreicht werden, zum Anderen ermöglichen die unterschiedlichen Informationskanäle die gleichzeitige Erfassung mehrerer Eigenschaften der Szene. Zu diesem Ziel wurden Verfahren zur Fusion von kombinierten Bildserien erarbeitet, die auf simultan erfassten Bildserien angewandt wurden.

Zur Charakterisierung des Aufnahmeprozesses wurde in Kapitel 2 zunächst ein geometrisch-optisches Signalmodell aufgestellt. Dieses Modell formalisiert für kompakte Kamera-Arrays Stereo- und Unschärfeneffekte und berücksichtigt den Einfluss von Spektral- und Polarisationsfiltern. Darauf aufbauend wurden Fusionsverfahren für multivariate Bildserien erarbeitet.

Als Beispiele für multivariate Fusionsverfahren wurden in dieser Arbeit Bildserien fusioniert, bei denen Kamerapositionen und Fokuseinstellungen bzw. Kamerapositionen und Spektralfilter als variierte Aufnahmeparameter gewählt wurden. Die erarbeiteten Verfahren zur Fusion kombinierter Stereo- und Fokusserien ermöglichen eine verbesserte Tiefenbestimmung für schwach und periodisch strukturierte Szenenbereiche. Durch die Fusion kombinierter Stereo- und Spektralserien können gleichzeitig Informationen über die Gestalt und die spektralen Eigenschaften der Szene gewonnen werden. Die Allgemeinheit der gewählten Ansätze stellt sicher, dass sich die dargestellten Verfahren ohne Weiteres auch auf andere kombinierte Bildserien übertragen lassen, z. B. auf kombinierte Stereo- und Polarisationsserien.

Die Herausforderung bei der Fusion von kombinierten Stereo- und Fokusserien liegt darin, dass die Auswertung jeweils eines der beiden Effekte (Stereo- oder Fokuseffekt) durch die Präsenz des anderen Effekts erschwert wird und eine getrennte Auswertung daher nicht möglich ist; siehe Kapitel 3: Einerseits ist die reine Stereofusion der kombinierten Serie durch die in der Bildserie vorhandene variable Unschärfe erschwert. Andererseits ist die Auswertung der (De)Fokusinformation entweder nur lokal oder nach der Eliminierung des Stereoeffekts in guter Qualität möglich. Die in dieser Arbeit vorgeschlagenen Verfahren basieren daher auf einem stark gekoppelten Fusionsansatz, der iterativ die Tiefe für alle Bildpunkte der Bilder der Serie durch Kombination der Auswerteprinzipien *depth from stereo* und *depth from focus* bzw. *depth from stereo* und *depth from defocus* bestimmt. Durch diese Ansätze der Bildfusion wird die Tiefenbestimmung für solche Szenenbereiche deutlich verbessert, bei denen reine Stereoverfahren versagen: Während die Fusion von Stereo- und Fokusinformation eine bessere Tiefenbestimmung vor allem für Szenenbereiche ermöglicht, die eine schwache Struktur aufweisen, resultiert die Fusion von Stereo- und Defokusinformation in einer besseren Tiefenbestimmung vorwiegend für Szenenbereiche mit periodischen Strukturen.

Die Herausforderungen bei der Fusion kombinierter Stereo- und Spektralserien stammen aus der Schwierigkeit der Registrierung der Bilder; siehe Kapitel 4. Übliche Stereoansätze aus der Literatur, die Grauwerte als Merkmale für korrespondierende Bildpunkte verwenden, versagen aus zwei Gründen: Korrespondierende Bildpunkte besitzen aufgrund unterschiedlicher Strahldichten des beobachteten Szenenpunkts in den durch die eingesetzten Spektralfilter definierten Wellenlängenbereichen unterschiedliche Intensitäten. Dadurch bedingt weisen benachbarte Bildbereiche über die Bilder der Serie außerdem unterschiedliche Kontraste auf. Zur Lösung des Korrespondenzproblems wurden in dieser Arbeit zwei mögliche Fusionsverfahren vorgeschlagen: Das erste Verfahren basiert auf Regionen, wobei Korrespondenzen zwischen Regionen in zuvor segmentierten Bilder gesucht werden. Das zweite Verfahren erweitert die regionenbasierte Registrierung, indem $1{:}N$-Zuordnungen zwischen Regionen zugelassen werden. In der Folge können alle Regionen mit einem Tiefenwert versehen werden, so dass als Ergebnis immer eine dichte Tiefenkarte entsteht.

Die Ergebnisse der in dieser Arbeit entstandenen Fusionsverfahren wurden im Kapitel 5 diskutiert. Es zeigt sich, dass die erarbeiten Fusionsverfahren in der Lage sind, in vielen Fällen, in denen Standardverfahren zur Tiefenbestimmung Schwächen zeigen, deutliche Verbesserungen des Ergebnisses zu erzeugen. Der Einsatz von Kamera-Arrays erweist sich für solche Szenen daher als sinnvoll und zeigt das Potenzial von Kamera-Arrays zur Lösung von Aufgaben in der automatischen Sichtprüfung.

Zusammengefasst sind Kamera-Arrays und die Fusion der damit erzeugten multivariaten Bildserien mächtige Hilfsmittel für die industrielle Sichtprüfung und Bildverarbeitung. Kamera-Arrays bieten die einmalige Möglichkeit, unterschiedliche Eigenschaften der beobachteten Szene simultan zu erfassen, und können so die sensorielle Grundlage für die industrielle Qualitätssicherung und Prozessführung erweitern. Die in dieser Arbeit dargestellten Verfahren stellen die Basis für weitere Entwicklungen dar, um Kamera-Arrays erfolgreich in praxisrelevante Produkte zu überführen.

Im Folgenden werden einige Erweiterungsmöglichkeiten skizziert, welche die in dieser Arbeit vorgestellten Ansätze und Verfahren ergänzen können.

Bei einer Verbesserung der optischen Komponenten (z. B. Kameras mit höheren Auflösungen oder besseren Abbildungsoptiken) kann mit einer höheren Genauigkeit und Zuverlässigkeit der Ergebnisse gerechnet werden. Da die Preise für Kameras als rechnernahe Komponenten momentan ständig sinken, widerspricht eine derartige Änderung des Sensoraufbaus nicht dem ursprünglichen Konzept, das den Einsatz günstiger Sensoren vorsieht.

Die Fusion von Stereo- und Fokusinformation ließe sich verbessern, wenn eine höhere Anzahl von Kameras eingesetzt wird, so dass dichtere Fokusserien entstehen. Eine Alternative dazu wäre der Einsatz von automatisch fokussierbaren Objektiven, so dass für jeden Szenenpunkt der genaue Abstand zur Schärfenebene bestimmt werden kann. Die Auswertung der Stereo- und Fokusserien kann außerdem erweitert werden, wenn alle drei Informationsbeiträge (Stereo-, Fokus- und Defokusinformation) zur Fusion herangezogen werden.

In dieser Arbeit wurde zur Segmentierung von Stereo- und Spektralserien die Wasserscheidentransformation aufgrund ihrer guten Anpassbarkeit an die Szene verwendet. Die Segmentierung wurde als Modul in der Verarbeitungskette vorgesehen und kann somit ersetzt werden, wenn sich andere Verfahren als geeigneter erweisen. Speziell bei Szenen mit bekannten Objekten (z. B. in der industriellen Fertigung) können einfachere Verfahren, die gezielt A-priori-Wissen einsetzen, Vorteile in Bezug auf die Segmentierungsqualität und die Rechenzeit aufweisen.

Die dargestellten flächenbasierten Registrierungsverfahren können z. B. für stark strukturierte Szenen iterativ mit einem Top-Down-Ansatz kombiniert werden: Dabei wird zunächst eine grobe Segmentierung durchgeführt, die als Ergebnis wenige große Regionen besitzt. In weiteren Iterationsschritten werden dann jeweils feinere Segmentierungen mit einer zunehmenden Anzahl von kleineren Regionen erhalten. Auf diese Weise lässt sich die Tiefe von stark texturierten Oberflächen besser bestimmen. Allerdings kann diese Ergänzung zu einer erhöhten Rechenzeit führen.

Die flächenbasierte Registrierung ließe sich erweitern, indem Regionen als zur Kameraachse geneigte Flächen modelliert werden. Dies setzt jedoch die Existenz von zusätzlichem A-priori-Wissen oder die zusätzliche Tiefenbestimmung an den Rändern der Regionen voraus.

Eine Alternative zu den in dieser Arbeit dargestellten flächenbasierten Verfahren zur Fusion von Stereo- und Spektralserien besteht in der gleichzeitigen Segmentierung und Registrierung der Bilder auf Basis von Variationsansätzen. Ein derartiger Ansatz ist beispielhaft im Anhang A.5 skizziert. Allerdings ist aus der Literatur bekannt, dass solche Variationsansätze rechenintensiv sind.

In dieser Arbeit wurde die Möglichkeit, die Position des gesamten Kamera-Arrays zu variieren, nicht betrachtet. Bei Ausnutzung dieses Freiheitsgrads wäre die vollständige, dreidimensionale Rekonstruktion der betrachteten Szene möglich, indem die aus unterschiedlichen Positionen erhaltenen Tiefenkarten zu einem gemeinsamen Ergebnis fusioniert werden.

A Anhang

A.1 Kalibrierung

Für die geometrische Kalibrierung des Kamera-Arrays wird ein Verfahren aus der Literatur erweitert [Wen92], das als fertige Matlab-Toolbox zur Verfügung steht [Cal10]. Das Verfahren nutzt mehrere Aufnahmen eines bekannten Schachbrettmusters[1] und schätzt zusätzlich zu den intrinsischen Parametern die extrinsischen Parameter für ein Kamerapaar. Dafür wird i. d. R. das Weltkoordinatensystem mit dem Koordinatensystem einer Kamera gleichgesetzt. Aus den erhaltenen Kalibrierungsmatrizen werden die Fundamentalmatrizen für die Rektifizierung berechnet; siehe Abschnitt 3.1.2.

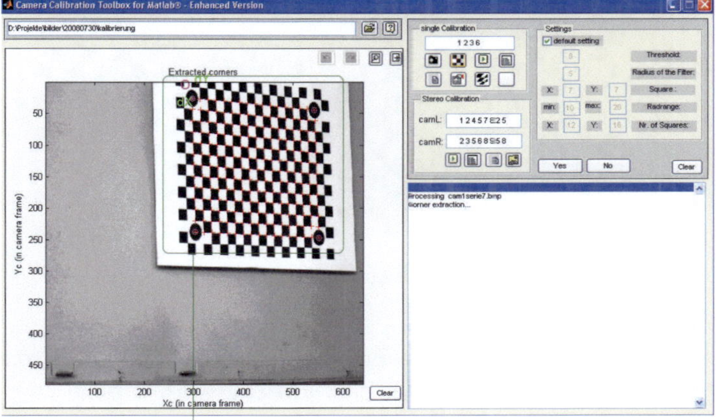

Bild A.1: Entwickelte Oberfläche der Kalibrierungs-Toolbox.

Die wesentliche, zusätzliche zur Erweiterung der Bedienoberfläche der Toolbox (siehe Bild A.1) vorgenommene Änderung besteht in der Möglichkeit, die Kalibrierungsbilder bei unterschiedlichen Fokuseinstellungen der Kameras auszuwerten. Dafür wurde ein spezielles Kalibrierungsmuster entworfen; siehe Bild A.2. Dabei wurden auf dem Schachbrettmuster vier Komponenten in Form schwarzer

---

[1]Dabei sind die Anzahl und die Größe der Rechtecke bekannt.

Kreise mit jeweils einem weißen Kreuz in der Mitte hinzugefügt. Die Kreise dienen als Marker und können im Gegensatz zu den Ecken des Schachbrettmusters
auch in unscharfen Bildern in einfacher Weise automatisch detektiert werden.

Die Auswertung der Kalibrierungsbilder beginnt mit der Detektion der schwarzen
Kreise mittels der Hough-Transformation [Gon08, Jäh02]. Anhand des Vorwissens
bezüglich der Anzahl und Größe der Rechtecke zwischen den Kreisen erfolgt anschließend die Detektion der Ecken des Schachbrettmusters. Die weißen Kreuze
ermöglichen bei Bedarf die interaktive Bestimmung der Mittelpunkte der schwarzen Kreise und somit der Ecken des Schachbrettmusters.

Bild A.2: Kalibrierungsmuster.

Zusätzlich zur geometrischen Kalibrierung wird auch eine photometrische
Kalibrierung durchgeführt, bei der eine Histogrammspreizung zum Einsatz
kommt [Gon08, Fre06a].

A.2 Diskussion zur unmittelbaren Fusion aller Bil-
der einer Serie

Bei der Auswertung von Bildserien stellt sich die grundsätzliche Frage, ob eine
unmittelbare Fusion aller Bilder der Serie möglich ist. Dies bedeutet die Einbindung aller Bilder einer Serie in den Fusionsprozess, ohne bei der Durchführung

der Fusion auf Operatoren für Bildpaare zurückzugreifen.

Als Beispiel für eine solche Überlegung wird im Folgenden die Fusion von Stereo-serien betrachtet; siehe Kapitel 3. Dort wird zunächst eine paarweise Betrachtung von Bildern zur Registrierung eingesetzt. Die entstehenden Terme für die Bild-paare werden zur Registrierung summiert und erst dann gemeinsam optimiert. Der Datenterm aus Gl. (3.22) vergleicht mittels einer Distanzfunktion die Grauwerte korrespondierender Bildpunkte in Bildpaaren

$$E_\mathrm{d}(s, B) = \sum_{\substack{(B_i, B_j) \\ i \neq j}} \sum_{\boldsymbol{u}_i \leftrightarrow \boldsymbol{u}_j} d_\mathrm{p}(B_i(\boldsymbol{u}_i), B_j(\boldsymbol{u}_j)) \,. \tag{A.1}$$

Der Hauptvorteil der paarweise Betrachtung liegt darin, dass die Dimension des Suchbereichs korrespondierender Bildpunkte bei der Registrierung von zwei Bil-dern mittels der Rektifizierung der Bilder auf eine Dimension reduziert werden kann und die Umsetzung der paarweisen Registrierung daher effizient erfolgen kann. Ein anderer Vorteil besteht darin, dass übliche Verfahren wie z. B. die Dis-tanzfunktion von Birchfield und Tomasi [Bir99], die Subpixel-Genauigkeit ermög-licht, genutzt werden können.

Eine Verallgemeinerung der Vorgehensweise zur unmittelbaren Registrierung aller Bilder kann erreicht werden, indem die Distanzfunktion $d_\mathrm{p}(\cdot, \cdot)$ durch eine andere Distanzfunktion $d_\mathrm{a}(\cdot, \dots, \cdot)$ ersetzt wird, welche die Grauwerte der korrespondie-renden Bildpunkte aus allen Bilder auf Ähnlichkeit prüft. Ein triviales Beispiel dafür ist die Funktion $d_\mathrm{a}(\cdot, \dots, \cdot)$:

$$d_\mathrm{a}(B_1(\boldsymbol{u}_1), \dots, B_n(\boldsymbol{u}_n)) = \begin{cases} 0, & B_1(\boldsymbol{u}_1) = \dots = B_n(\boldsymbol{u}_n) \\ 1, & \exists i, j \in \{1, \dots, n\} : B_i(\boldsymbol{u}_i) \neq B_j(\boldsymbol{u}_j) \,. \end{cases} \tag{A.2}$$

Der Datenterm wird dann zu:

$$E_\mathrm{da}(s, B) = \sum_{\substack{\boldsymbol{u}_i \\ \boldsymbol{u}_1 \leftrightarrow \dots \leftrightarrow \boldsymbol{u}_i \leftrightarrow \dots \leftrightarrow \boldsymbol{u}_n}} d_\mathrm{a}(B_1(\boldsymbol{u}_1), \dots, B_i(\boldsymbol{u}_i), \dots, B_n(\boldsymbol{u}_n)) \,. \tag{A.3}$$

Der Vorteil einer derartigen Formulierung liegt in ihrer Klarheit, da alle Bilder der Serie in unmittelbarer Weise zum Ergebnis beitragen.

Aussagen bezüglich Komplexität, Effizienz oder Genauigkeit der beiden Vorge-hensweisen können nur bei Realisierung von Verfahren zur unmittelbaren Fusion und deren Vergleich mit den Verfahren auf der Grundlage von Bildpaaren getroffen werden.

A.3   Bestimmung der Anfangswerte für die Auswertung des Defokuseffekts

Für die nichtlineare Minimierung der Kostenfunktion aus Gl. (3.48) wird der Levenberg-Marquardt-Algorithmus eingesetzt [Har03]. Dafür müssen die Anfangswerte für die zu bestimmenden Größen ε_u, a_u, c_u, g_1 und g_2 festgelegt werden. Im Folgenden wird der Fall für die $\tilde{u}$-Richtung dargestellt; für die $\tilde{v}$-Richtung gelten die Überlegungen in ähnlicher Weise.

Für a_u und c_u werden die Werte mittels des Hueckel-Operators bestimmt [Hue73]; siehe auch Abschnitt 3.2.2. Mit Hilfe der Kantenendpunkte $(\tilde{u}_a, \tilde{v}_a)^T$ und $(\tilde{u}_e, \tilde{v}_e)^T$ wird dann die Umgebung der Kante definiert:

$$\mathcal{E} := \{ \tilde{u} | \tilde{v}_a \leq \tilde{v} \leq \tilde{v}_e \wedge |a_u \tilde{v} + c_u - \tilde{u}| < k \} , \tag{A.4}$$

wobei k eine Variable ist, welche die Breite der Umgebung bestimmt. Diese wird so gewählt, dass die Grauwerte am Rand der Umgebung nahezu konstant sind. Damit wird sichergestellt, dass ε_u nicht in Richtung großer Werte divergiert. Die Umgebungen links und rechts bezüglich der Kante sind damit gegeben durch:

$$\begin{aligned}
\mathcal{E}_1 &:= \{ \tilde{u} \in \mathcal{E} | a_u \tilde{v} + c_u - \tilde{u} \leq 0 \} , \\
\mathcal{E}_2 &:= \{ \tilde{u} \in \mathcal{E} | a_u \tilde{v} + c_u - \tilde{u} > 0 \} .
\end{aligned} \tag{A.5}$$

Zur Bestimmung der Anfangswerte für g_1 und g_2 werden zunächst die mittleren Grauwerte $\bar{g}_1$ und $\bar{g}_2$ in den beiden Regionen $\mathcal{E}_1$ und $\mathcal{E}_2$ bestimmt. Zusätzlich werden das 0,25-Quantil $Q_{0,25}$ und das 0,75-Quantil $Q_{0,75}$ der Verteilungen der Grauwerte in der Regionen $\mathcal{E}_1$ bzw. $\mathcal{E}_2$ berechnet. Die Regel zur Festlegung der Anfangswerte für g_1 und g_2 lautet dann:

$$\begin{aligned}
\text{falls } \bar{g}_1 \leq \bar{g}_2, \text{ dann} \quad &\left\{ \begin{aligned} g_1 &:= Q_{0,25} \\ g_2 &:= Q_{0,75} \end{aligned} \right. \quad \text{und} \\
\text{falls } \bar{g}_2 < \bar{g}_1, \text{ dann} \quad &\left\{ \begin{aligned} g_1 &:= Q_{0,75} \\ g_2 &:= Q_{0,25} . \end{aligned} \right.
\end{aligned} \tag{A.6}$$

Anhand der mittleren Grauwerte in den beiden Regionen $\mathcal{E}_1$ und $\mathcal{E}_2$ kann auch eine Überprüfung der Größe von $\mathcal{E}$ entlang der Kante erfolgen. Dafür werden zunächst die Schnittmengen einer Bildzeile mit den Regionen $\mathcal{E}_1$ und $\mathcal{E}_2$ gebildet. Im nächsten Schritt werden die Mittelwerte $\bar{g}_{1k}$ und $\bar{g}_{2k}$ für die zwei entstandenen Mengen berechnet. Falls $|\bar{g}_{1k} - g_1| > \frac{|g_1 - g_2|}{4}$ bzw. $|\bar{g}_{2k} - g_2| > \frac{|g_1 - g_2|}{4}$, wird die Größe der Region $\mathcal{E}$ entsprechend verkleinert.

Für ε_u wird die Bestimmung des Anfangswertes mit den Verfahren aus [Sub88] durchgeführt, die eine schnelle Konvergenz unterstützen [Fre06a].

A.4 Segmentierungsverfahren

Die Segmentierung eines Bildes ist als die Einteilung des Bildes in Regionen bei einem gegeben Homogenitätskriterium definiert [Gon08]. Kriterien für eine gute Segmentierung sind [Gon08]:

1. Die Segmentierung ist komplett, d. h. jeder Bildpunkt gehört zu einer Region.

2. Die Regionen überlappen nicht.

3. Die Regionen sind zusammenhängend.

4. Das Homogenitätskriterium ist innerhalb jeder Region erfüllt.

5. Zwischen den Regionen ist das Homogenitätskriterium nicht erfüllt.

Eine gute Segmentierung ist somit äquivalent zur Partitionierung des Bildes in homogene Regionen.

Zur Segmentierung sind in der Literatur zahlreiche Verfahren bekannt, die sich in folgende Ansätze einteilen lassen [Gon08]:

- Bei der Segmentierung mittels Schwellwerten wird das Bild anhand des Vergleichs der Grauwerte für jeden Bildpunkt mit festen Werten (den Schwellwerten) in Regionen unterteilt. Die Schwellwerte lassen sich z. B. aus dem Bildhistogramm bestimmen. Dieses Verfahren kann die Bedingung 3 verletzen, da die entstehenden Regionen nicht zusammenhängend sein müssen.

- Region-Growing-Verfahren starten von bekannten Bildpunkten (*seeds*) und erzeugen Regionen durch regelbasiertes Zufügen von Bildpunkten. Die Schwierigkeiten dieser Verfahren bestehen in der Auswahl der Startpunkte sowie des Wachstums- und des Abbruchkriteriums, so dass das Segmentierungsergebnis die Bedingungen 1 und 5 nicht erfüllen muss.

- Verfahren des Region-Splittings und -Mergings sind Kombinationen zweier Ansätze, wobei das Bild zunächst segmentiert wird (*top-down*) und im Anschluss benachbarte Regionen, die das Homogenitätskriterium erfüllen, verschmolzen werden (*bottom-up*). Die Schwierigkeit hierbei liegt in der geeigneten Wahl des Aufteilungskriteriums. Die Bedingung 5 kann bei diesen Verfahren verletzt sein.

- Bei texturbasierten Segmentierungsverfahren wird das Bild anhand von Texturmerkmalen unterteilt, die im Bild lokal berechnet werden, z. B. mittels statistischer Merkmale. Dabei besteht die Herausforderung in der Wahl geeigneter Merkmale. Das Segmentierungsergebnis kann die Bedingung 3 verletzen.

- Die Wasserscheidentransformation interpretiert die Grauwerte eines aus dem ursprünglichen Bild bestimmten Kantenbildes als Höhen in einem Reliefbild. Das segmentierte Bild entsteht, indem die Höhenzüge als Konturen von Regionen („Wasserscheiden" von „Tälern") interpretiert wird [Dig78, Beu79, Roe01].

- In letzter Zeit wurden Variationsansätze zur Segmentierung entwickelt. Diese minimieren ein Funktional, welches die Segmentierungskriterien modelliert. Ein Beispiel eines solchen Funktionals ist das Mumford-Shah-Funktional [Mum85, Mum89]. Die Minimierung kann im kontinuierlichen Fall mittels Level-Sets [Osh03] oder im diskreten Fall mittels Graph-Cuts-Verfahren [El-07] erfolgen. Diese Vorgehensweise kann die Bedingung 5 verletzen.

In dieser Arbeit wurde die Wasserscheidentransformation eingesetzt, da sie mittels mehrerer Parameter gut an die Szene angepasst werden kann. Zur Berechnung des notwendigen Kantenbildes wurden die Verfahren von [Der90] eingesetzt, die auf den Laplacian-of-Gaussian-Operator basieren, wobei zur Störungsunterdrückung im Vorfeld eine anisotrope Diffusion durchgeführt wurde [Jäh02]. Für den Einsatz in dieser Arbeit wurde eine Erweiterung der Wasserscheidentransformation verwendet, bei der als einzige Parameter die gewünschte Anzahl der Regionen sowie die maximale und die minimale Regionengröße nach der Segmentierung vorgeben werden [ITK10]. Durch diese Vorgehensweise ist die Vergleichbarkeit der Größe der Regionen gewährleistet, so dass die Korrespondenzsuche weitgehend unabhängig von den Eingangsbildern wird.

A.5 Simultane Segmentierung und Registrierung mittels des Mumford-Shah-Funktionals

Eine Möglichkeit zur Lösung des Fusionsproblems für kombinierte Stereo- und
Spektralserien besteht darin, Segmentierung und Registrierung simultan durchzuführen. Der Grundgedanke dabei ist, dass die Wahl der Segmentierung die zu
registrierenden Regionen bestimmt und eine optimale Registrierung nur dann ge-
lingen kann, wenn die Regionen durch ähnliche Merkmale (etwa durch überein-
stimmende Konturen) charakterisiert werden. Für eine solche simultane Fusion
eignet sich prinzipiell das Mumford-Shah-Funktional, das in der ursprünglichen
Form zur Segmentierung eingesetzt werden kann:

$$E(B_\mathrm{e}, \Gamma) := \mu \iint\limits_{\Omega} (B_\mathrm{e}(\boldsymbol{u}) - B(\boldsymbol{u}))^2 \mathrm{d}\boldsymbol{u} + \iint\limits_{\Omega \backslash \Gamma} \|\nabla B_\mathrm{e}(\boldsymbol{u})\|^2 \mathrm{d}\boldsymbol{u} + \nu \mathcal{H}^1(\Gamma) \,.$$

$$(A.7)$$

Dabei bezeichnet B_e das Segmentierungsergebnis, das innerhalb der durch die
Menge Γ der ermittelten Konturen dem geglätteten Eingangsbild B entspricht.
$\Omega \in \mathbb{R}^2$ ist der Definitionsbereich des Eingangsbildes B und des segmentierten
Bildes B_e.

Der erste Term des Funktionals stellt sicher, dass das Segmentierungsergebnis dem
Eingangsbild möglichst ähnlich ist. Der zweite Term bewertet die Eigenschaft,
dass das segmentierte Bild innerhalb der durch die Konturen begrenzten Regionen
möglichst glatt sein soll; dies entspricht der Bedingung eines allgemein gehaltenen
Homogenitätskriteriums. Der dritte Term stellt mittels des 1D-Hausdorff-Maßes
sicher, dass die Länge der ermittelten Konturen minimal ist [Cha05]. $\mu, \nu > 0$
sind Gewichtungsfaktoren, welche die Größe der Regionen und die Inhomogenität
zwischen den Regionen beeinflussen.

Für die Registrierung eines Bildpaares (B_i, B_j) aus einer kombinierten Stereo-
und Spektralserien kann das Funktional aus Gl. (A.7) durch Korrespondenzbedin-

gungen erweitert werden:

$$
E(B_{\mathrm{e}i}, B_{\mathrm{e}j}, \Gamma_i, \Gamma_j, s) :=
$$

$$
\mu \left(\iint\limits_{\Omega_{B_i}} (B_{\mathrm{e}i}(\boldsymbol{u}_i) - B_i(\boldsymbol{u}_i))^2 \mathrm{d}\boldsymbol{u} + \iint\limits_{\Omega_{B_j}} (B_{\mathrm{e}j}(\boldsymbol{u}_j) - B_j(\boldsymbol{u}_j))^2 \mathrm{d}\boldsymbol{u} \right)
$$

$$
+ \iint\limits_{\Omega_{B_i} \backslash \Gamma_i} \|\nabla B_{\mathrm{e}i}(\boldsymbol{u}_i)\|^2 \mathrm{d}\boldsymbol{u} + \iint\limits_{\substack{\Omega_{B_j} \backslash \Gamma_j \\ \Gamma_i \leftrightarrow \Gamma_j}} \|\nabla B_{\mathrm{e}j}(\boldsymbol{u}_j)\|^2 \mathrm{d}\boldsymbol{u}
$$

$$
+ \nu \mathcal{H}^1(\Gamma_i) \, . \tag{A.8}
$$

Dabei beschreibt die Bezeichnerfunktion $s(\cdot)$ Korrespondenzen zwischen den Bildpunkten der Konturen; siehe Abschnitt 3.1.3. Im Vergleich zu Gl. (A.7) treten die ersten beiden Summanden des ursprünglichen Funktionals zweimal (d. h. für jedes Bild des Bildpaares) auf. Der dritte Term, der die Länge der Konturen bewertet, tritt nur einmal auf, da er die Länge der Konturen in beiden Bildern beschreibt.

Für Bildserien muss dieser Ansatz so ergänzt werden, dass die Ähnlichkeiten in allen Bildern der Serie bewertet werden [Ghe10a]:

- Eine Möglichkeit besteht darin, die Bewertung der Konturen in allen Bildern der Serie innerhalb des Funktionals von Gl. (A.8) durchzuführen. Dafür werden wie im Fall der Formulierung für Bildpaare die ersten beiden Summanden aus Gl. (A.7) für alle Bilder modelliert, während der dritte Term nur einmal auftritt.

- Eine andere Möglichkeit ist die paarweise Formulierung. Dabei werden die Energiefunktionale aus Gl. (A.8) für alle Bildpaare der Serie formuliert und anschließend summiert.

A.6   Mögliche Korrespondenzen zwischen Regionen und Bereichen

Bei der flächenbasierten Registrierung zwischen Regionen und Bereichen können die folgenden Konstellationen auftreten; siehe Bild A.3:

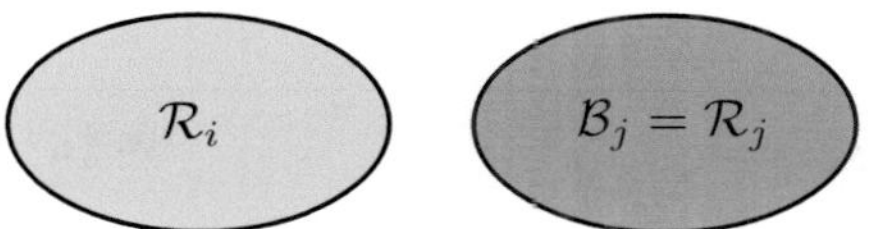

(a) Bereich $\mathcal{B}_j$ besteht aus einer einzigen Region $\mathcal{R}_j$ mit $|\mathcal{R}_i| = |\mathcal{B}_j|$;

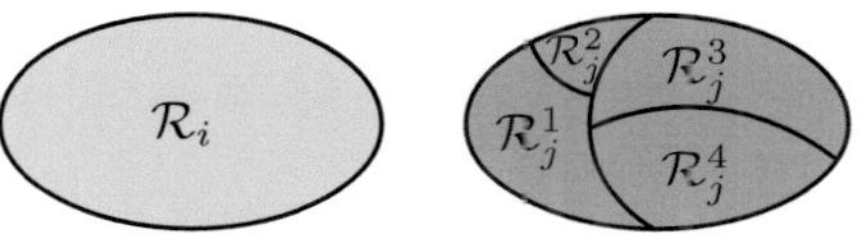

(b) Bereich $\mathcal{B}_j$ besteht aus mehreren Regionen $\mathcal{R}_j^k$ mit $|\mathcal{R}_i| = |\mathcal{B}_j|$;

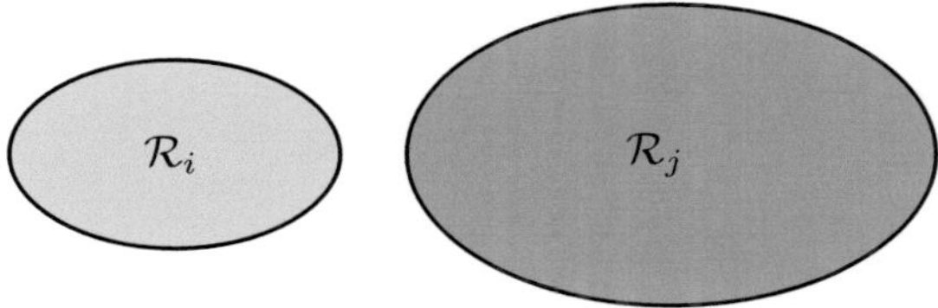

(c) Bereich $\mathcal{B}_j$ besteht aus einer einzigen Region $\mathcal{R}_j$ mit $|\mathcal{R}_i| < |\mathcal{B}_j|$;

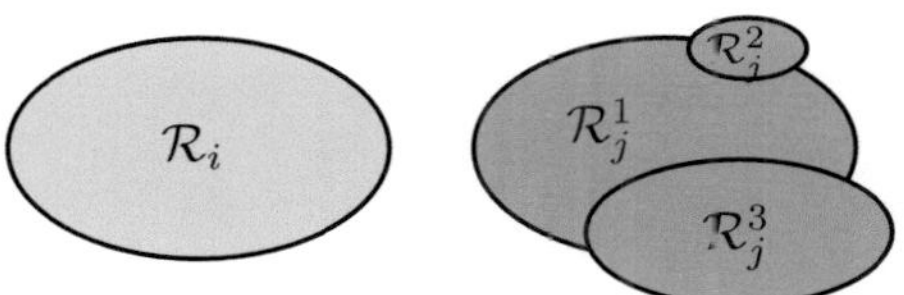

(d) Bereich $\mathcal{B}_j$ besteht aus mehreren Regionen $\mathcal{R}_j^k$ mit $|\mathcal{R}_i| < |\mathcal{B}_j|$.

Bild A.3: Mögliche Korrespondenzen zwischen einer Region $\mathcal{R}_i$ und einem Bereich $\mathcal{B}_j$.

- Die einfachste Möglichkeit besteht darin, dass der zur Region $\mathcal{R}_i$ korrespondierende Bereich $\mathcal{B}_j$ aus einer einzigen Region $\mathcal{R}_j$ besteht und die Größen der Region und des Bereichs gleich sind $|\mathcal{R}_i| = |\mathcal{B}_j| = |\mathcal{R}_j|$; siehe Bild A.3(a). Das Merkmal $m_{\mathcal{R}_{i,j}}(s)$ nach Gl. (4.33) wird in diesem Fall gleich Null.

- Die nächste Möglichkeit trifft zu, wenn der zur Region $\mathcal{R}_i$ korrespondierende Bereich $\mathcal{B}_j$ in mehrere Regionen $\mathcal{R}_j^k$ zerfällt, deren Vereinigungsmenge dieselbe Größe besitzt wie die Region $\mathcal{R}_i$: $|\mathcal{R}_i| = |\mathcal{B}_j| = |\bigcup_k \mathcal{R}_j^k|$; siehe Bild A.3(b). Das Merkmal $m_{\mathcal{R}_{i,j}}(s)$ nach Gl. (4.33) nimmt einen Wert aus dem Intervall $(0, \gamma]$ an, wobei der erste Term des Merkmals zu Null wird.

- Der dritte Fall besteht darin, dass der Bereich $\mathcal{B}_j$ aus einer einzigen Region $\mathcal{R}_j$ besteht, die größer ist als die Region $\mathcal{R}_i$: $|\mathcal{R}_i| < |\mathcal{B}_j| = |\mathcal{R}_j|$; siehe Bild A.3(c). Das Merkmal $m_{\mathcal{R}_{i,j}}(s)$ nimmt dann einen Wert aus dem Intervall $(0, 1]$ an, wobei der zweite Term des Merkmals zu Null wird.

- Die letzte Möglichkeit besteht darin, dass die Region $\mathcal{R}_i$ zu einem Bereich $\mathcal{B}_j$ korrespondiert, der aus mehrere Regionen $\mathcal{R}_j^k$ besteht und größer ist als $\mathcal{R}_i$: $|\mathcal{R}_i| < |\mathcal{B}_j| = |\bigcup_k \mathcal{R}_j^k|$; siehe Bild A.3(d). In diesem Fall werden beide Terme des Merkmals $m_{\mathcal{R}_{i,j}}(s)$ nach Gl. (4.33) ungleich Null, d. h. $m_{\mathcal{R}_{i,j}}(s)$ erhält einen Wert aus dem Intervall $(0, 1 + \gamma]$.

A.7   Implementierung der Verfahren

Für die Realisierung der in dieser Arbeit dargestellten Verfahren wurden die Programmiersprache C/C++ und die Skriptsprache Python eingesetzt. C/C++ wurde gewählt, da zahlreiche Bibliotheken mit grundlegenden Algorithmen der Bildverarbeitung zur Verfügung stehen. Davon wurde vor allem die umfassende Bibliothek OpenCV (*Open Source Computer Vision*)[2] aufgrund der einfachen Einbindung in eigene Softwareprojekte eingesetzt. Die Skriptsprache Python[3] eignet sich besonders für das schnelle Testen der Algorithmen. Sie bietet dem Entwickler damit viel Freiheit zur Optimierung von Algorithmen, ohne dass dazu eine eigene Bedienoberfläche erstellt werden muss.

Aufgrund der Unterschiedlichkeit der betrachteten Bildserien ist es erforderlich, an die jeweiligen Bildserien angepasste Verfahren zu implementieren. Beispielsweise muss bei der Fusion von Stereo- und Spektralserien zunächst eine Segmentierung der Bilder durchgeführt werden, was bei der Fusion von Stereo- und Fokusserien nicht zielführend ist. Manche Verfahren sind jedoch in sinnvoller Weise für unterschiedliche Bildserien anwendbar; ein Beispiel sind Graph-Cuts-Verfahren zur Minimierung von Energiefunktionalen. Aus diesem Grund wurde die erstellte Software modular aufgebaut. Die Module können dabei drei Klassen zugeordnet werden:

---

[2]http://opencv.willowgarage.com/wiki/
[3]http://www.python.de/

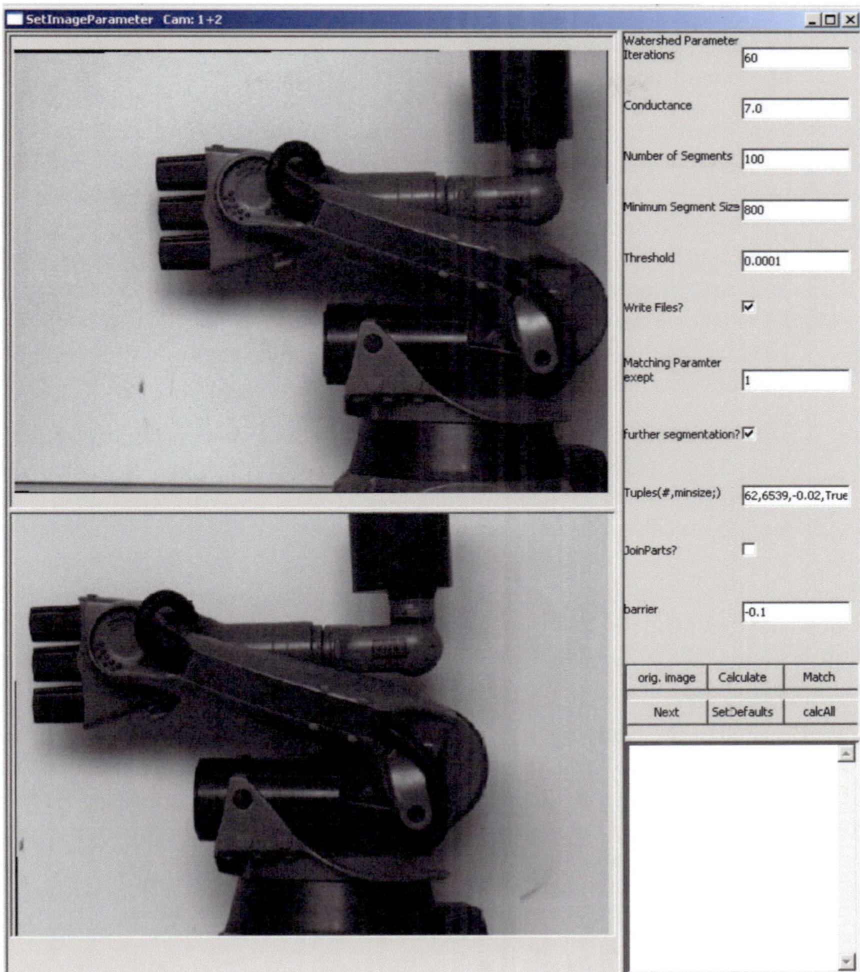

Bild A.4: Beispiel einer grafischen Bedienoberfläche zur Fusion von Stereo- und Spektralserien. In der linken Hälfte werden die Ein- und Ausgabebilder dargestellt, die rechte Hälfte dient der Parametereinstellung und der Eingabe von Befehlen.

- Die Module zur Vorverarbeitung beinhalten Algorithmen z. B. zur Glättung, zur Kantendetektion oder zur Segmentierung. Die Algorithmen in diesen Modulen bauen i. d. R. auf entsprechenden Implementierungen in der Bibliothek OpenCV auf. Die Wasserscheidentransformation wurde so erweitert, dass die Segmentierungsergebnisse aller Bilder einer Stereo- und Spektralserie ähnlich ausfallen; dabei ist z. B. die Anzahl der Regionen in den einzelnen Bildern ungefähr gleich.

- In den Modulen zur Energieberechnung sind alle Algorithmen enthalten, die der Berechnung der Energieterme dienen. Diese Module bilden den Kern der Software und sind die umfangreichsten. Beispiele dafür sind die Module zur pixelbasierten und zur regionenbasierten Korrespondenzfindung anhand von Grauwerten oder Regionenmerkmalen. Außerdem sind die Algorithmen zum Bildtransfer, zur Bestimmung des Fokusmaßes und der Unschärfe an Kanten sowie die Algorithmen zur Bestimmung der Sichtbarkeits- und Nachbarschaftsverhältnisse vorhanden. Die Algorithmen in diesen Modulen sind im Wesentlichen Eigenentwicklungen.

- Das Modul zur Energieminimierung basiert auf der frei verfügbaren Bibliothek *Graph-Cuts*.[4] Hierbei wurden einige Änderungen vorgenommen. Für die regionenbasierte Registrierung wurde z. B. die Vorgehensweise beim Aufbau des Graphen angepasst.

Ein zusätzlicher Vorteil des modularen Aufbaus der Software besteht darin, dass vorhandene Module für die Fusion anderer multivariater Bildserien als derjenigen, die in dieser Arbeit betrachtet wurden, angewendet werden können. Die Weiterentwicklung der Fusion multivariater Bildserien wird hierdurch vereinfacht.

Die Bedienung der Software erfolgt hauptsächlich über Python-Skripte. Zusätzlich sind für zahlreiche Module auch grafische Bedienoberflächen vorhanden, was die Benutzung einzelner Module komfortabler macht. In den grafischen Bedienoberflächen lassen sich Parametereinstellungen für alle Verfahrensschritte intuitiv einstellen; siehe Bild A.4.

---

[4]http://www.cs.ucl.ac.uk/staff/V.Kolmogorov/software.html

Literaturverzeichnis

[Alb05] J. Albertz und M. Wiggenhagen: *Taschenbuch zur Photogrammetrie und Fernerkundung*. Herbert Wichmann Verlag, 02.09.2005.

[Ali06] D. G. Aliaga, Y. Xu und V. Popescu: „Lag Camera: A Moving Multi-Camera Array for Scene-Acquisition". *Journal of Virtual Reality and Broadcasting* **3** (10), 2006.

[And97] T. W. Anderson und J. D. Finn: *The new statistical analysis of data*. Springer, 2. Aufl., 1997.

[Ban00] J. N. Bankman (Hrsg.): *Handbook of Medical Imaging Processing and Analysis*. Academic Press, 2000.

[Bau08] N. Bauer (Hrsg.): *Handbuch zur Industriellen Bildverarbeitung*. Fraunhofer IRB Verlag, 2008.

[Bel57] R. Bellman: *Dynamic Programming*. Princeton University Press, 1957.

[Ber05] D. P. Bertsekas: *Dynamic Programming and Optimal Control*. Athena Scientific, 2005.

[Beu79] S. Beucher und C. Lantuéoul: *Use of watersheds in contour detection*. In: *International workshop on image processing, real-time edge and motion detection*, 1979.

[Bey99] J. Beyerer: *Verfahren zur quantitativen statistischen Bewertung von Zusatzwissen in der Meßtechnik*. Nr. 783 in *Reihe 8*. VDI Verlag, 1999.

[Bey03] J. Beyerer, T. Bierweiler, D. vom Stein und T. Klawitter: „Automatische Inspektion von Gußteilen". *Giesserei – Die Zeitschrift der Deutschen Giessereivereinigungen* **7**, S. 26–31, 2003.

[Bey05] J. Beyerer und F. Puente León: „Bildoptimierung durch kontrolliertes Aktives Sehen und Bildfusion". *Automatisierungstechnik* **53** (10), S. 493–502, 2005.

[Bey08] J. Beyerer, M. Heizmann, J. Sander und I. Gheţa: *Image Fusion – Algorithms and Applications*, T. Stathaki (Hrsg.), Kap. Bayesian Methods for Image Fusion, S. 157–192. Academic Press, 2008.

[Bir99]   S. Birchfield und C. Tomasi: *Multiway Cut for Stereo and Motion With Slanted Surfaces*. In: *International Conference on Computer Vision*, S. 489–495, 1999.

[Ble04]   M. Bleyer und M. Gelautz: *A Layered Stereo Algorithm using Image Segmentation and Global Visibility Constraints.*. In: *Proc. of the 2004 International Conference on Image Processing*, S. 2997–3000, 2004.

[Ble05]   M. Bleyer und M. Gelautz: *Graph-Based Surface Reconstruction from Stereo Pairs using Image Segmentation*. In: *Proceedings of SPIE*, Bd. 5665, S. 288–299, 2005.

[Ble07]   M. Bleyer und M. Gelautz: „Graph-Cut-Based Stereo Matching using Image Segmentation with Symmetrical Treatment of Occlusions". *Signal Processing: Image Communication* **22**, S. 127–143, 2007.

[Bor06]   M. Born und E. Wolf: *Principles of Optics – Electromagnetic Theory of Propagation, Interference and diffraction of Light*. Cambridge University Press, 2006.

[Bou99]   J.-Y. Bouguet: *Visual Methods for Three-Dimensional Modeling*. California Institute of Technology, 1999.

[Boy99]   Y. Boykov, O. Veksler und R. Zabih: *Fast Approximate Energy Minimization via Graph Cuts*. In: *International Conference on Computer Vision*, S. 377–384, 1999.

[Boy01]   Y. Boykov, O. Veksler und R. Zabih: „Fast Approximate Energy Minimization via Graph Cuts". *IEEE Transactions on Pattern Analysis and Machine Intelligence* **23** (11), 2001.

[Buc83]   G. Buchsbaum und A. Gottschalk: *Trichromacy, Opponent Colours Coding and Optimum Colour Information Transmission in the Retina*. In: *Proceedings of the Royal Society of London. Series B, Biological Sciences*, Bd. 220, S. 89–113, 1983.

[Cal10]   *http://www.vision.caltech.edu/bouguetj/calib_doc*, Verfügbar April 2010.

[Can09]   *http://www.xs4all.nl/~dmsweb/photo/crtk_array.html*, Verfügbar Mai 2009.

[Car03]   J. Carranza, C. Theobalt, M. A. Magnor und H.-P. Seidel: *Free-Viewpoint Video of Human Actors*. In: *ACM Transactions on Graphics*, S. 569–577, 2003.

[Cha99]   S. Chaudhuri und A. Rajagopalan: *Depth from Defocus: A Real Aperture Imaging Approach*. Springer-Verlag New York Inc., 1999.

[Cha03]   C.-I. Chang: *Hyperspectral imaging: techniques for spectral detection and classification*. Kluwer Academic, 2003.

[Cha05]   T. F. Chan und J. Shen: *Image Processing and Analysis: Variational, PDE, Wavelet, and Stochastic Methods*. Society for Industrial and Applied Mathematics, 2005.

[Cha07]   S. Chan, H.-Y. Shum und K.-T. Ng: „Image-Based Rendering and Synthesis". *IEEE Signal Processing Magazine* **November**, S. 22–33, 2007.

[CIP05]   *Proceedings of the XX International Symposium Torino of CIPA*, 2005.

[Cla90]   J. J. Clark und A. L. Yuille: *Data Fusion for Sensory Information Processing Systems*. Kluwer Academic Publishers, 1990.

[Cla01]   U. Clarenz, S. Henn, M. Rumpf und K. Witsch: *Relations between Optimization and Gradient Flow Methods with Applications to Image Processing*. In: *Proceedings of the 17ta GAMM-Seminar*, S. 1–21, 2001.

[Cov91]   T. M. Cover und J. A. Thomas: *Elements of Information Theory*. Wiley, 1991.

[Der90]   R. Deriche: „Fast Algorithms for Low-Level Vision". *IEEE Transactions on Pattern Analysis and Machine Intelligence* **12** (1), S. 78–87, 1990.

[Des08]   F. Deschênes, D. Ziou und P. Fuchs: „A Homotopy-based Approach for Computing Defocus Blur and Affine Transform Simultaneously". *Pattern Recognition* **41**, S. 2263–2282, 2008.

[Dig78]   H. Digabel und C. Lantuéjoul: *Iterative algorithms*. In: *Actes du Second Symposium Européen d'Analyse Quantitative des Microstructures en Sciences des Matériaux Biologie et Médecine*, J.-L. Chermant (Hrsg.), S. 85–99, Riederer Verlag, 1978.

[Dom97]   P. Domingos und M. Pazzani: „Beyond Independence: Conditions for the Optimality of the Simple Bayesian Classifier". *Machine Learning* **29**, S. 103–130, 1997.

[Dud04]   R. O. Duda, P. E. Hart und D. G. Stork: *Pattern Classification*. John Wiley & Sons Inc, 2004.

[Ebn07]   M. Ebner: *Color Constancy*. John Wiley & Sons Ltd, 2007.

[El-07]   N. El-Zehiry, S. Xu, P. Sahoo und A. Elmaghraby: *Graph Cut Optimization for the Mumford-Shah Model*. In: *Proceedings of the Seventh IAS-TED International Conference visualization, imaging and image processing*, Nr. 182–187, 2007.

[Emt08]   T. Emter, I. Gheţa und J. Beyerer: *Object Oriented Environment Model for Video Surveillance Systems*. In: *Future security: 3rd Security Research Conference*, K. Thoma (Hrsg.), S. 315–320, Fraunhofer IRB Verlag, 2008.

[Ens93]   J. Ens und P. Lawrence: „An Investigation of Methods for Determining Depth from Focus". *IEEE Transactions on Pattern Analysis and Machine Intelligence* **15** (2), S. 97–108, 1993.

[Fau93]   O. Faugeras: *Three-Dimensional Computer Vision – A Geometric Viewpoint*. MIT Press, 1993.

[Fau01]   O. Faugeras und G. Hermosillo: *Well-posedness of eight problems of multi-modal statistical image-matching*. Techn. Ber. 4235, INRIA, 2001.

[Fau04]   O. Faugeras und Q.-T. Luong: *The Geometry of Multiple Images*. MIT Press, 2004.

[Fav07]   P. Favaro und S. Soatto: *3-D Shape Estimation and Image Restoration*. Springer-Verlag London, 2007.

[Foo04]   C. Fookes, A. Maeder, S. Sridharan und J. Cook: *Multi-Spectral Stereo Image Matching using Mutual Information*. In: *Proceedings of the 2nd International Symposium on 3D Data Processing, Visualization, and Transmission (3DPVT'04)*, 2004.

[Foo09]   T.-J. Foo und S. Su: *Camera Array Apparatus and Method for Capturing Wide-Angle Network Video*. Techn. Ber., Patent: US20090040293, 2009.

[For04]   S. Forstmann, Y. Kanou, J. Ohya, S. Thuering und A. Schmitt: *Real-Time Stereo by using Dynamic Programming*. In: *IEEE Computer Society Conference on Computer Vision and Pattern Recognition Workshops*, 2004.

[Fre06a] C. Frese: *Gewinnung von Tiefeninformation durch Fusion kombinierter Stereo- und Fokusserien.* Diplomarbeit – Universität Karlsruhe (TH), 2006.

[Fre06b] C. Frese und I. Gheţa: *Robust Depth Estimation by Fusion of Stereo and Focus Series Gained with a Camera Array.* In: *Proceedings of the IEEE Conference on Multisensor Fusion and Integration for Intelligent Systems*, S. 243–248, 2006.

[Gan06] T. Gandhi und M. M. Trivedi: „Reconfigurable Omnidirectional Camera Array Calibration with a Linear Moving Object". *Image and Vision Computing* **24** (9), S. 935–948, 2006.

[Ghe05] I. Gheţa, M. Heizmann und J. Beyerer: *Vorrichtung und Verfahren zur visuellen Szeneerfassung*, Patent DE 10 2005 040 881.8-31, 02.09.2005.

[Ghe06a] I. Gheţa: „Fusion von Stereo- und Fokusserien". *VDE – Sensoren und Messsysteme* S. 353–356, 2006.

[Ghe06b] I. Gheţa, C. Frese und M. Heizmann: *Fusion of Combined Stereo and Focus Series for Depth Estimation.* In: *Informatik 2006 – Informatik für Menschen*, Bd. 1, S. 359–363, 2006.

[Ghe07a] I. Gheţa, C. Frese, M. Heizmann und J. Beyerer: *A New Approach for Estimating Depth by Fusing Stereo and Defocus Information.* In: *Informatik 2007 – Informatik trifft Logistik*, S. 26–31, 2007.

[Ghe07b] I. Gheţa, C. Frese, W. Krüger, G. Saur, N. Heinze, M. Heizmann und J. Beyerer: *Depth Estimation from Flight Image Series using Multi-View Along-Track Stereo.* In: *Optical 3D Measurement Techniques, Zürich*, S. 119–125, 2007.

[Ghe07c] I. Gheţa, M. Heizmann und J. Beyerer: *Bildfusion zur 3D-Rekonstruktion schwieriger Szenen.* In: *VDI-Tagung Bildverarbeitung in der Mess- und Automatisierungstechnik, Regensburg*, S. 79–90, 2007.

[Ghe08a] I. Gheţa, M. Heizmann und J. Beyerer: *Bayesian Fusion of Multivariate Image Series to Obtain Depth Information.* In: *Proceedings of Fusion 2008*, S. 1731–1737, 2008.

[Ghe08b] I. Gheţa, M. Heizmann und J. Beyerer: „Fusion kombinierter Stereo- und Fokusserien zur 3D-Rekonstruktion". *tm – Technisches Messen* **75** (7–8), S. 445–454, 2008.

[Ghe08c] I. Gheţa, M. Heizmann und J. Beyerer: *Object oriented environment model for autonomous systems*. In: *Proceedings of the second Skövde Workshop on Information Fusion Topics*, H. Boström, R. Johansson und J. van Laere (Hrsg.), S. 9–12, Skövde Studies in Informatics, Nov. 2008.

[Ghe08d] I. Gheţa, M. Heizmann, M. Mathias und J. Beyerer: *3D-Informationserfassung aus Stereo- und Spektralserien*. In: *Tagungsband des XXII. Messtechnischen Symposiums*, S. 157–168, 2008.

[Ghe08e] I. Gheţa, M. Mathias, M. Heizmann und J. Beyerer: *Fusion of Combined Stereo and Spectral Series for Obtaining 3D Information*. In: *Multisensor, Multisource Information Fusion: Architectures, Algorithms, and Applications, Proceedings of SPIE 6974*, 2008.

[Ghe10a] I. Gheţa: *The Mumford-Shah Functional and its Applications in Image Processing: the Image Registration Case*. Techn. Ber., Karlsruhe Institute of Technology KIT, 2010.

[Ghe10b] I. Gheta, S. Höfer, M. Heizmann und J. Beyerer: *A novel approach for the fusion of combined stereo and spectral series*. In: *Image Processing: Machine Vision Applications III, IS&T/SPIE Electronic Imaging, Proceedings of SPIE*, D. Fofi und K. Niel (Hrsg.), Bd. 7538, Jan. 2010.

[Gon08] R. C. Gonzalez und R. E. Woods: *Digital Image Processing*. Prentice Hall, 2008.

[Gra07] H. F. Grahn und P. Geladi (Hrsg.): *Techniques and Applications of Hyperspectral Image Analysis*. John Wiley & Sons, Ltd., 2007.

[Gri81] W. E. Grimson: *From images to surfaces: a computational study of the human early visual system*. The MIT Press series in artificial intelligence. MIT Pr., 1981.

[Gro05] H. Gross: *Handbook of Optical Systems*, Bd. 1. Wiley-VCH Verlag, 2005.

[Had02] J. Hadamard: *Sur les problèmes aux dérivées partielles et leur signification physique*. In: *Princeton University Bulletin*, Bd. 13, S. 49–52. 1902.

[Hal04] D. L. Hall und S. A. H. McMullen: *Mathematical Techniques in Multisensor Data Fusion*. Artech House, 2004.

[Har03] R. Hartley und A. Zisserman: *Multiple View Geometry in Computer Vision*. Cambridge University Press, 2. Aufl., 2003.

[Har09] J. Hartung, B. Elpelt und K.-H. Klösener: *Statistik: Lehr- und Handbuch der angewandten Statistik*. Oldenbourg, 15. Aufl., 2009.

[Hüb03] G. Hübner: *Stochastik. Eine anwendungsorientierte Einführung für Informatiker, Ingenieure und Mathematiker*. Vieweg & Sohn Verlagsgesellschaft mbH, 2003.

[Hec05] E. Hecht: *Optik*. Oldenbourg, 2005.

[Hei07a] M. Heizmann und I. Gheţa: *Handbuch zur Industriellen Bildverarbeitung*, N. Bauer (Hrsg.), Kap. Methoden der 3-D-Vermessung von Oberflächen, S. 159–168. Fraunhofer-Allianz Vision, 2007.

[Hei07b] M. Heizmann und F. Puente León: „Fusion von Bildsignalen". *tm – Technisches Messen* **74** (3), S. 130–138, 2007.

[Hei08] M. Heizmann: „Aspects of Image Fusion for Automated Visual Inspection". *Pattern Recognition and Image Analysis* **18** (2), S. 222–230, 2008.

[Hei10a] M. Heizmann, I. Gheţa, F. Puente León und J. Beyerer: *Informationsfusion zur Umgebungsexploration*. In: *Verteilte Messsysteme*, F. Puente León, K.-D. Sommer und M. Heizmann (Hrsg.), S. 133–152, KIT Scientific Publishing, März 2010.

[Hei10b] M. Heizmann, I. Gheţa, F. Puente León und J. Beyerer: *Reports on Industrial Information Technology*, F. Puente León und K. Dostert (Hrsg.), Bd. 12, Kap. Information fusion for environment exploration, S. 147–166. KIT Scientific Publishing, 2010.

[Hen04] N. Henze: *Stochastik II: Maß- und Wahrscheinlichkeitstheorie*. 2004.

[Höf08] S. Höfer: *Fusion von Stereo- und Spektralbildserien mittels Graph-Cut Verfahren*. Diplomarbeit – Universität Karlsruhe (TH), 2008.

[Hor86] B. K. P. Horn: *Robot Vision*. MIT Press, 1986.

[Hue73] M. H. Hueckel: „A Local Visual Operator Which Recognizes Edges and Lines". *J. ACM* **20** (4), S. 634–647, 1973.

[ITK10] *http://www.itk.org/*, Verfügbar April 2010.

[Jäh00]   B. Jähne und H. Haußecker (Hrsg.): *Computer Vision and Applications*. Academic Press, 2000.

[Jäh02]   B. Jähne: *Digitale Bildverarbeitung*. Springer Verlag, 5. Aufl., 2002.

[Jäh04]   B. Jähne: *Practical Handbook on Image Processing for Scientific and Technical Applications*. CRC Press, 2004.

[Jos06]   N. Joshi, W. Matusik und S. Avidan: *Natural Video Matting using Camera Arrays*. In: *Proceedings of ACM SIGGRAPH 2006*, Bd. 25, S. 779–786, 2006.

[Kim07]   J. Kim und T. Sikora: *Confocal Disparity Estimation and Recovery of Pinhole Image for Real-Aperture Stereo Camera Systems*. In: *Proceedings of IEEE International Conference on Image Processing*, Bd. 5, S. 229–232, 2007.

[Kli95]   G. J. Klir und B. Yuan: *Fuzzy Sets and Fuzzy Logic: Theory and Applications*. Prentice Hall, 1995.

[Koi06]   T. Koike, M. Oikawa, N. Kimura, F. Beniyama, T. Moriya und M. Yamasaki: *Integral Videography of High-Density Light Field with Spherical Layout Camera Array*. In: *Proceedings of SPIE-IS&T Electronic Imaging*, Bd. 6055, 2006.

[Kol33]   A. N. Kolmogorov: *Grundbegriffe der Wahrscheinlichkeitsrechnung*. Springer Berlin, 1933.

[Kol02]   V. Kolmogorov und R. Zabih: *Multi-Camera Scene Reconstruction via Graph Cuts*. In: *European Conference on Computer Vision*, S. 82–96, 2002.

[Kol04]   V. Kolmogorov und R. Zabih: „What Energy Functions Can Be Minimized via Graph Cuts?". *IEEE Transactions on Pattern Analysis and Machine Intelligence* **26** (2), S. 147–159, 2004.

[Kro89]   E. P. Krotkov: *Active Computer Vision by Cooperative Focus and Stereo*. Springer Verlag, 1989.

[Kun99]   Y. Kunita, M. Inami, T. Maeda und S. Tachi: *Real-time Rendering System of Moving Objects*. In: *Proceedings of the IEEE Workshop Multiview Modeling and Analysis of Visual Scenes*, S. 81–88, 1999.

[Lai92]   S.-H. Lai, C.-W. Fu und S. Chang: „A Generalized Depth Estimation Algorithm with a Single Image.". *IEEE Transactions on Pattern Analysis and Machine Intelligence* **14** (4), S. 405–411, 1992.

[Lei08]   C. Lei und Y.-H. Yang: *Design and Implementation of a Cluster Based Smart Camera Array Application Framework*. In: *Second ACM/IEEE International Conference on Distributed Smart Cameras, 2008. ICDSC 2008*, S. 1–10, 2008.

[Li00]   J. Li, K. Zhou, Y. Wang und H.-Y. Shum: *A Novel Image-Based Rendering System with a Longitudinally Aligned Camera Array*. In: *Proceedings of EUROGRAPHICS*, S. 107–114, 2000.

[Lia08]   X. Liang, Y. Sumi, B. K. Kim, H. M. Do, Y.-S. Kim, T. Tomizawa, K. Ohara, T. Tanikawa und K. Ohba: *A Large Planar Camera Array for Multiple Automated Guided Vehicles Localization*. In: *Proceedings of the IEEE/ASME International Conference on Advanced Intelligent Mechatronics*, S. 608–613, 2008.

[Lil08]   T. M. Lillesand, R. W. Kiefer und J. W. Chipman: *Remote Sensing and Image Interpretation*. John Wiley & Sons, Inc., 2008.

[Loo99]   C. T. Loop und Z. Zhang: *Computing Rectifying Homographies for Stereo Vision*. In: *Proceedings of IEEE Conference on Computer Vision and Pattern Recognition*, Bd. 1, S. 125–131, 1999.

[Luk07]   R. Lukac und K. N. Plataniotis (Hrsg.): *Color Image Processing – Methods and Applications*. CRC Press, 2007.

[Lyv88]   E. P. Lyvers und O. R. Mitchell: „Precision Edge Contrast and Orientation Estimation". *IEEE Transactions on Pattern Analysis and Machine Intelligence* **10** (6), S. 927–937, 1988.

[Mai98]   J. Maintz und M. A. Viergever: „A survey of medical image registration". *Medical Image Analysis* **2** (1), S. 1–36, 1998.

[Man02]   D. Manolakis und G. Shaw: „Detection Algorithms for Hyperspectral Imaging Applications". *IEEE Signal Processing Magazine* S. 29–43, 2002.

[Mar01]   J. P. Marques de Sá: *Pattern Recognition: Concepts, Methods and Applications*. Springer Verlag, 2001.

[Mat04]   W. Matusik und H. Pfister: „3D TV: A Scalable System for Real-Time Acquisition, Transmission, and Autostereoscopic Display of Dynamic Scenes". *ACM Transactions on Graphics SIGGRAPH* **23** (3), S. 811–821, 2004.

[Mat07]   M. Mathias: *Fusion von Spektralbildserien*. Diplomarbeit – Universität Karlsruhe (TH), 2007.

[Mes77]   F. Mesch: „Systemtheoretische Beschreibung optisch-elektrischer Messsysteme". *Technisches Messen ATM* **7** (8), S. 249–258, 1977.

[Mik08]   R. Mikut: *Data Mining in der Medizin und Medizintechnik*. Universitätsverlag Karlsruhe, 2008.

[Mis05]   G. M. Miskelly und J. H. Wagner: „Using spectral information in forensic imaging". *Forensic Science International* **155**, S. 112–118, 2005.

[Mül06]   M. Müller, W. Krüger und G. Saur: „Robust Image Registration for Fusion". *Information Fusion* **8(4)**, S. 347 – 353, 2006.

[Mod04]   J. Modersitzki: *Numerical Methods for Image Registration*. Oxford University Press, 1. Aufl., 2004.

[Mod09]   J. Modersitzki: *FAIR – Flexible Algorithms for Image Registration*. Society for Industrial and Applied Mathematics, 2009.

[Mov08]   *www.digitalair.com, www.movia.com, www.virtualcamera.com*, Verfügbar November 2008.

[Mum85]   D. Mumford und J. Shah: *Boundary Detection by Minimizing Functionals, I*. In: *Proc. IEEE Conference on Computer Vision and Pattern Recognition*, 1985.

[Mum89]   D. Mumford und J. Shah: „Optimal Approximations by Piecewise Smooth Functions and Associated Variational Problems". *Communications on Pure and Applied Mathematics* **XLII**, S. 577–685, 1989.

[Myl98]   Z. Myles und N. da Vitoria Lobo: „Recovering Affine Motion and Defocus Blur Simultaneously". *IEEE Transactions on Pattern Analysis and Machine Intelligence* **20** (6), S. 652–658, 1998.

[Nae02]   T. Naemura, J. Tago und H. Harashima: „Real-Time Video-Based Modeling and Rendering of 3D Scenes". *IEEE Computer Graphics and Applications* **22** (2), S. 66–73, 2002.

[Nee70]   S. B. Needleman und C. D. Wunsch: „A General Method Applicable to the Search for Similarities in the Amino Acid Sequence of Two Proteins". *Journal of Molecular Biology* **48**, S. 443–453, 1970.

[Nis07]   A. Nischwitz, M. W. Fischer und P. Haberäcker: *Computergrafik und Bildverarbeitung*. Vieweg+Teubner Verlag, 2. Aufl., 2007.

[Nom07]   Y. Nomura, L. Zhang und S. K. Nayar: *Scene Collages and Flexible Camera Arrays*. In: *Eurographics Symposium on Rendering 2007*, J. Kautz und S. Pattanaik (Hrsg.), 2007.

[Osh03]   S. Osher und R. Fedkiw: *Level set methods and dynamic implicit surfaces*. Applied mathematical sciences. Springer, New York, 2003.

[Pen87]   A. P. Pentland: „A New Sense for Depth of Field". *IEEE Transactions on Pattern Analysis and Machine Intelligence* **9** (4), S. 523–531, 1987.

[Plu03]   J. P. W. Pluim, J. B. A. Maintz und M. A. Viergever: „Mutual information based registration of medical images: a survey". *IEEE Transactions on Medical Imaging* **XX** (Y), S. 1–21, 2003.

[Pue97]   F. Puente León und J. Beyerer: „Datenfusion zur Gewinnung hochwertiger Bilder in der automatischen Sichtprüfung". *Automatisierungstechnik* **45** (10), S. 480–489, 1997.

[Pue99]   F. Puente León: *Automatische Identifikation von Schußwaffen*. VDI-Verlag, 1999.

[Rem06]   F. Remondino und C. Fraser: *Digital Camera Calibration Methods: Considerations and Comparisons*. In: *International Archives of Photogrammetry, Remote Sensing and Spatial Information Sciences*, Bd. XXXVI, S. 266–272, 2006.

[Rie03]   A. Rieder: *Keine Probleme mit Inversen Problemen*. Vieweg & Sohn Verlag, 2003.

[Roe01]   J. B. Roerdink und A. Meijster: „The Watershed Transform: Definitions, Algorithms and Parallelization Strategies". *Fundamenta Informaticae* **41**, S. 187–228, 2001.

[Sai99]   H. Saito, S. Baba, M. Kimura, S. Vedula und T. Kanade: *Appearance-Based Virtual View Generation of Temporally-Varying Events from Multi-Camera Images in the 3D Room*. In: *Proceedings of Second International Conference on 3-D Digital Imaging and Modeling*, S. 516–525, 1999.

[Sch97]   T. Scheuermann: *Berührungslose Gestaltvermessung von Mikrostrukturen durch Fokussuche*. Dissertation, Fraunhofer Institut für Chemische Technologie (ICT), Ernst Grässer, 1997.

[Sch01] H. Schirmacher, L. Ming und H.-P. Seidel: *On-the-Fly Processing of Generalized Lumigraphs*. In: *Proceedings of Eurographics*, Bd. 20, 2001.

[Sch02] D. Scharstein und R. Szeliski: „A Taxonomy and Evaluation of Dense Two-Frame Stereo Correspondence Algorithms". *International Journal of Computer Vision* **47**, S. 7–42, 2002.

[Sei06] S. Seitz, B. Curless, J. Diebel, D. Scharstein und R. Szeliski: *A Comparison and Evaluation of Multi-View Stereo Reconstruction Algorithms*. In: *Proceedings of Computer Vision and Pattern Recognition*, 2006.

[Sha49] C. E. Shannon: *Communication in the Presence of Noise*. In: *Proceedings of the Institute of Radio Engineers*, Bd. 37, S. 10–21, 1949.

[Shi87] Y. Shirai: *Three-Dimensional Computer Vision*. Springer-Verlag Berlin, 1987.

[Sin05] W. Singer, M.Totzeck und H. Gross: *Handbook of Optical Systems*, Bd. 2. Wiley-VCH Verlag, 2005.

[Spe09] *http://edmall.gsfc.nasa.gov/2000invest/spectra2.html*, Verfügbar Juni 2009.

[SR07] T. Shu-Ren, Z. Mao-Jun, W. Wei und X. Wei: *AHA: An Easily Extendible High-Resolution Camera Array*. In: *Second Workshop on Digital Media and its Application in Museum & Heritages*, S. 319–323, 2007.

[STB10] *vision.middlebury.edu/stereo/*, Verfügbar April 2010.

[Sto07] E. Stoykova, A. A. Alatan, P. Benzie, N. Grammalidis, S. Malassiotis, J. Ostermann, S. Piekh, V. Sainov, C. Theobalt, T. Thevar und X. Zabulis: „3-D Time-Varying Scene Capture Technologies – A Survey". *IEEE Transactions on Circuits and Systems for Video Technology* **17** (11), S. 1568–1586, 2007.

[Sub87] M. Subbarao: *Direct Recovery of Depth-Map I: Differential Methods*. In: *Proceedings of the IEEE Computer Society Workshop on Computer Vision*, S. 58–65, 1987.

[Sub88] M. Subbarao und G. Natarajan: *Depth Recovery from Blurred Edges*. In: *Conference on Computer Vision and Pattern Recognition*, S. 498–503, 1988.

[Sub95]   M. Subbarao und T. Choi: „Accurate Recovery of Three-Dimensional Shape from Image Focus". *IEEE Transactions on Pattern Analysis and Machine Intelligence* **17** (3), S. 266–274, 1995.

[Sub97]   M. Subbarao, T. Yuan und J.-K. Tyan: *Integration of Defocus and Focus Analysis with Stereo for 3D Shape Recovery.* In: *Proceedings of The International Society for Optical Engineering (SPIE)*, Bd. 3204, S. 11–23, 1997.

[Sub98]   M. Subbarao und J.-K. Tyan: „Selecting the Optimal Focus Measure for Autofocusing and Depth-From-Focus". *IEEE Transactions on Pattern Analysis and Machine Intelligence* **20** (8), S. 864–870, 1998.

[Tag08]   Y. Taguchi, K. Takahashi und T. Naemura: *Real-Time All-in-Focus Video-Based Rendering using a Network Camera-Array.* In: *3DTV Conference: The True Vision – Capture, Transmission and Display of 3D Video*, S. 241–244, 2008.

[Tan06a] D. Tanguay, H. H. Baker und D. Gelb: *Achieving High-Resolution Video using Scalable Capture, Processing, and Display.* In: *Proceedings of the International Conference on Computer Vision Theory and Applications VISAPP*, S. 162–174, 2006.

[Tan06b] M. Tanimoto: „Overview of free viewpoint television". *Signal Processing: Image Communication* **21**, S. 454–461, 2006.

[Tay96]   D. Taylor: *Virtual Camera Movement: The way of the future?.* In: *American Cinematographer*, Bd. 77, S. 93–100, 1996.

[Teh89]   C.-H. Teh und R. T. Chin: „On the Detection of Dominant Points on Digital Curves.". *IEEE Transactions on Pattern Analysis and Machine Intelligence* **11** (8), S. 859–872, 1989.

[Tet09]   *http://www.tetracam.com/*, Verfügbar Mai 2009.

[Tod05]   S. Todorovic und M. C. Nechyba: „Dynamic Trees for Unsupervised Segmentation and Matching of Image Regions". *IEEE Transactions on Pattern Analysis and Machine Intelligence* **27** (11), S. 1762–1777, 2005.

[Tod08]   S. Todorovic und N. Ahuja: „Region-Based Hierarchical Image Matching". *International Journal of Computer Vision* **78**, 2008.

[Tyo03]   J. S. Tyo, A. Konsolakis, D. I. Diersen und R. C. Olsen: „Principal-Components-Based Display Strategy for Spectral Imagery". *IEEE Transactions on Geoscience and Remote Sensing* **41** (3), S. 708–718, 2003.

[Vai06]   V. Vaish, M. Levoy, R. Szeliski, C. L. Zitnick und S. B. Kang: *Reconstructing Occluded Surfaces Using Synthetic Apertures: Stereo, Focus and Robust Measures.* In: *CVPR '06: Proceedings of the 2006 IEEE Computer Society Conference on Computer Vision and Pattern Recognition*, S. 2331–2338, IEEE Computer Society, 2006.

[VDI10]   *VDI/VDE-Richtlinien 2632: Industrielle Bildverarbeitung – Grundlagen und Begriffe*, 2010.

[Vek99]   O. Veksler: *Efficient Graph-Based Energy Minimization Methods in Compute Vision.* Dissertation, Faculty of the Graduate School of Cornell University, 1999.

[Wah89]   F. M. Wahl: *Digitale Bildsignalverarbeitung.* Springer Verlag, 1989.

[Wan08]   Z.-F. Wang und Z.-G. Zheng: *A Region Based Stereo Matching Algorithm Using Cooperative Optimization.* In: *IEEE Conference on Computer Vision and Pattern Recognition*, S. 1–8, 2008.

[Wat98]   M. Watanabe und S. K. Nayar: „Rational Filters for Passive Depth from Defocus". *International Journal of Computer Vision* **27** (3), S. 203–225, 1998.

[Wen92]   J. Weng, P. Cohen und M. Herniou: „Camera Calibration with Distortion Models and Accuracy Evaluation". *IEEE Transactions on Pattern Analysis and Machine Intelligence* **14** (10), S. 965–980, 1992.

[Wil05]   B. Wilburn, N. Joshi, V. Vaish, E. Talvala, E. Antunez, A. Barth, A. Adams, M. Horowitz und M. Levoy: „High Performance Imaging using Large Camera Arrays". *Proceedings of ACM SIGGRAPH* **24** (3), S. 765–776, 2005.

[Wol91]   L. B. Wolff: *Polarization Methods in Computer Vision.* UMI, 1991.

[Wys00]   G. Wyszecki und W. S. Stiles: *Color Science: Concepts and Methods, Quantitative Data and Formulae.* Wiley & Sons, 2.. Aufl., 2000.

[Yan02]   J. C. Yang, M. Everett, C. Buehler und L. McMillan: *A Real-Time Distributed Light Field Camera.* In: *Thirteenth Eurographics Workshop on Rendering*, S. 77–86, 2002.

[Yan05]   Z. Yang und K. Nahrstedt: *A Bandwidth Management Framework for Wireless Camera Array*. In: *Proceedings of the international workshop on network and operating systems support for digital audio and video*, S. 147–152, 2005.

[Zha04]   C. Zhang und T. Chen: *A Self-Reconfigurable Camera Array*. In: *Eurographics Symposium on Rendering*. S. 243–254, 2004.

[Zit03]   B. Zitova und J. Flusser: „Image Registration Methods: A Survey". *Image and Vision Computing* **21**, S. 977–1000, 2003.

[Zit04]   C. L. Zitnick, S. B. Kang, M. Uyttendaele, S. Winder und R. Szeliski: *High-Quality Video View Interpolation using a Layered Representation*. In: *Proceedings of ACM SIGGRAPH*, Bd. 23, S. 600–608, 2004.